商管全華圖書
叢書 BUSINESS MANAGEMENT

知識管理
Knowledge Management
理論與實務

第 5 版

—— 黃廷合、吳思達　編著 ——

國家圖書館出版品預行編目資料

知識管理理論與實務 / 黃廷合, 吳思達編著. --五版 --
新北市：全華圖書, 2020.10
　　面 ；　公分
　ISBN 978-986-503-473-3 (平裝)
　1. 知識管理
494.2   109012512

知識管理理論與實務(第五版)

作者 / 黃廷合、吳思達

發行人 / 陳本源

執行編輯 / 陳翊淳、邰愛婷

封面設計 / 盧怡瑄

出版者 / 全華圖書股份有限公司

郵政帳號 / 0100836-1 號

印刷者 / 宏懋打字印刷股份有限公司

圖書編號 / 0801004

五版二刷 / 2023 年 8 月

定價 / 新台幣 470 元

ISBN / 978-986-503-473-3

全華圖書 / www.chwa.com.tw

全華網路書店 Open Tech / www.opentech.com.tw

若您對本書有任何問題，歡迎來信指導 book@chwa.com.tw

臺北總公司(北區營業處)
地址：23671 新北市土城區忠義路 21 號
電話：(02) 2262-5666
傳真：(02) 6637-3695、6637-3696

南區營業處
地址：80769 高雄市三民區應安街 12 號
電話：(07) 381-1377
傳真：(07) 862-5562

中區營業處
地址：40256 臺中市南區樹義一巷 26 號
電話：(04) 2261-8485
傳真：(04) 3600-9806(高中職)
　　　(04) 3601-8600(大專)

序

　　本書針對技專校院商管類大專及研究所學生研讀知識管理之基礎用書。全書內容適合開設二至三學分課程使用。

　　本書深入淺出介紹知識原理及相當有代表性之實務案例，特色有知識管理的原理，從知識發展的重要性再介紹知識管理的基本概念，引入知識管理系統的建構，同時針對知識管理的創造、整合及策略應用加以說明。另一特色為知識管理的實務案例，全書搜集國內各領域企業的個案，包括：資訊、非營利組織、金控公司、ＩＣ產業、零售業、電子通訊、汽車等共有 12 個大案例。每一個案皆從背景資料、導入知識管理計畫與策略、知識管理執行方法、步驟與預期目標、知識管理與競爭優勢等方面來加以闡述；並融入人工智慧、物聯網及大數據分析的知識管理與智慧化應用小案例（命名為新知識時代專欄）。此外，書中皆以圖表並列的方式來說明呈現，非常值得各位讀者潛心加以研讀。

　　本書在搜集資料、撰寫著作過程中，感謝所有參考引用相關文獻的專家學者們。若有疏漏之處，尚請各位專家學者及讀者不吝指教。

黃廷合・吳思達 謹識

第五版序記

2020 年 12 月

目次

目次

C　現代資訊服務產業

C-1　以資訊服務成為世界級公司－台灣 IBM 公司

C-2　專業防毒軟體應用世界級公司－趨勢科技公司

D　資訊與通訊產品產業

D-1　資訊與通訊產品的專業通路商－聯強國際股份有限公司

E　金融與壽險服務產業

E-1　爭取服務第一的新興金融公司－玉山銀行

F 其他服務產業

Chapte 1
認識知識與其發展

　　在人類文明發展過程中，知識始終是一不可或缺的要素。知識無論是在創造、擴散、累積等方面的特性均不同於傳統的有形資源，所以**當知識一旦取代物質**或資本，成為人類經濟活動中追求價值的基礎時，將使得社會的價值體系統、組織結構、智慧生活方式、創新及創造力展現等產生重大的改變。

1-1 知識的意義

Knowledge 的中文意思是知識,然而在商業領域中卻有特定的涵義。知識在字典上的解釋是「客觀明確的認識內容」或「對於某件事務有明確的理解與認知」。也就是說,知識是技術和經驗的印證,任何人都可以取用。在知識管理領域中,知識的內涵有別於一般的知識,是指「具有資產價值的知識」,即是限定在「有助於組織經營的知識」範圍,所以並非是任何技術和經驗都算是有益的知識。

Davenport 與 Prusak (1998) 認為,知識是一種流動性質的綜合體;包括結構化的經驗、價值、以及經過文字化的資訊,也包含專家獨特的見解,及為新經驗提出的評估、整合與資訊提供的思考架構。知識起源於智者的思想,在組織中,知識不僅存在文件與儲存系統中,也蘊含在日常例行工作、過程、執行與規範中。

Davenport 與 Prusak (1998) 進一步運用「過程」(process) 與存量 (stock) 的觀點來解釋資料 (data)、資訊 (information)、知識 (knowledge)、和智慧 (wisdom) 的不同。圖 1-1 為 Sena 與 Shani (1999) 根據 Davenport 與 Prusak 的觀點解釋所繪製的知識演化過程圖,可供參考。

資料,通常是指一系列的組織活動與外部環境所呈現的事實。資料來源則包括了高度結構化資料庫中的資料、競爭者相關資訊、人口統計資料及其他市場資訊等。組織若欲提高這些資料的價值,必須靠分析、綜合、以及將資料化為資訊和知識的能力。

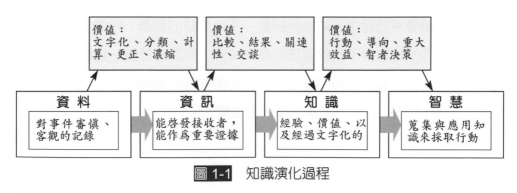

圖 1-1 知識演化過程

資料來源:Sena, J.A., & Shani, A.B.(1999) Intellectual Capital and Knowledge Creation: Towards an Alternative Framework. Knowledge Management Handbook, New York.

　　資訊，是將經驗及構思加以整理的成果。資訊通常被儲存在半結構化的內容中，例如文件、電子郵件、多媒體等。組織若欲提高資訊的價值，則應要求使資訊易於搜尋和重複使用，使組織不至於重蹈覆轍，工作也不會重複而無效率。

　　知識，來自於資訊，就如同資訊是從資料來的一樣。資訊轉變成知識的過程中，幾乎所有的環節都需要人們的親自參與，包括了比較 (Comparison)、結果 (Consequence)、關連 (Connections)、以及交談 (Conversation) 等過程。知識可貴的原因之一，就在知識比資料或資訊都更接近行動，因為知識的評估應該以知識對決策或是行動所造成的影響為基準。

　　根據 Nonaka 與 Takeuchi (1995) 的歸納，知識與資訊雖然經常被交替互用，但是知識與資訊兩者間其實存在著明顯的差異。知識和資訊有三個主要的差異：第一個差異是，「知識牽涉到信仰與承諾」，也就是說知識關係著某一特定立場、看法或是意圖；第二點差異是「知識牽涉到行動」，因此知識通常含有某種目的；第三點差異是「知識牽涉到意義」，亦即它和特殊情境互相呼應。

　　O'Dell (1998) 主張知識比資訊重要，通常組織裡到處充斥著資訊，但是直到這些資訊被人應用前，這些資訊都不算是知識。就這點來看，資料和資訊都不算是知識，唯有分析資料，了解資訊後採取行動，所獲得的認知結果才是真正的知識。

　　雖然知識已有相當明確的定義，但是學者們強調深究的知識本質卻可能不同。有關學者對於知識的定義如表 1-1 所示，可供參考。由此可知，知識的概念並不是非常清楚、明確，而是有相當程度的模糊與包容，並且具有無限的可能。

　　另外，在二十一世紀（2020 年）的數位化知識經濟時代，知識化及智慧化高度應用的階段，管理大師彼得・杜拉克早就告知人類，知識力量是未來企業的最重要資源。下面介紹五個企業對知識管理提出典範的「知識力量」的名言，如：**摩托羅拉公司**主張藉由「知識力量」的研究團隊（One Team）建立與客戶的親密關係；**台積電**認為「知識力量」是塑造台積電成為一個學習型組；**IBM** 主張「知識力量」讓公司兼顧虛擬與實體的電子化學習，提供公司每一位管理者具有持續學習的環境；**國泰人壽**公司也認為「知識力量」首先在建立知識的經營資訊情報系統，進而建立公司企業文化為一種知識共同體之理念；

台塑企業的平實作風，也特別重視「知識力量」宜以學習的制度與智慧化之資訊持續提升企業的競爭力為主。

參考文獻網址：https://doc.mbalib.com/m/view/ca30c5fel

表 1-1 相關學者對知識的定義

學　　者	知　識　的　定　義
Turban (1992)	知識是經過組織和分析的資訊。
Drucker (1993)	知識是將資訊有效地運用於行動中。
Wilkinson & Willmott (1994)	知識的使用除了增加商業價值目標外，尚可促使員工解放 (Employee Emancipation)。
Bellinger (1997)	瞭解資訊的規則後便形成知識。
Stewart (1997)	知識有別於資料與資訊，是一種經過系統化、結構化的直覺、經驗與事實。知識是公共財，不會因使用而滅損。
Nonaka (1998)	知識牽涉到信仰和承諾，也牽涉到行動與意義
Lundvall 與 Jojnston (1998)	知識分為知道什麼 (know what)、知道為何 (know why)、知道如何 (know how)、知道是誰 (know who)。
Broadbent (1998)	Huseman & Goodman (1999) 視「知識」為自經驗 (experience)、真理 (truth)、決斷 (judgement)、直覺 (intuition) 及價值 (values) 當中萃取得到的「資訊」。
Davenport & Pruask (1998)	Miller & Morris (1998) 則認為知識不僅是「知道那些事可以做」而已，更重要的是要「知道如何去做」。個人透過學習過程中，自我對資訊、理論與適當的經驗相整合而獲得新的知識，此一整合過程也被稱為「學習」(learning)。
Drucker(2000)	知識的本質就是擁有者對特定領域的專業化認知。
Spiegler(2000)	知識應是資料、資訊、知識與智慧的集合，是有組織有系統的資訊。
Hult (2003)	對組織有潛在價值的可靠資訊。

新知識時代專欄

配合知識管理與創新，話說傳統產業的數位轉型

很多企業界好朋友，時常期待自己的企業可以趕上時代，公司訂有創新的目標，提升競爭力。本個案特別參考2020年6月出版的哈佛商業評論的資料，此文由張主編彥文之整理，介紹如何配合數位轉型的建議一文。筆者特別加以整理出，建議數位轉型要三階段升級：

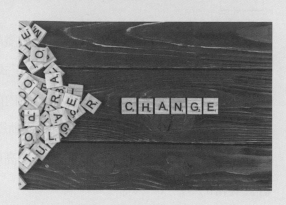

1. 先有「數位化」

是指公司要先導入資訊技術，建置軟體的資訊管理環境，進而產生及可儲存可管理的資訊。

2. 進入「數位優化」

是指於資訊環境建置完成後，再利用資訊來提升品質、管理進度、強化客服品質與確保資安等，從傳統產業的優化之下，其實質功能在強化營運效率與公司體質精進。

3. 達到「數位轉型」

是在完成「數位優化」才能進入第三階段「數位轉型」；此時傳統產業正式可以應用強大的數位化力量，創造差異化和競爭力。

此時，若傳統產業的產品碰到障礙或市場必需尋找新藍海，此時正在應用數位轉型的大好時機，這就是說「知識管理與創新」有多元的學習功能。請大家好好掌握知識創意、知識創新及創業理念的實踐。

參考資料：張彥文主編，「傳產中的傳產」也能數位轉型。哈佛管理評論。2020年6月號。頁62-63。

Q A 問題與討論

1. 請介紹「數位轉型」三個重要階段。

2. 討論知識管理與創新對傳統產業「數位轉型」的重要性。

1-2 知識的分類

Polyani 與 Nonaka (1994) 指出,知識的種類可概分為兩種:內隱性知識與外顯性知識,或稱非正式 / 未編碼的知識,以及正式 / 已編碼的知識。外顯性知識通常以書籍、文件、報告、資料庫和作業手冊為主;而內隱性知識則是與外顯性知識相反,它存在員工的頭腦裡,可以在與客戶及供應商的互動經驗裡被發現。

所以內隱性知識很難被記載,它是高度經驗性的,難以用文件記錄任何細節,是短暫且無常的。

一、內隱知識與外顯知識

Nonaka (1998) 針對 Polyani 的知識觀點,將知識分為內隱的知識 (tacit knowledge) 與外顯的知識 (explicit knowledge) 兩類,其內容如表 1-2 所示。

內隱知識是一種無法用語言或文字完全表達出來的知識,也是一種難以形式化或具體化的主觀知識,就認知上分析,內隱知識是個體經由內在心智不斷製造、處理、類比等過程,所建構出來對真實世界的認知模式,例如內在信念、主觀洞識及直覺智慧等。內隱知識可以協助個人自我瞭解,建立個人內在的心靈世界,同時將這些認知要素具體實踐於生活世界的行動之中,並深植於個人的理想、價值和情感之上(洪儒瑤,民 89;黃博聲,民 87;張君強,民 88;劉權瑩,民 88;鍾欣男,民 90)

外顯知識係一種可以用文字及數字表達的客觀知識,此種知識可以清楚的被辨認,較具系統化及規則化。可以由報告、手冊、程序表、說明書、電子郵件等文字方式呈現,是一種屬於理性的、連續的與數位的知識類型。

表 1-2　內隱與外顯知識之比較

內 隱 知 識	外 顯 知 識
※ 經驗的知識(真實的知識)	※ 理性的知識(心智的知識)
※ 同步的知識(此時此地的知識)	※ 連續的知識(非此時此地的知識)
※ 類比的知識(實務的知識)	※ 數位的知識(理論性的知識)
※ 主觀的知識	※ 客觀的知識

資料來源:Nonaka & Takeuchi,1995

二、可移轉的知識與崁入組織的知識

　　早期以資源爲基礎的觀點檢視組織，認爲一個組織若要使其擁有的知識發生實質的競爭力，其首要條件，即是此一知識應該要在該組織內或與其他組織間具有可移轉性(Barney, 1986)。如此，才能將此知識傳播給組織內有需要的員工，也才能與其他組織交換其所需要的知識。Badaracco (2001) 認爲組織的中心範圍就是一個社會網絡，組織能夠吸收、儲存、轉化、創造，甚至交換知識。Badaracco 將知識依其行動特性，分爲可移轉性知識和崁入組織的知識二種。

（一）可移轉性的知識

　　所謂可移轉性的知識，係指現存的知識可以透過套裝公式、設計手冊，或者是技術規範呈現。這些知識只要人員受過適當的訓練，都可以檢視運用。例如：組織中人員透過教育訓練經由實際的工作之後，藉由經驗所得到的知識會儲存於工作人員的腦海中。當工作人員離開組織後，儲存於人腦中的所有經驗與知識，則隨著個人的離開而被帶走。

（二）崁入組織的知識

　　將知識透過內隱的技巧，建立組織常規，或以廣泛的專業知識聯合網絡關係而形成知識。這些知識存在於個人與組織的特殊關係、規範、態度、資訊過程或企業文化與外部的溝通系統中。由於崁入組織的知識很難透過文字或符號移轉給他人，所以必須經過長期的努力與熟悉才能學習而得。

三、組織運作中的專屬性知識

　　專屬性知識是指合法擁有該知識的組織，可以因此知識而創發出價值 (Teece, 1987)。專屬性知識強調的是一種專利權的概念。組織的知識，由於很容易因爲市場的交易或其他因素而被其他人或組織所吸收與仿冒。因此，若無一套合法的保護機制：如專利權、著作權等方式，則創造此一知識的組織將因他人的模仿、冒用等因素，而降低其原有的競爭力。所以，當無法合法地保護自己的知識專屬性時，組織將會降低創造新知識的意願，而採取抄襲的手段。此舉不僅對個人、對組織或社會，都不是一個好現象。Quinn (1996) 認爲在後工業時代，組織成功的關鍵因素，已經從有形資產的管理，逐漸移轉到對人類智慧與系統的管理，因爲新經濟的產業成長，大多數是由專業人員的智慧所創造的。

Quinn (1996) 依專屬性知識在組織內運作的重要程度，分為以下幾個層次：

（一） 高級技能的知識

專業人員必須將特定領域所習得的知識，應用到複雜的現實問題上，並創造出實用的價值，亦即是將書本知識轉化為有效執行的知識，並創造實用價值。

（二） 系統認知的知識

此種知識可以展現受過高度訓練的直覺，對特定專業領域中的因果關係能深入瞭解，可以在執行任務中運用所習得的知識，解決更大更複雜的問題，創造更大的價值。擁有

新知識時代專欄

介紹數位轉型的五個步驟

從知識管理與創新角度，數位轉型是創新的課題，各企業為配合數位時代來臨，如能參考「漸進式轉型」的創新，才是上策。因為各傳統產業公司的資源、經驗、能力和人力資源等條件皆相當有限，在推動數位轉型過程中，確實要好好考慮的企業的條件與能力，做好準備與規劃。

依數位學者專家的建議，漸進式數位轉型可參考下列五個步驟。

1. 確認問題所在

首先要找出想解決的問題及未來可創造的機會，這樣的思維，是提醒各公司的負責人，要有認知能力，往往數位科技是手段而非目標，宜思考如何利用科技解決問題與掌握機會？

2. 選定專案目標

這個目標就是要有企圖心，值得挑戰；但也不能好高騖遠，目標太大，以避免轉型太困難或挫折。

系統認知知識的專業人員，通常可以預測事務間微妙的互動關係與結果。

（三）創造自我激勵的知識

此種知識，包括具備追求成功的意志、動機與能力。組織成員具有高度的動機與創造力，往往比具有更多財物資源與有形資產的組織更有發展的潛力。

因為擁有創造自我激勵知識的專業人員，在面臨外在環境的快速變遷時，往往比一般人員具備更強的適應能力。

3. 設定競爭對手

這種設定，不能像定義傳統的「競爭者」一樣，要有策略地，來找出可能被瓜分的市場、客戶與佔有率，才能掌握競爭優勢。

4. 創造自有品牌的生態系統價值

例如 Airbnb，它是一個不要蓋房子的旅館業者，只要用輕（小）資產的概念，創造出一個新生態整合的數位平台，甚至應該創新的大數據分析與預測，落實平台新功能。

5. 要容忍失敗

高階主管要能容忍失敗及企業的挫折，太顧慮其成敗，是無法成事，要勇於直前，敏捷式反應是不錯的測試與回饋，以累積小的成功而塑造大的里程碑。

參考資料：詹文男所長的與談內容。哈佛管理評論。2020 年 6 月號。頁 63-64。

Ｑ Ａ 問題與討論

1. 請說明數位轉型的五大步驟。

2. 2020 年有新冠肺炎疫情，全球大流行，阻止人與人之互動與交流，而「數位化」的上班工作與學習，成為一種新模式；請從知識管理與創新的角度來進一步說明「數位轉型」的時代需求性。

1-3 知識的特質

許多學者 (Earl, 1997；Harryaon, 2000；Saint-Onge, 1999；Wiig, 1993；Wilson, 1996) 都認為有必要對知識的概念，加以進一步的釐清。資料、資訊、智慧、知識等概念，所形成的階層和隸屬關係，如圖 1-2 所示。

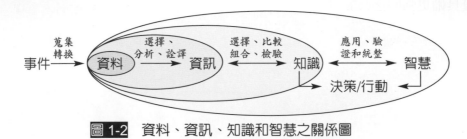

圖 1-2 資料、資訊、知識和智慧之關係圖

資料來源：葉連祺，民 90，p.34

資料是一些蒐集所得的事實或事件，經過選擇、分析和詮釋之後，可以抽釋出一些具有意義的看法，此即資訊。資訊在經過選擇、比較、組合的程序之後，轉換成可以做為行動或決策依據的正確基礎，即為知識。知識經應用和驗證後，則形成可以主導行動的智慧，包括對知識產生、運用和統整的指引。而知識和智慧，則是做決策和行動的主要依據（葉連祺、張鈿富，民 90）。再進一步闡釋說明知識的意義與特性如後。

一、資料

資料 (data) 是原始的數據，係指未經處理過的文字、數字，如：物價指數、國民生產毛額等統計數字等。資料所顯示的是，某一特定時期狀況。

二、資訊

資訊 (information) 是指有脈絡可依循的資料整理，亦即資訊是經過處理後，具有某些特定意義的資料，藉已發現或傳達某種訊息，如每月營業額的比較之後，所顯示出的營業額成長或衰退曲線等。

三、知識

知識 (knowledge) 是將資訊加上經驗，且有脈絡的加上理解並組成之即稱為知識

(Brooking, 1995)。**換言之，就是針對資訊深入了解，進一步加以詮釋、說明其意義之後，所獲得的認知結果，就是知識。**這是開創價值所需要的直接材料，如演講資料、研究報告等。

四、智慧

智慧 (wisdom) 是指一種直覺性的知識，亦即具備明智判斷，且能有效率、有效能地把知識應用於日常生活及工作上的一種能力。因此，智慧是以知識為根基，運用個人的應用與實踐能力來創造價值的泉源，特別是指所具備的判斷力與執行能力。

五、知識的特質

根據資料、資訊、知識和智慧的個別描述與彼此間關係的理解可知，知識具有「不會削減」、「生產過剩」、「前後不均」以及「無法預測」等的特質 (Stewart, 1997)，茲分別說明如後。

（一）不會削減

知識和一般物品不同的地方是，知識完全不會因為讓一個人了解或使用之後而會有所消耗或減損，它具有經濟學所提到的「共享」特性，例如，書本裡無形的知識可以永無止盡地傳授給世界上的任何人，而不會有絲毫的消耗或減損。因為這種不會消減的特性，使得組織得以將其發現、取得、創造的知識傳遞給所屬的知識工作者而不會減少。並且，經由分享和傳遞的過程，不斷激發運用、學習、改善、與創新知識的渴望，進而創發出新知識，以供給知識成長的養分，使其知識得以不斷地循環與發展。

（二）生產過剩

新經濟時代人們無時無刻不在創造新知識，而知識創造的速度還因為知識不斷累積的結果而愈來愈快，新知識也因此而愈來愈多。現在人們的問題不在缺乏知識，而是過多的知識不知如何抉擇與運用。因此，選擇與篩選知識的能力，也因為知識的快速成長而顯得愈來愈重要。

（三）前後不均

大部分知識密集型產業的財貨與服務，成本都集中在產品開發過程的先端。因此，知識密集型的產業，其前端設計和研發的費用，遠遠高於製造複製的費用。

介紹腦力密集產業

最近有關產業的升級報導，開始出現有「腦力密集產業」字眼。記得在數十年來，最流行的用詞是：「知識密集產業」、「資本密集產業」及「勞力密集產業」，而以知識管理與創新角度，開始積極來關注「轉型升級中的腦力密集產業」。

自從產業界開始重視「人工智慧」技術能力的應用之後，產業界都圍繞著「智慧化」來發展產業。而鴻海集團的智囊團就以「腦力密集」行業來發展。

舉例來說，鴻海在大陸鄭州科技園區發佈，於今年 6 月份職業技能的薪水提升

（四）無法預測

知識創造的工作，在輸入知識與輸出知識之間，往往不易找到任何有意義的經濟關係，亦即智慧資本的價值，未必和取得智慧資本的成本有任何關聯。

綜合言之，知識是一種複雜的概念，內涵包羅萬象，每個人著重的角度不同時，其分類與解釋亦會有些差異。但是，若以知識管理的績效角度而言，對於知識不宜僅以呈現的形式或性質，做為區別是否為知識的標準，更應從功能或作用的角度思考，以能否影響組織的永續發展作為判斷知識的標準，則將會使得知識更具有價值。

1-4 知識的整合與移轉

Bonora 與 Revang (1991) 引用 Popper (1973) 的分類方式將知識的儲存分為「機械式」及「有機式」兩種。所謂**「有機式」**即指主觀的、個人的知識；而**「機械式」**則是指客觀的、命定的知識。組織必須決定其知識儲存的方式中，有機式與機械式知識儲存的比例。

Bonora 與 Revang (1991) 認為，客觀知識並非組織成功或生存的關鍵，主觀知識才

補貼政策中，範圍包含了 59 項的專業技術，其橫跨不同等級的技術證照，符合資格員工，最高可領到新台幣 8500 元的獎金，從鴻海集團重視的程度，可以讓我們了解一個高度科技化公司，已經將「知識密集產業」，以更接地氣的用語──「腦力密集產業」代替，便於加速發展「智慧化」相關產業與其計劃，以迎合市場的競爭優勢需求。各位關心知識管理與創新的好朋友，我們一起來為 KM 之發展而努力。

參考資料：尹慧中撰寫，經濟日報。2020-6-15，A3 版。

Q A 問題與討論

1. 介紹腦力密集產業的出現緣由。

2. 討論知識管理與創新對腦力密集產業與「智慧化」產業的影響。

是。所謂**主觀知識**，是指如隱藏的知能或技能，以及知識工作者把理論轉換為實務應用的能力。而所謂**客觀的知識**，則是對每個人開放的，可以利用專屬權的形式將知識的所有權歸屬於某人，這是將知識以資源依賴的角度來分析。但若以主觀知識的角度來看時，則知識不是一個物件 (object)，而是一個具有生命的主體 (subject)，這便與傳統的資源有所不同。Bonora 與 Revang 更進一步將知識的協調程度分為「整合」及「分散」兩種形式，例如：將儲存在個人身上的知識稱作**分散知識**，而儲存在團隊中的知識則稱為**整合知識**，詳如圖 1-3 所示。

一、知識的整合機制

組織活動的進行必須整合許多的專業知識，必須有共同的知識作為溝通的工具。

Grant (1996) 指出，整合儲存專門知識的機制包含規則與指令、程序化、常規及團隊的問題解決與決策等。

（一）規則與指令

規則與指令可以將內隱知識轉換成能夠被理解的外顯知識。

（二）程序化

整合專門知識且減低溝通與持續協調的最簡單方式，就是將生產活動組織成時間序列，讓各個專家投入不同且獨立的各個連續階段。然而，實際進行產品開發時，通常也經常會發生階段重疊的現象。

図 1-3　知識建構及維持模式

資料來源：Bonora & Revang（1991）.A Strategic Framework for Analyzing Professional Service Firms-Development Strategies for Sustained Performance. Strategic Management Society Inter-organizational Conference,Toronto,Canada.

（三）常規

常規可以輔助功能團隊在執行特定任務時，維持個人表現高度的水準，如加盟店的標準工作程序等。

（四）團隊的問題解決與決策

團隊的問題解決與決策目標是要使組織的效率與規則、常規以及其他整合機制達到最佳化。整合機制可以使溝通與移轉知識經濟化，且當面臨特殊、複雜與重要的任務時，可以依靠團隊能力的發揮來處理。

二、知識的移轉

當組織認知到組織內缺乏某種知識時，就會產生知識的落差 (knowledge gap)，因此需要不斷地將知識引進或轉移進來。Dixon (2000) 認為知識移轉就是組織的成員透過各種工具及程序輔助，將存於組織內某部分的知識，應用到另一個部份，該工具可能是知識資料庫、科技等。Lahti & Beyerlein (2000) 則主張知識移轉包含傳遞 (Conveyed) 與散播

(Diffusing) 兩種動作。其中，內隱知識則透過人與人之間的合作以進行移轉；外顯知識則是透過資料庫、檔案索引系統、書本等媒介進行移轉。

而 Gilbert 與 Gordey-Hayes (1996) 認為，知識的移轉必須經由不斷動態學習的過程才能達成，而這種動態的學習過程包括五個知識移轉的階段：

（一）取得 (acquistition)

在移轉知識之前，必須先取得知識，組織可以從過去的經驗、由工作中、由他人、由個人、以及由不斷的搜尋過程中取得新知識。而且組織前期知識的取得，直接影響組織未來知識的取得能力與搜尋方式。組織必須經由過去的經驗、實作，並自外界引進技術、不斷掌控外界資訊，以獲得組織所需要學習的知識。

（二）溝通 (communication)

溝通可以透過書面或口語的方式進行，但都必須先建立好溝通的機制，才能使知識被有效的移轉。

（三）應用 (application)

獲取知識的目的乃在於應用知識，並進一步促進知識的學習，而不僅僅只是獲取知識而已。

（四）接受 (accept)

如果組織企業內知識多僅在高階主管間交流與探討，基層少有參與的話，代表組織成員雖然已經接受此知識，但是並未進一步的吸收消化。因此，多數所謂成功達成技術移轉的公司，有時實際上僅停留在接受的階段。

（五）吸收或同化 (assimilation)

同化乃是知識移轉中最關鍵的階段，也是知識應用的結果。同化可以使所有的結果轉化為組織的規範，進而改變組織的運轉，使變革成為組織日常的工作。在應用階段後，多數公司便只停留在接受的階段，而無法進一步的創新，只有當高階資深主管能將所習得的結果，應用到組織的日常活動中，並引發組織全體的改變時，才算達成吸收或同化。

Gilbert 與 Gordey-Hayes (1996) 發現，「時間」也是使知識從個人移轉到組織的一個決定性因素。組織的日常工作較不容易隨時因應變化而改變。然而，新的知識在被組織接受之前必定曾經歷過：邊做邊學、從歷史中學習、監視、控制、和回饋等的過程，才可能發生同化。

　　Gilbert 與 Gordey-Hayes (1996) 同時認為，知識的移轉並非靜態的發生，它必須經由不斷的動態學習才能達成目標。如圖 1-4 的步驟，知識取得代表組織必須經由過去的經驗、實作、自外界引入技術、不斷對外界監督，以獲取學習所需要的知識。而在知識取得的同時，組織需要建立溝通的機制，使知識能有效的移轉與應用，以促進組織的學習。大部分的公司在應用階段之後，便停留在接受階段，而無法進一步創新。組織惟有將所學的結果應用到組織日常活動中，並且引起組織全體的改變時，才能達成知識的同化或吸收。

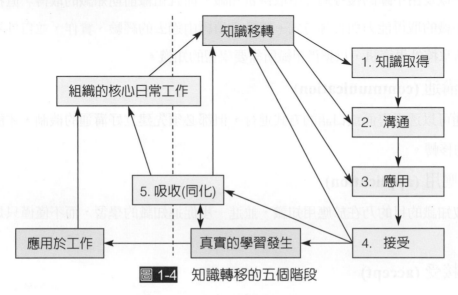

圖 1-4　知識轉移的五個階段

資料來源：Gilbert & Gordey-Hayes（1996）.Understanding The Process of Knowledge Transfer to Achieve Successful Techological Innovation,Vo1.16,No.6,Jun,pp.301-302.

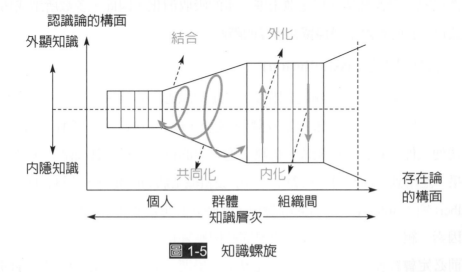

圖 1-5　知識螺旋

資料來源：Nonaka & Takeuchi (1995). The knowledge-Creating Company.Oxford University Press. New York.

從台積電打造先進封裝生態鏈談起

新知識時代專欄

國內企業模範生——台積電公司，是國際晶圓代工龍頭，也是國人的驕傲；就從台積電的發展歷程分析，公司非常重視知識管理、創意及創新、研發投資等重要的公司策略。

2020 年是肺炎疫情的庚子年，世界經濟展望放慢，但台積電還在資本支出達到 160 億美元，折合新台幣 4800 億元，其中用 10%（480 億元）攜手合作先進封裝公司，如：弘塑、精測、萬潤及旺矽等本土設備／材料供應商，建構完整的生態鏈系，成為綁住蘋果等大客戶訂單的重要利器。由此可見，台積電公司為何不斷進步突破？就是善用上、中、下游的生態系統，整合前後段製程，也是戰勝競爭者的利器。

台積電堪稱擁有晶圓代工獨霸的先進封裝技術，這種先進封裝是一個 3D IC 製程技術，恰巧是讓台積電具備直接為客戶產生 3D IC 的能力，足足給台積電再創佳績的機會；這證明企業若有能重視「知識管理與創新」的精神，特別要重視「知識管理」與「創新」的整合思維，進而落實執行研發投資，讓技術不斷進步，真正建立成功的「上、中、下游」的生產過程的生態系統，這是本文特別介紹的重點，期待大家都能參考之。

參考資料：簡永祥。經濟日報。2020-07-14，A3 版。

Q A 問題與討論

1. 請上網查一下：台積電公司的發展成果。
2. 說明個案中，台積電如何應用先進技術與知識創新要領，來提升競爭力，請加以說明之。

1-5 知識的創造

    Nonaka 與 Takeuchi (1995) 認爲知識的創新乃是「共同化」、「外化」、「結合」、及「內化」四種知識轉化不斷循環的結果,而此一不斷循環的結果即爲「知識螺旋」,如圖 1-5 所示。知識創造由個人層次開始,逐漸上升並擴大互動範圍,從個人擴散至團體、組織甚至組織間。因此,知識的創造由個人的層次,逐漸擴散至團體、組織,最後到組織外,過程中不斷有共同化、外化、結合、及內化的知識整合活動。圖中以知識的內隱與外顯程度爲縱軸,而以知識的層次(個人、群體、組織與組織間)爲橫軸,可以顯示出知識螺旋在不同層次上的知識創造活動。

    另外,在知識創造過程中,Nonaka 與 Takeuchi (1995) 區分成四個轉換階段,如圖 1-6 所示。

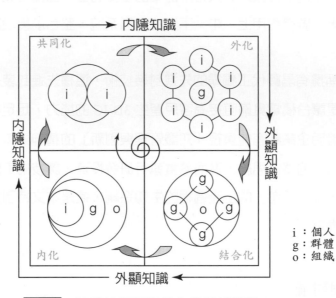

圖 1-6 知識轉換螺旋與自我超越過程 (SECI Model)

資料來源:Nonaka, I "The concept of ba:Building a foundation of knowledge creation", California Management Review,1998,Vol.40, No.3, pp.40-54.

一、共同化(內隱至內隱)

    共同化(Socialization)指的是組織成員間內隱知識的轉移,這是透過經驗分享從而達到創造內隱知識的過程,例如:心智模式與技術性技巧的分享。

二、外化（內隱至外顯）

外化（Externalization）是將內隱知識明白表達爲外顯觀念的過程，在這過程中內隱知識可藉著隱喻、類比、觀念或架構等方式表達出來。

三、結合（外顯至外顯）

結合（Combination）指的是將觀念系統化而形成知識體系的過程，而這種模式的知識轉化牽涉到結合不同的外顯知識體系，如：學校教育。

四、內化（外顯至內隱）

內化（Internalization）指的是將外顯知識轉化爲內隱知識的過程。當經驗透過共同化、外化和結合，進一步內化到個人的內隱知識基礎上時，就成爲有價值的資產。

Leonard-Barton (1995) 認爲知識管理的目的就是爲了知識的創造與累積，尤其以知識的創造最爲重要。他認爲**知識創造的活動包括有「共享解決問題」、「實行與整合新技術流程與工具」、「實驗與原型」、以及「輸入知識」。**

而 Leonard-Barton (1995) 認爲組織除了是知識的儲存庫之外，同時藉由知識創造的活動可以建立組織獨特的能耐，並提出知識創造的活動可分爲四項：

1. 共同問題的解決 (Problem Solving)

在組織學習的過程中，組織的進步是所有成員進步的結果。在問題產生時，所有成員都要能夠貢獻其知識，投入問題解決過程，直到問題解決爲止。

2. 實行與整合 (Implementing & Integrating)

組織引入外界的新工具與現有的設備整合，從實做中創新。

3. 實驗與建立原型 (Experimenting & Prototyping)

組織必須建立一個鼓勵成員實驗、容忍智慧型犯錯的組織環境，並利用原型加速理念或是成果的溝通，有效的促進更多的學習。

4. 輸入知識 (Importing Knowledge)

組織必須監督外界的技術變化，以廣泛的吸收機制，自外界引入知識並與外界不斷互動，培養技術守門員 (Technological Gatekeeper) 等，以有效自外界學習知識。

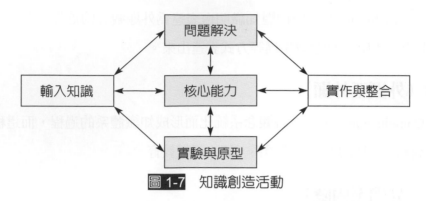

圖 1-7　知識創造活動

資料來源：Leonard-Barton, (1995).Wellspring of Knowledge. Masachusetts : Harvard Business Review.

 # 1-6　知識的發展

　　知識管理是一種組織化的學習，它的目的不只讓個人學習建構自己的知識，過程中也讓組織成員學習，同時建構與分享，使之成為組織的知識，以發揮知識的價值；對於學校或政府機構，還需要更進一步地將知識傳播出去讓社會大眾分享，使知識成為有利於社會的公眾知識，也是一種不斷進化及改善，追求卓越的一種知識發展。由此可知，知識發展的過程，則包含著個人知識的建構與組織知識的建構二方面。就組織知識與個人知識之發展過程，我們可由表 1-3 進一步加以比較。

表 1-3　組織知識與個人知識之發展比較

	發 展 過 程	實 際 的 例 子
組織知識	組織內的個人知識	個人水準的默認認知
	整理統合各員工的知識	由默認認知的公開化轉向形式化
	對組織業務有用的知識	認定為公司的知識
個人知識	以個人為基礎的有用情報和知識	判斷雲層變化與天候改變的因果關係
	個人知識的整理和統合	預測降雨機率的大小
	個人生活中有用的知識	判斷是否要帶雨具

一、個人的知識

　　個人知識主要透過學習來建構，從資訊的接收到知識的理解，將個人的知識層級提升，使所擁有的知識更有價值。「知事」是最基礎的知識，但在某個層面上，它只是資訊，只能讓人知道有這麼一回事，無法讓人知道如何做 (Know-how) 以及為何是這麼一回事 (Know-why)，不知道「如何做」，做不出東西，知識的價值究竟有限；不知道「為什麼」，知識就停留在現有的知識層級上，無法作更多、更有價值的應用，也很難進一步建構新的知識。

　　知識的學習或建構大致循知事、知技、知因、探因、探理五個層級，逐級建構，如圖 1-8 所示。

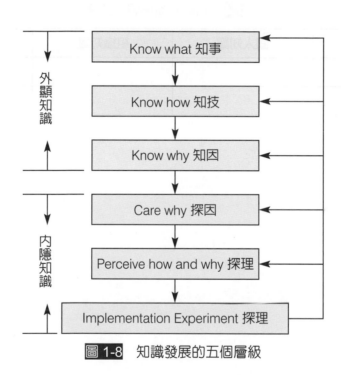

圖 1-8 知識發展的五個層級

　　首先從知曉事務內容（**know what，知道有這麼一回事**）開始，接下來知曉其方法（**know how，知道如何做**），然後知曉其原理（**know why，知道事物的原理**），進而能夠對既有知識提出批判，也就是從既有 know-why 反思其他更深沉的道理（**care why**），最後領悟更深沉的道理或意會更抽象的概念 （**perceive how and why**）（Quinn et. al.,1997)。

二、組織的知識

組織知識除了是個人知識的集合外，它也包括人際間的知識 (Inter-personal knowledge)，它是個人建構知識之集合，若以表 1-4 表示，則組織知識之建構並不涉及「公共知識」之建構範圍。

在組織中，個人建構知識的過程需要有組織的協助，亦即藉助組織的分享機制而建構，所以，分享是組織知識的建構要件。組織知識與個人知識不同的是，組織會運用其現有的資源。組織知識的創造靠著知識螺旋分享與建構過程，透過人際間的互動，進行共同化、外化、結合以及內化等知識整合的活動。

表 1-4 組織知識與個人知識

	個人知識	組織知識	公共知識
內 容			
過 程			

問題討論

一、是非題

1. (　　　) 知識是對事件審愼、客觀的紀錄。

2. (　　　) 一般是先有資料 (data)，才有資訊 (information) 之產生。

3. (　　　) 知識包括了比較、結果、關連以及交談等過程所建立。

4. (　　　) 智慧是能啓發接收者，能作爲重要證據的。

5. (　　　) 外顯知識是很難被記載，它是高度經驗性的，難以用文件記錄任何細節。

6. (　　　) 外顯性知識通常以書籍、文件、報告、資料庫和作業手冊爲主。

7. (　　　) 可移轉性的知識是指現存的知識可以透過套裝公式、設計手冊及技術規範加以呈現。

8. (　　　) 知識具有「不會削減」、「生產過剩」、「前後不均」及「無法預測」等特質。

二、選擇題

1. (　　　) 下列哪一種敘述是正確的？　(A) 資料 → 知識 → 資訊 → 智慧　(B) 知識 → 資訊 → 資料 → 智慧　(C) 資料 → 資訊 → 知識 → 智慧　(D) 智慧 → 知識 → 資料 → 資訊。

2. (　　　) 知識的特質，具有：　(A) 生產過剩　(B) 無法預測　(C) 不會削減　(D) 以上皆是。

3. (　　　) 一種無法用語言或文字完全表達出來的知識是　(A) 內隱知識　(B) 可移轉知識　(C) 外顯知識　(D) 高級知識。

4. (　　　) 具有決策力及行動力的是　(A) 知識 → 智慧　(B) 資訊 → 知識　(C) 事件 → 資料　(D) 資訊 → 知識。

5. (　　　) 隱藏的知能或技能，且可以由知識工作者把理論轉換爲實務應用之能力，是指　(A) 客觀知識　(B) 主觀知識　(C) 分散知識　(D) 整合知識。

6. (　　　) 知識分類方式將儲存分爲　(A) 機械式及有機式　(B) 有用知識及無用知識　(C) 一般知識及高級知識　(D) 現有知識及未來知識。

7. (　　　) 動態學習過程中，將知識移轉階段之順序為　(A) 溝通 → 取得 → 應用 → 接受 → 吸收　(B) 吸收 → 應用 → 取得 → 溝通 → 接受　(C) 取得 → 溝通 → 應用 → 接受 → 吸收　(D) 應用 → 吸收 → 溝通 → 取得 → 接受。

三、問答題

1. 舉例說明知識發展的實際現況。

2. 舉例說明知識的發展對 21 世紀之影響。

3. 請說明知識螺旋及其應用。

4. 請就資料、資訊、知識與智慧之關係來說明之。

5. 請比較內隱與外顯的知識。

6. 個人知識與組織知識之特性為何？

7. 請介紹數位轉型之步驟。

Chapter 2
知識管理與知識經濟

　　「新經濟」是泛指運用新的科學技術、員工的創新、企業家的毅力與冒險精神，作為經濟發展原動力的經濟。但是科技與創新都需要知識的投入，於是知識經濟便成為新經濟最重要的一部分。在新經濟的領域中，知識佔有非常重要的地位，只有知識工作者才能發展新科技，才能創新，才能使用專業知識改造生產程序、開發新產品。Drucker（1993）指出，在知識經濟的世界裡，知識的意義已由過去靜態的、供人欣賞用的私有財（如詩、詞、小說等），轉變成動態的生產資源、成為一種公共財。換言之，新經濟時代，就是知識經濟的時代。在知識經濟時代，誰能掌握最新的知識，有能力活用最新的知識，創新產品、提升產品的附加價值，誰便掌握經濟大權。

2-1 知識的經濟效益

知識經濟是建立在知識和資訊的生產、分配和使用上的經濟。

一、知識經濟的意義

近年來，「知識經濟」(knowledge-based economy) 已經成為一個被廣泛討論的名詞。**知識經濟**的意涵見仁見智，一般而言，泛指依賴知識激發創新，不斷推動發展的經濟。1996 年經濟合作暨發展組織 (OECD) 發表「知識經濟報告」(OECD, 1996)，明確指出知識經濟為「以知識為基礎的經濟」，正式揭櫫知識經濟時代的來臨。美國麻省理工學院經濟學教授梭羅 (Thurow) 指出「未來將是以知識為基礎的競爭，對個人和國家而言，創造及運用知識的技術將成為競爭的關鍵」（齊思賢譯，民 89）。換言之，知識經濟是指經濟的發展，由傳統的以有形的資源（物質及資本）為基礎轉型為以無形的知識為基礎。亦即知識經濟是以「知識」為基礎的「新經濟」運作模式。

隨著經濟全球化的進展，貿易、投資和金融自由化已經成為不可改變的潮流與趨勢，同時伴隨著資訊科技 (information technology) 的蓬勃發展而導致「數位經濟」(digital economy) 或「知識經濟」的出現。每日發生在我們週遭的資訊，無論是傳、輸、送和呈現，總在微瞬之間。因此，以有限的資源，穿梭在無限的資訊流中，如何擷取有益的資訊並將之轉化為有用的知識與技術，就成為競爭力良窳的關鍵所在。最近「知識經濟」已蔚為一股新興的潮流，而且風起雲湧、方興未艾。吉勒尼 (Zeleny, 1989) 可說是深具先見之明的學者，他早在 1980 年代末期即主張知識是一種主要的資本。**1993 年管理大師彼得·杜拉克 (P.F.Drucker) 提出了「知識」將取代土地、勞動、資本、機器設備等成為最重要的生產因素。杜拉克宣稱這是一種管理革命 (management revolution)，因為生產力已趨於仰賴專業知識工作者 (knowledge workers) 對於新知識之發展與應用之能力來衡量** (Drucker, 1993；Johnston, 1998)。

英國哲學家培根 (Francis Bacon) 說**「知識就是力量」** (knowledge is power)，這句古老諺語恆古不變地傳達知識的重要性，然而對於「知識」的管理卻鮮少有人倡導。我們會在此時對知識特別感到興趣，乃因知識為基礎的活動和資源投資已成為競爭力之關鍵。隨著經濟理論的發展，已可以將知識納入分析架構之中，使知識的重要性得以量化

(Industry Science Resources, 2001)。加上高科技及服務產業的不斷創新發展,越來越多的企業或組織均體認到以知識作為競爭武器的時代已經來臨,這種現象引起學術界與實務界的廣泛討論。目前有許多學者均指出,我們的社會正進入一項全新的階段—知識經濟,知識已經變成個人或組織可擁有之最珍貴資源 (Brennan, 2000)。托佛勒 (Toffler, 1980) 稱這個時代為「第三波 (third wave)」。**梭羅 (1999) 則認為目前我們正經歷第三次工業革命。微體電子學** (microelectronics)、**電腦、電訊** (telecommunications)、**人造材料** (designer materials)、**機器人學** (robotics) 及**生物科技** (biotechnology) 等六大新興科技領域,正改變我們的生活面貌,並創造一個全新的經濟世界。**彼得聖吉 (P.Senge) 指出,未來競爭優勢的唯一來源是組織所擁有的知識,以及組織能夠較其競爭對手擁有更快速的學習能力** (Senge,1994; Senge,et.al.,1999; Senge,et.al.,2000)。就如同發生於十八世紀以前的工業革命,我們的社會正經歷一項重要的轉型,而知識就是興起中生產模式之核心要素 (Center for Educational Research and Innovation, 2000)。新經濟的「知識」確實已逐漸取代先前傳統經濟的土地與能源地位,而成為創造財富的新工具。**吳思華**(民 89)**從知識光譜**(圖 2-1)**四階段,明確說明知識經濟的涵義,茲敘述如下:**

(一) 新科技帶來的新興產業

以資訊科技產業為主,包括電腦、網路、通訊等相關產業。其相關產品與服務不斷地運用在人類生活中,幫助人們突破時空限制,以更便利、更有效的方式來處理日常事務;更重要的是它讓經濟活動中的生產製造、交易模式等價值活動都和以往有著極大的不同,也幫助產業生產力明顯提升,而成本卻明顯下降。

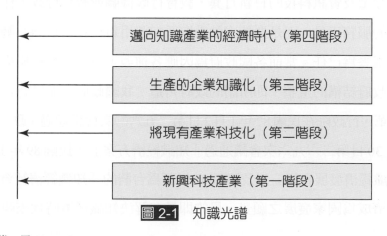

圖 2-1 知識光譜

資料來源:吳思華,民 89,p.86

（二）將現有產業的科技化

知識經濟中的第二種形式，是指經由創新發明為既有的產業帶來的新產品，而創新是這類知識經濟強調的重點，扮演著舉足輕重的角色。展現「創新」的方式很多，無論是一個新的想法，或是嶄新的音樂風格，都是創新的一種形式，而在商業，企業能否透過技術或是策略上的創新，提供客戶新的產品服務，進而產生新的價值，則是我們關注的焦點。

（三）生產的企業知識化

知識經濟的第三種形貌是指企業以「知識」作為其產品與服務的主要內容，而將生產製造的重要性降低。在傳統產業中，專業的服務業是這類知識型企業最典型的代表。隨著文明的演進，知識型企業的形貌也趨於多元化，但深究其經營內容，知識型企業販賣的產品或服務，主要是以知識為核心的資源，包括品牌、制度、作業系統及資料庫等等。

（四）邁向知識產業的經濟時代

知識光譜上端顯示的「知識經濟」是和下端以資訊科技為主軸的「知識經濟」，呈現完全不同的內容與觀點。在這裡，所謂的知識經濟，其內容是以文化為主軸，強調將教育、文化活動經濟化。知識經濟化的內容包含了娛樂、文化藝術、旅遊、出版與教育等項目，這些項目都是一個文化的具體呈現，如能將這些項目成功的經濟化並推展出去，將使這個文化成為全球的主流價值，其影響將十分廣泛而深刻。

綜合以上的描述，我們不難感受到，目前正面臨一個典範移轉 (parading shift) 時代。隨著社會快速變遷及資訊科技的日新月異，教育行政機關或教育行政工作不再只是扮演執行教育政策的服務工具，而是要能主動汲取新知運用新科技，敞開心胸汲取新知，以提升全民教育素養為己任。當前各國政府為因應各種競爭挑戰，都積極從事國家整體策略規劃發展和政府結構的重整，即所謂的政府再造。我國政府亦順應時代潮流，進行一連串的教育改革，行政院在民國87年1月2日第二五六○次會議通過「政府再造綱領」、民國89年8月30日第二六九六次會議通過「知識經濟方案」、民國89年11月4、5日舉辦的「全國知識經濟發展會議」以及將2001年訂為台灣的「知識經濟社會推動元年」，全力使知識經濟成為國家發展之願景，目的即是在解決知識經濟時代來臨所帶來的各種挑戰。

綜合以上所述，儘管大家對知識經濟的定義與其所包含的內容不盡相同，但不容否認的一點是：「知識」已成為土地、勞力、資本之外，另一項重要的生產要素。從國家角度來看，未來的國際競爭不再只是土地的大小、武力的強弱或是外匯存底的多寡，而是一個國家的知識涵量。廿一世紀，知識將是決定能否在國際競爭舞台上扮演關鍵角色的一個決定性因素，因此如何持續地創造、累積、運用一國的知識涵量，是各國政府必須審慎思考的課題。

在知識經濟時代中，各項資訊日新月異，而知識的半衰期也隨之縮短；為能有效落實知識管理，企業管理者或是行政工作者，必須汲取各項新知，進而建立學習型組織，始能有效因應。

 ## 2-2 知識經濟的重要內涵

知識管理對經濟發展的影響，在於今日全球化的環境中，知識成為最重要的生產資源，所以未來經濟發展的基礎，將取決於知識的管理與創造能力。知識經濟的來臨，是人類第一次不需要依賴實體的資源，而只要擁有知識管理與創造的能力，就可以形成財富的時代。此外，知識經濟的出現也形成一個以知識管理為導向的經濟體系。

在人類文明發展的過程中，知識始終是一項不可或缺的重要因素，當它一旦取代物質或資本成為人類經濟活動中追求價值的基礎時，由於知識無論在創造、擴散、累積各方面的本質特性均不同於傳統有形的資源，所以將使得社會的價值體系、組織結構、生活方式等產生重大的變革（張一藩，民90）。

一、知識經濟的核心理念

知識可以無限地擴張，但是權利與財富則不可。在知識共享的世紀，知識不再是屬於少數人的專利，人人都可以從比較公平的起點出發。高希均（民89）列舉知識經濟的十大範疇，也是知識經濟的核心理念所在。

（一）「知識」獨領風騷

二百年來經濟成長理論，在不同的時代，曾經重視過不同的生產因素，從勞力、土地、自然資源、資金、科技到今天的「知識」。在分秒必爭的時代，企業可以靠新科技暫時維

持競爭優勢，但是不可能長期領先；依靠新的「知識」，則增加了持續領先的可能性。因此，新經濟的核心可以說就是知識經濟，主要的發展動力是科技，科技的核心則是人才。

Lee & Choi (2003) 認為：『人員是組織知識創造的核心，是創造與分享知識的來源』，因此如何適當的管理人員，使他們願意去創造知識，進而分享知識，是現今公司管理中相當重要的一個課題。

（二）「管理」推動「變革」

在這劇變的年代，推動變革與阻擋變革的力量同樣巨大。約翰·科特 (1998) 明確指出在尋求變革中常見的重要錯誤，包括：自視太高、變革領導的團隊不強、低估願景的功能、願景溝通不足、透視問題的能力不足、坐視問題叢生。這些錯誤知覺不正是很貼切地描述當前機關組織在變革中所遭遇的困難嗎？

（三）「變革」引發「開放」

經過痛苦的變革，就會出現「開放」的新機。「知識經濟」的運作模式是不能容忍落伍的、封閉的心態與作為。唯有在「開放的社會」，才能提供足夠的吸引力與安全性，來凝聚人才、資金、技術、資訊等。

（四）「科技」主導「創新」

美國近十年來的空前成就—高作長、低失業、低物價及財政盈餘——被認為是資訊革命與技術創新所締造的。因此，「新經濟」變成了顯學，而美國也成為了獨一無二的強國。

（五）「創造」推向無限的可能

資本主義下的市場經濟，就是一波一波的創新繁榮與毀滅蕭條。事實證明，只要不斷出現創新，經濟就可以繁榮，如果繁榮是創新之果，那麼知識就是創新之因。因此，比爾蓋茲 (Bill Gates) 不斷地說：「微軟離開失敗永遠只差兩年。」弦外之音是微軟不斷地要在兩年內推出新的產品，否則很快就會被淘汰。

（六）「速度」決定成敗

比爾·蓋茲也曾說過：「如果八○年代的主題是品質，九○年代是企業再造，那麼二○○○年後的關鍵就是速度。」正說明知識經濟時代所強調的核心所在。

（七）「企業家精神」化不可能為可能

經濟大師熊彼德 (Joseph A. Schumpeter) 在半世紀前提出「創造性毀滅」，生動地描述了當前「知識經濟」波濤中新企業－特別是網際網路公司的大起大落。這就是瀰漫在市場經濟中一種冒險、敢創新、敢投資的精神。失敗的創業者，把「可能」折損成「不可能」；成功的創業者，化「不可能」為「可能」。

（八）「網際網路」顛覆傳統

上網的魅力即在：「上網讓你獨立，獨立後你更想上網。」在網路時代中，專家們早就提出警告：在資訊高速公路上，不超速就被別人趕上。前英特爾副總裁威廉戴維多 (William Davidow) 主張企業要領先，就是要將自己的產品不斷淘汰，來維持優勢。

（九）「全球化」開創商機與風險

一九九〇年代之後，同時被稱為後冷戰時代與全球化時代。在全球化的整合過程中，一幅嶄新的景象已經出現：(1) 國際舞台以競爭力來拓展企業版圖；(2) 無國界的經濟活動與無所不在的網際網路盛行；(3) 人才、科技、資金、資訊等，正以前所未有的速度及數量，跨越國界，尋求市場。要融入全球化，較落後的國家必須要在法令上、外國語文上、資訊通訊上、智慧財產權保護上等加速改進。

（十）「競爭力」決定長期興衰

知識決定競爭力，競爭力決定一個產業或一個經濟的興衰。競爭力愈強，創造財富的能力也就愈高。瑞士洛桑國際管理學院 (IMD)，特別指出提升競爭力的幾個方式： **(1) 大量投資於教育及勞動者的終身學習；(2) 創造穩定的立法環境； (3) 側重行政改革的品質與時效；(4) 投資基礎建設**。要達到上述目標，只有全面靠知識力量的驅使，來提升競爭力。

二、知識經濟的特質

學者吳永猛（民 89）指出，**知識經濟最重要的關鍵在於「人力資源」與「科技」之表現**。因此，教育是培養知識經濟的不二法門。所以，知識經濟必須具備下列幾項特質：

1. 教育培訓具有創新人才。
2. 推動終身學習，加強人力資源。

3. 加強研發能力。

4. 策略聯盟與購併，擴大競爭力。

5. 運用資訊與通訊技術。

6. 注重智慧財產權。

7. 致力全球化以具有自由貿易的能力。

8. 網際網路化。

9. 發展電子商務。

　　過去企業經營成功的模式，目前很可能不再適用，在網際網路環境中，必須運用新的模式創新發展。網際網路打破時空的限制，一天二十四小時的運作，沒有遠近的地域區別，加上資訊科技具備大量及快速的資訊處理能力，使得外在的環境急速的改變。一個組織要求生存和成長，就需要因應外在環境的快速變化，不斷的學習和不斷的進化，當內在的成長速度低於外在環境的變化，這個組織已處於危機狀態，如何有效的推動知識管理，提升組織的學習能力和知識的傳播分享，成為組織確保競爭優勢的關鍵。

　　專家學者對知識經濟的特質，雖然各有不同的定義，但是我們可以透過表 2-1 來了解專家學者對知識經濟的特質，以及在人力資源與科技應用上之比較。

表 2-1 知識經濟的特質在人力資源與科技應用上之比較

學者	知識經濟之特質	人力資源應用	科技之應用
吳永猛	1. 教育培訓具有創新人才	※	
	2. 推動終身學習，加強人力資源	※	※
	3. 加強研發能力		※
	4. 策略聯盟與購併，擴大競爭力	※	
	5. 運用資訊與通訊技術	※	※
	6. 注重智慧財產權	※	
	7. 致力全球化具有自由貿易能力	※	
	8. 網際網路化	※	※
	9. 發展電子商務	※	※
徐恩普	1. 典範轉移	※	
	2. 加速的變化	※	※
	3. 知識管理	※	※

表 2-1 知識經濟的特質在人力資源與科技應用上之比較（續）

學者	知識經濟之特質	人力資源應用	科技之應用
謝清俊	1. 資訊和知識的商品化	※	
	2. 大量的資訊或知識工作者	※	
	3. 多樣化媒體的充斥和豐富的網路訊息		※
	4. 科技知識的廣泛運用	※	
	5. 個人與組織之間密切的資訊關聯性	※	※
張仁家及趙育玄	1. 資訊運用能力及腦力是組織的主要資產	※	※
	2. 朝分工整合的網路式組織是未來趨勢	※	
	3. 創新價值 (innovalue) 決定組織的營運成績	※	※
高希均	1. 過去重視有形生產因素，現則重視無形生產因素	※	
	2. 過去的年代是有「土」斯有財，今後是有「人」斯有財	※	
	3. 企業經營過去重視籌集資金、開發市場，現則以掌握人才、掌握知識、掌握軟體為主	※	
	4. 經濟活動，過去受限於國界、地域、時間等因素難以全球化，現在透過網際網路，打破時空限制，走向全球化		
	5. 企業利潤，過去是在安定市場秩序中去尋找，現在則要在創新及冒險中開發		
	6. 市場上，過去的產品變化少、生命週期長、附加價值低，現在產品變化大、生命週期短、附加價值高		※
	7. 公司文化，過去講究秩序與和諧，現在則重視進度與忍受混亂		※
	8. 企業的失敗，過去主要來自成本高、效率低，現則來自產品與市場脫節、顧客轉移	※	※
	9. 「變革」的態度，過去是處變不驚，現則分秒必爭或坐以待斃	※	※
	10. 對政府的態度，過去喜歡政府保護、獎勵，現則希望政府鬆綁、民營化、公平競爭	※	
	11. 企業經營的敵人，不再是今天的競爭者，而是尚未出現的替代者	※	

新知識時代專欄

從知識管理角度談與 AI 相處

　　人類應用 AI 的技術，成為各產業必然的趨勢，本個案介紹，就從「知識管理」角度來討論在 AI 工具上，可以使力透過人類智慧經驗和運算效率相結合，也讓 AI 科技與生活彼此融合，並帶來幸福。

　　依據經濟專家丁博士予嘉先生之觀察，人類與 AI 共處，並透過知識管理的原則，下列幾點方向，供大家參考：

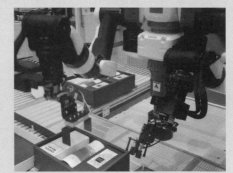

1. AI 技術是透過深度的監督學習（俗稱深度學習），可以建立一套類神經網路，進而做出預測，其過程與人類透過「知識螺旋」不斷增加知識一樣；只是 AI 的運算能力完勝人類，因為 AI 可以克服人性弱點的優勢，不會受情緒化影響，AI 技術適用於高頻交易的能力，也不會罷工，相當適合多工處理而有極高的評價與效率。

2. 若以投資各種基金或期貨來說，AI 只是人類介入程度高低起伏而被選擇使用，其中關鍵在於交易模型中究竟要參考那些參數？又給什麼權重及彼此串起關連性等邏輯思考，以達到 AI 效率最佳化。

3. 配合最近科技進步與發展，AI 運算效率已不是問題，在各行各業的需求應用中，AI 與人類相處宜各司其職，人與 AI 協同合作，讓效率更有意義。

4. 知識管理與 AI 的技術在各領域應用十分新穎，在專業社交網站之調查報告，前三名是 AI 專家、機器人技術工程師及資料科學家等。幾乎與 AI 的「技術」脫不了關係。在 AI 時代來臨時，誠盼社會先進，大家來一起來結合 AI 的應用與相關知識管理，積極學習、接受與應用之。

參考資料：名家觀點—丁予嘉撰文。經濟日報。2020-07-06，A4 版。

Q A 問題與討論

1. 請介紹本個案中，所敘述的知識管理與 AI（人工智慧）的相關性。
2. AI 應用技術的優點為何？人類可以應用知識螺旋，不斷給予 AI 的深度學習，來發展 AI 的應用嗎？請加以分析。

2-3 知識管理對知識經濟發展的影響

在人類歷史上，誰能掌握資源，誰就能創造財富。美國麻州理工學院 (MIT) 管理學院前院長萊斯特‧梭羅 (Lester Thurow) 指出人類正經歷自蒸汽機發明以來的「第三次工業革命」，一個以「腦力」決定勝負的「知識經濟時代」。

在農業時代，土地就是資源，地主掌握土地，因此地主就能擁有財富；到了工業社會，能源就是資源，資本家掌握了能源，因此資本家就能創造財富。**當世界進入了知識經濟的社會，知識就是資源，誰擁有知識，誰就能創造財富、擁有財富。**

梭羅指出第三次工業革命是由微電子科技、生物科技、新人工材料科技、通訊、電腦科技、和自動化機械技術（智慧製造，融入 AI 人工智慧）等六大科技的發展與互動所帶動的。

然而在面對 21 世紀的知識經濟時代，我們可以發現兩種立場極度分明的看法，一部分的企業是人云亦云，不明就理地追著流行的腳步跑，為了知識管理而知識管理，結果導入一套不切實際的資訊系統，他們屬於「隨波逐流」的一群；另一派則對知識管理有所誤解，以為知識管理又是資訊公司為了賺取暴利的晃子，尤其是許多資訊人員往往陷於專業上的錯誤判斷，誤認知識管理就是企業內部網站，他們屬於「無動於衷」的一群。

這兩種不同的意見都有失偏頗，也間接的造成了許多企業知識政策的扭曲。「隨波逐流」的企業往往還搞不清楚知識管理對組織的實質意義時，就已經引進不適合的資訊系統；「無動於衷」的企業則以為知識管理很簡單，甚至認為這只不過是騙人的把戲，聽不進去別人對知識管理的真實描述。在這兩種繆論的誤導之下，最大的問題是企業所推動的知識管理完全無法與企業策略相連結，在這種情況下，要奢求厚植智慧資本根本是不可能的。

從邏輯的角度來思考，我們可以說知識管理是一種管理的方法與工具，組織可以藉此一手段在組織內累積智慧資本，而最終希望看到的是，知識管理的方法與工具必須與策略做完美的結合。

一、知識取代技術

1999 年 4 月，美國總統柯林頓在一場新經濟會議中這樣解釋新經濟：「新經濟是以技術為動力，因創新與進取的精神而蓬勃發展。」 (The new economy is an economy that fueled by technology, driven by entrepreneurship and innovations.)

由此可見，**新經濟時代企業價值創造的三大特色是科技、創業精神及創新**。

由表 2-2 可見，知識包含技術，並取而代之，成為第五項生產因素。但我們不能說，經濟將由生產密集產業、技術密集產業轉型為知識密集產業，因為知識產業涵蓋工業、服務業；此外，技術基本上是知識的一部分，因此技術密集產業（例如電子業）一定也是知識密集；反之，知識密集產業不見得是技術密集，例如鑑價業。

至於表 2-2 中的知識是指「體現」（具體呈現，embody）部分，至於「非體現」(nonembody) 部分，則透過勞力素質提升、企業家精神（勉強可以把組織常規、組織資本納入）強化表現出來。

表 2-2 知識成為第五種生產要素

生產要素	生產要素報酬	蓬勃發展年代
一、土地	地租	1850年以前，農業時代
二、勞動力	薪資	1979年以前勞力密集，輕工業時代
三、資本	利息	1980～1990年，資本密集時代
四、企業家精神	利潤	1995年以後，新經濟時代
五、知識 1. 技術 2. 其他	權利金 版稅	1995年以後，知識密集時代 1980年至今（資訊革命以來），技術密集時代

二、知識與人力資源的關係

人力資源是知識經濟的重要議題，特別是就各種類型的知識加以觀察，有關事實的知識 (know-what) 是由相關領域的專家（如律師、醫師、或專業顧問）所擁有；「知道為什麼的知識」(know-why) 主要來自研究實驗室或大學研究所，由僱用受過科學訓練的人力所擁有；「知道如何去做的知識」（know-how) 則是由熟練人員或企業組織，經過

實作而逐漸累積。至於「知道誰擁有所需要的知識」 (know- who)，則是由個人、人際網絡或人力資料庫所擁有。（如表 2-3）特別是產業技術發展和產品製程的改善，除了仰賴受過科學訓練的人力外，更需要擁有「技能知識」 (know-how) 的人力與其經由經驗、認知和學習所獲得「內在知識」(tacit knowledge)。

表 2-3　知識的類型與人力資源的關係

知識的類型	舉例	與人力資源的關係
有關事實的知識 (know-what)	如法律規範、統計、調查資料等。	知識由相關領域的專家（如律師、醫師、或專業顧問）所擁有。
知道為什麼的知識 (know-why)	與自然原理或法則有關的科學知識。	知識的產生來自研究實驗室或大學等特定的組織，由僱用受過科學訓練的人力所擁有。
知道如何去做的知識 (know-how)	如企業家判斷新產品的市場前景、受過訓練的員工操作複雜的機器。	知識由個人或組織經過實作而累積。
知道誰擁有所需要的知識 (know- who)	關於誰知道某一事實或誰知道如何作的知識。	知識由個人、人際網絡或人力資料庫所擁有。

資料來源：蔡宏明（1999），知識經濟時代的產業趨勢與對策，經濟情勢季評論季刊，第五期第三卷。

三、以美國為例－製造業還是主力

從某方面來說，創新早已取代傳統對能源或材料的認知，美國聯邦準備理事會 (Fed) 前主席葛林斯班指出，20 世紀下半葉，美國的實際價值增加三倍，但材料生產並未相對增加。知識的累積是按等比級數增加，每一項創新都為後續的創新製造更多的機會。

新經濟的第一個迷思就是舊經濟當中的主力製造業，將會被新經濟給打入冷宮。然而實際的證據卻顯示，扮演舊經濟主力的製造業，並沒有消失，只是被「重新發明」、「重新定義」而已。

美國在 1986 年到 1997 年之間，製造業生產增加了 27%。雖然這段期間內美國製造業的雇用人數下降了 1.4%，然而由於企業對於科技的投資，各種新式的工作機會不斷的出現，也擴大了傳統經濟對於製造業的限制。

四、台灣知識產業近況、展望

台灣經濟主要是靠企業的努力，由此觀察，台灣要在全球知識經濟中占一席之地的可能性很高；然而在這個部分，要透過介紹說明政府的政策如何塑造適當的經營環境。

（一）過去

根據經濟合作暨發展組織 OECD 的定義，台灣 1996 年的知識密集型產業產值占國內生產毛額 (GDP) 的比率是 40.6%，跟工業國家的 50% 相差不遠，到 2006 年後應可趕上工業國家的水準。

1991 年至 1996 年知識密集型產業的附加價值平均增加率為 11.5%，高於同期全體產業的 9.9% 和非知識密集型產業的 8.9%，顯示台灣社會經濟快速的轉型，知識密集產業已成為推動台灣生產力成長和競爭優勢的重要來源。

（二）現況

根據行政院國字發展研究會之前身（經建會）的分析，我國在二十世紀的後十年（1991 年），即對知識密集型產業顯現兩大發展趨勢：

1. 相對規模不斷擴大

知識密集型產業占 GDP 的比率由 1991 年的 37.7%，增加至 1996 年的 40.6%，2000 年可達 43%，至 2013 年知識密集型產業再次提升到 45% 左右，反映出知識型產業的發展不但相對快速，而且已具備良好的基礎。

2. 產業內部結構調整迅速

1991 至 1996 年間，製造型知識產業快速成長，附加價值的增加率為 12.6%，高於知識服務業的 11.3%。製造業中，又以資訊產品和家用電子電器產品成長幅度最為顯著。

到二十一世紀，知識服務業隨著產業結構的不斷改變，目前已朝資訊化、科技化、服務化及智慧化的方向發展，其 GDP 比率達 33%，高於製造型知識產業的 6.2%，顯示知識服務業是知識產業的主流。

（三）展望

1. 劣勢

二十一世紀初期（2000 年 11 月），美國《商業周刊》報導，台灣邁向知識經濟可能面臨若干威脅。首先是，南韓、新加坡和大陸都具有發展軟體和生化科技的強烈企圖

心，台灣勢必面臨激烈競爭。

其次是，生化科技產業發展不易，此外，台灣軟體業規模只及於硬體業的十分之一。儘管台灣一度創造了電腦王國，但要把硬體生產優勢移轉到新知識產業並不容易。

2. 優勢

日本三大智庫的三菱總合研究所常務董事尾原重男說，後工業社會的 21 世紀，必須藉著結合技術、製品及服務形成的「系統經濟」來提高產業的附加價值。

尾原重男指出，台灣經濟可以說是「小就是美」，有地區敏捷性的優勢，存在有多樣化的中堅企業及華人、高科技人才、產官學界的網路，強化「腦力」與「製造中心」的特長，台灣將能成為世界的「知識、創造中心」而受到重視（《經濟日報》，89 年 5 月 8 日，第 26 版，張義宮報導）。

1999 年諾貝爾經濟學得主孟岱爾 (Robert Mundell) 指出，新經濟的趨勢是永久的，因為新經濟改變了經濟生活的每個層面，無論是企業、家庭或政府機構。電腦及電話、電視的互動，將帶給人類嶄新的生活方式。在新經濟時代，台灣享有很大的優勢，其利基在於人才資源充分，教育普及及人力事變優（《經濟日報》，89 年 3 月 21 日第 2 版，張瀞文、劉復荸報導）。

21 世紀是屬於知識經濟的時代，如何做好知識管理工作已經成為企業提升效能的重要議題，知識的創造、儲存、傳遞、分享、交流，有助於累積智慧資本，形成創新活動的厚實基礎，對於企業進行創新活動具有關鍵性的影響力，於新世紀將有越來越多的企業由實體生產轉向知識生產，知識型公司將是新世紀市場生態中的佼佼者。

新知識時代專欄

從行銷創新談貝佐斯經濟學

貝佐斯先生是美國亞馬遜公司的創辦人，也是美國現在的首富。在國內年紀稍長的民眾對亞馬遜的印象是一個網路的購買書籍的平台而已，為何在近二十多年來？可以成為世界級的網路購物平台呢？成為世界的大公司，從「貝佐斯經濟學」乙書，就可以發現其原因了，其中最重要的部分就是：「行銷創新」作法。

在此分別說明如下：

1. 亞馬遜公司的創辦人貝佐斯的行銷核心理念是「創立公司以來，皆用全力以赴想辦法，來減少出貨時間，快速送達顧客」，同時設立「尊榮會員制度」。

2. 實際作法：設立「尊榮會員」，享受免費送貨到家為原則，近年來更從兩天內免費出貨送達升級為一日免費出貨送達。

3. 另一個行銷創新，在「快速送達貨品」，只要超過35美元，甚至努力在訂購當日，即免運費送到家裡。

4. 亞馬遜公司近年來，除了重視網路購物上的行銷，也努力經營在地的小店，透過實體店面，來服務顧客，如：亞馬遜無人商店、亞馬遜四星商店和亞馬遜書店。由此可知，行銷創新很簡單就是「在快速送達顧客的手中」。其實這就不簡單了，需要太多技術與管理的配合的。

參考資料：丁藝芳編輯，摘自（貝佐斯經濟學，大塊文化出版。）經濟日報。2020-08-10，A12 經營管理版。

Q A 問題與討論

1. 請說明「行銷創新」在貝佐斯經濟學中的應用方式。
2. 貝佐斯經濟學的特色為何？請上網查閱之。

應用創新取代降價，提升企業價值

企業對產品的「定價」是行銷 4P 的重要項目，企業宜如何盡可能的範圍內？想辦法找出很多創新方向，去思考很多的可能；否則，當你降價一、兩次，後面就會回不去；回不去的不僅是價格，回不去的更是企業的價值；回不去的也是你的信念。回不去的是貴企業，

到底有沒有可能繼續再存在這個市場上。

由此可知，創新的思維是企業的經營基石，可以讓營收成長，讓降價消失，促進企業永續經營的好策略。誠如：有些企業非常重視「品牌」管理，最忌諱的事，就是不能輕易「降價」與「打折」。若找最容易的「降價」與「打折」，讓員工沒有找「創新」的企圖心，提供解決問題的方案，這樣的企業的經營方式，是有待商榷的。

誠盼各位朋友，可參考知識創新精神的體現，來提升企業價值，為企業永續經營而努力。

參考資料：黃麗燕撰稿，經濟日報。2020-08-20，B5 版經營管理。

Q A 問題與討論

1. 請介紹產品隨意降價之後果為何？
2. 從知識創新來分析「應用創新取代降價，來提升企業價值」的核心概念為何？

問題討論

一、是非題

1. (　　) 杜拉克 (Drucker) 曾說：在知識經濟的世界裡，知識已由過去靜態的，供人欣賞的私有財，轉變成動態的生產資源，成為一種公共財。

2. (　　) 知識經濟是指，經濟的發展是完全由有形的資源 (如物質及資本) 為主。

3. (　　) 彼得聖吉 (P. Senge) 指出，未來競爭優勢的唯一來源是組織所擁有的知識，以及組織能夠較其競爭對手擁有更快速的學習能力。

4. (　　) 知識經濟化可以包含：娛樂、文化、藝術、旅遊、出版與教育等項目。

5. (　　) 知識可以無限地擴張，但不一定可以由「管理」推動「變革」。

6. (　　) 知識不太可能成為企業「競爭力」之主要因素，因為知識太理論化了。

7. (　　) 自從 1995 年以後，大家稱現代為知識密集時代。

二、選擇題

1. (　　) 知識成為　(A) 第一種　(B) 第三種　(C) 第四種　(D) 第五種生產要素。

2. (　　) 21 世紀是屬於知識經濟的時代，如何做好知識管理工作已經成為企業提升效能的重要議題，其包括知識的　(A) 創造　(B) 儲存　(C) 傳遞，分享　(D) 以上皆有。

3. (　　) 我國知識密集型產業占 GDP 的比率逐年上升，至 2014 年已達到　(A)60%　(B)55%　(C)45%　(D)35%。

4. (　　) 在知識取代技術的時代，其生產要素主要報酬為　(A) 利息　(B) 權利金及版稅　(C) 薪資　(D) 利潤。

5. (　　) 下列哪一項不是第三次工業革命的內容　(A) 知識　(B) 生物科技　(C) 土地精緻化　(D) 通訊。

6. (　　) 下列哪一項不是知識經濟的十大範疇內　(A)「變革」引發「開放」　(B)「創造」推向無限的可能　(C)「創業」是前人的工作　(D)「知識」獨領風騷。

7. (　　) 下列哪一項不是知識光譜的項目　(A) 知識在地化　(B) 知識產業化　(C) 既有產業的科技化　(D) 新興科技產業等。

三、問答題

1. 舉實際例子說明知識管理對現今經濟發展的影響。

2. 如何以知識應用搶救貧窮。

3. 請說明知識的核心理念。

4. 請說明知織與人力資源關係爲何？

5. 知識光譜爲何？與知識經濟關係爲何？

6. 請介紹如何與 AI 相處？

NOTE

Chapter 3
知識管理理論基礎

　　「知識」的定義是複雜而且具有爭議的，而且可用不同的方式來予以解釋。許多知識管理文獻將知識視為一種廣泛用語，基本上它包括所有組織的「軟體(software)」。也可以包括組織運作、溝通、分析情境、新的問題對策，以及供應商和消費者的關係。事實上，知識管理 (Knowledge Management) 並不是一個新的名詞，在組織中管理知識的概念由來已久，家族企業的擁有者將商業智慧傳給子孫，工藝大師將技藝交給學徒等都是，直到 1990 年代，企業的最高主管們才開始談論知識管理。到二十一世紀的 2020 年代，更有智慧化的知識管理，廣泛應用於人工智慧（AI）、物聯網（IoT）、大數據（Big Data）及 5G 智慧化的生活中。也是由知識管理的進化而來。

3-1 知識管理的學理

一、知識管理發展沿革

表 3-1 為 Beckman (1990) 在其知識管理的現況 (The Current State of Knowledge Management) 一文中，所列出之知識管理的重要紀事年表。

從表 3-1 可知，知識管理的發展是近十幾年來的事情，而 Wiig、Nonaka 與 Takeuchi 等人更是知識管理發展史上重要的代表人物，Beckman (1999) 推崇 Wiig 在知識管理領域之貢獻。Wiig (1997) 從歷史上經濟焦點的移轉，建構出知識管理發展的觀點，認為知識管理是起源於經濟、工業與文化的發展之中。

根據 Wiig (1997) 之觀點，經濟之發展分為六個階段，分別是土地經濟、自然資源經濟、工業革命、生產力革命、資訊革命，及知識革命。在土地經濟時代，土地是經濟的基礎，此時知識尚未被普遍知覺。而在自然資源經濟時代，人類藉由開發自然資源並販售這種資源以獲取利益，此時期知識已經開始被覺知。至工業革命時期，企業紛紛藉由標準化以降低生產成本，知識已存在於企業領導階層之中。直至二十世紀初期，進入所謂的生產力革命經濟，經濟焦點轉移至產品品質之重視，但是個人知識的重視仍未明顯。資訊革命階段，由於資訊科技的發達與資訊產品的使用，使得資訊可以輕易的在企業、顧客、支持者間進行蒐集與轉換，人類的角色亦從生產線上的工作者，轉變為書桌工作者 (desk work)，但是，真正的心智工作 (mental work) 在這個時期仍未獲重視。及至最近十年知識革命 (knowledge revolution) 熱潮發生，強調知識與智慧資產如何轉換以提供顧客最需要的服務，使得企業組織開始追求有效的知識管理。在這個時期，知識擁有者的智慧變成一種可以轉化為適應新市場的無形資產與力量。

二十一世紀是一個充滿挑戰與競爭的時代，由於資訊科技的蓬勃發展與網際網路的推波助瀾，如何提升組織績效、營造學習型組織以維繫企業之永續經營，成為企業刻不容緩的使命。**吳毓琳（民 90）歸納出知識管理產生的原因有：全球化的經濟趨勢、組織學習理念的興起、知識的重要性攀升、速度的需求、資訊科技的發達及組織型態的轉變等六個要素。**

表 3-1　知識管理的重要紀事年表

年代	主辦單位 / 主導人物	事　件
1980	數位設備集團 (Digital Equipment Corporation)、卡內基美蘭大學 (Carnegie Mellen University)	在商業上第一個成功的專家系統 (Expert Systems XCON)；結構電腦組成 (Configure Computer Components)
1986	卡爾·魏哥博士 (Dr. Karl Wiig)	在對聯合國的國際勞工組織 (International Labor Organization) 作專題演講時，首創知識管理概念
1989	大型管理顧問公司	開始內部的努力來正式管理組織
1989	Price Waterhouse	首次將知識管理統整成為企業組織的一項策略
1991	哈佛企管評論 (Harvard Business Review) — 野中郁次郎竹內弘高 (Nonka and Takeuchi)	最早出版有關知識管理的一篇期刊論文
1993	卡爾·魏哥博士 (Dr. Karl Wiig)	專注於知識管理而率先出版的一本專門著作
1994	知識管理聯絡網	舉辦首次的知識管理研討會
1996以來	各類組織和實務人員	知識管理的興趣與活動開始遽增

資料來源：Beckman, 1999, pp.1-2

二、知識管理的理論

（一）野中郁次郎和竹內弘高之組織知識創造理論

　　自一九九〇年代日本學者野中郁次郎和竹內弘高引進「顯性與隱性知識 (explicit and tacit knowledge)」的概念後，揭開了知識管理的序幕 (Nonaka, 1991; Nonaka&Takeuchi, 1995; Nonaka, 1998)。**其理論中心包含有隱性與顯性知識、知識的生命週期及知識螺旋等概念。**

1. 隱性與顯性知識

野中郁次郎和竹內弘高主張知識有兩類：隱性與顯性知識。隱性知識是諸如直覺、未清楚敘明的心智模式 (mental models) 和擁有之技術能力；顯性知識是指使用包含數字或圖形的清晰語言，來敘明意義之整組資訊。換言之，隱性知識是指個人的、脈絡特有的，且不易於溝通之知識；而顯性知識是指正式的、客觀的、可分類編碼的知識。

根據野中郁次郎等人 (Nonaka, et.al., 1998) 之觀點，顯性知識與隱性知識是互為補充之實體，二者彼此互動而且有可能透過個人或集體人員的創意活動，從其中一類轉化為另一類。此乃野中郁次郎等人有關知識管理理論之核心基本假定。根據其理論，新的組織知識是由擁有不同類型知識（顯性或隱性）的個人間互動而產生的。這種社會的和知識的過程構成所謂的四種知識轉換方式 (SECI)：**社會化 (socialization)、外部化 (externally)、組合 (conjugate)、以及內化 (interior)。其中社會化是指知識從個人的隱性知識至團體的隱性知識之過程；外部化是指知識從隱性知識至顯性知識之過程；組合是指知識從分離的顯性知識至統整的顯性知識之過程；內化是指知識從顯性知識至隱性知識之過程。**

2. 知識的生命週期

巴何夫和裴瑞西 (Barghoff & Pareschi, 1998) 將野中郁次郎和竹內弘高的四種知識轉換 (knowledge conversion) 方式視為是一種知識的生命週期（如圖 3-1 所示）。

知識生命週期之關鍵在於隱性知識與顯性知識之區分。顯性知識是正式的知識，可以被包裝成為資訊。 此種知識可以形諸於組織的文件中，如報告、專利、圖片、影像、聲音、軟體等等，同樣亦可見諸於組織本身所擁有之狀況描述，如組織圖、程序圖、專門技術領域等；相對的，隱性知識是個人知識與個人的經驗緊密結合，而且是透過

圖 3-1 四種知識轉換方式

資料來源：Nonaka, et.al., 1998, pp.148

直接、面對面的接觸方式，來分享並傳遞知識。**換言之，顯性知識可以用直接而有效的方式來進行溝通，而隱性知識之獲得是非直接的，此類知識必須進入一個人的心智模式中，然後內化成爲個人的隱性知識。**事實上，這兩類知識是一體之兩面，而且對於組織的整體知識而言，是同等重要的（王如哲，民 90）。

3. 知識螺旋

組織知識的創造，是透過所謂穿越四種轉換方式之知識螺旋而達成。如圖 3-2 所示知識的螺旋可能始於任何一種知識轉換方式，但通常是從社會化開始。例如，關於消費者的隱性「共鳴性知識 (sympathized knowledge)」可能會透過社會化和外部化，而成爲一項新產品的顯性「概念性知識 (conceptual knowledge)」。概念性知識也會引導結合的步驟，將新發展的知識和現有的顯性知識結合，建立所謂「系統性知識 (systemic knowledge)」之原型。而隱藏於新產品生產流程中的系統性知識，也會透過內化而轉爲大量生產之「操作性知識 (operational knowledge)」。同理，使用者的產品隱性操作知識和工廠員工的生產流程隱性知識通常會被社會化，而且成爲傳遞改善產品之知識或造成另一項新產品之發展。

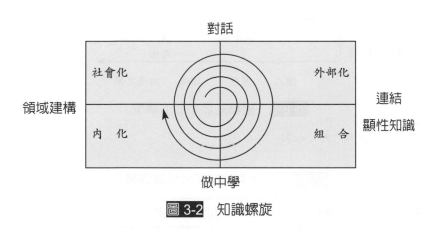

圖 3-2 知識螺旋

資料來源：Nonaka & Takeuchi, 1995, pp.71

　　另外，Nonaka 等人也指出，組織知識創造流程可以透過認識論層面 (ontological dimension) 來予以瞭解，亦即可跨越知識創造如個人、團體、組織及集團組織之實體層次。個人的隱性知識是組織知識之創造基礎，透過組織之運作，可以使個人層次創造出和累積形成的隱性知識產生流通，並透過知識轉換方式，將它擴展至上層的本體論層次。同時，在較低層次的組織知識則會被使用並產生內化（如圖 3-3）。

對於組織來說，Nonaka 認為隱性知識比顯性知識更有價值，知識創造過程的主要目的為促使個人隱性知識轉換為組織層次之顯性知識。然而也有學者持不同看法，Alavi and Leidner 指出，隱性知識與顯性知識並非兩種互斥的知識狀態，管理者必須善用這兩種相互依存與相互強化的知識特質，若過度偏重某一類別知識，將喪失知識管理的核心理念 (Alavi and Leidner, 2001)。

（二）托瑞克的知識管理理論

托瑞克 (Torraco, 1999) 曾應用杜賓 (Dubin, 1978) 的理論建構方法，發展出一項知識管理理論。此一理論具有三項基本單元，分別是：**知識分類編碼模式**（如表 3-2）、**知識的可接近性、以及知識管理的方法和系統**（如圖 3-4 所示）。托瑞克針對上述知識管理理論說明如下：

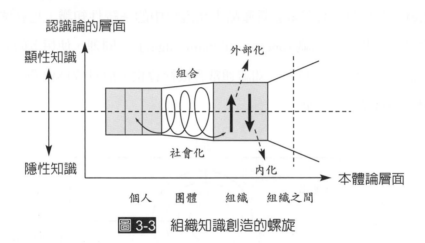

圖 3-3 組織知識創造的螺旋

資料來源：Nonaka & Takeuchi, 1995, pp.71

表 3-2 托瑞克的知識分類編碼模式

知識的範圍	知識的類型	知識的層次				知識的特殊性
基礎知識	隱性知識 顯性知識	基本的	工作的	領導的	專家的	一個人所擁有某一特殊領域或多元領域之個人知識
獨特知識	隱性知識 顯性知識					
功能性知識	隱性知識 顯性知識					
企業／組織知識	隱性知識 顯性知識					

資料來源：Nonaka & Takeuchi, 1995

1. 知識分類編碼模式

此一單元有助於確定分享什麼知識，以及如何分享。雖有多元的組織知識觀點，但此一模式主要在描述個人知識之分類編碼，總共包含四個層面，包括：知識的範圍、知識的類型、知識的層面和知識的特殊性。

(1) 知識的範圍

係指敘述個人知識範圍之四個層級結構，分別是最底層的基礎知識 (foundational knowledge) 一如入門的技能；次一層級知識為某一項特別的工作或角色之獨特知能；接續更上一層級的知識可能是功能性的 (functional) 知能，此一層級知識適用於某一特殊部門的所有人員；在知識結構最頂端的是以組織或企業為範圍之知識，包括組織內的整體業務知識、知識的優缺點、組織服務的市場，以及對組織成敗具有關鍵影響之因素。

(2) 知識的類型

是指在知識的範圍中，每個層級知識裡均有兩類知識，即顯性知識和隱性知識。

(3) 知識的層次與特殊性

是指隱性知識或顯性知識均有四個知識層次，分別是：基本的知識、工作的知識、領導的知識、專家的知識。而知識的特殊性是指確認一個人擁有某一特殊領域或多元領域之個人知識。綜合上述整理如表 3-2。

(4) 知識的互動法則

托瑞克 (1999) 對其知識管理理論提出三條互動法則：

第一、所有知識是獨特的，而且可用特殊的方式來予以描述（說明圖 3-4 中，知識管理模式始於區塊 A，並遵循逆時鐘方向進行）。

第二、知識類型會決定知識之可接近性（說明圖 3-4 中，區塊 A 和區塊 B 的關係）。

第三、知識可利用性決定了知識管理的方法和系統的選擇（說明圖 3-4 中區塊 B 和區塊 C 的關係）。

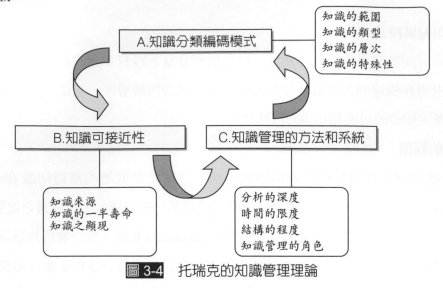

圖 3-4 托瑞克的知識管理理論

資料來源：Torraco, 1999, pp.4

2. 知識的可接近性

知識的可接近性是指在整個體系內知識可以被分享的程度，包括知識的來源、知識的半衰期以及知識的顯現。

(1) 知識的來源

通常在經過整理或來自單一知識來源之情況下，會增強知識的可接近性。而在多重來源間散播的知識，尤其是不同類型的來源，較單一、集中來源的知識不易接近與利用。

(2) 知識的半衰期

在知識經歷一半壽命之際，大約會有 50% 的知識過時並由新知識所取代。而壽命較長的知識，其本身所擁有的知識潛力，必須持續承受新興理念之長期檢視。

(3) 知識的顯現

知識的顯現是指知識可以被觀察者獲悉之明顯程度。程序性知識可以從行為表現者直接推得，而概念性或直覺性知識則屬於較深的層次，較少會直接顯現給觀察者。這就是波隆尼 (polanyi, 1962；1967) 或野中郁次郎等人 (Nonaka, 1994；Nonaka, et. al., 1998) 所說的「隱性知識」。

3. 知識管理的方法和系統

這是指用來指認知識的策略和技術，以促使知識外顯化，而能為其他人所利用，包括有分析的深度，管理知識之時間限制、方法系統的結構程度及知識管理的角色等。

(1) 分析的深度

指敘述知識管理系統能夠使知識對其他人外顯化之程度，亦即知識管理系統可以促使知識外顯化之程度。

(2) 時間的限度

對尋找對策者而言，時間的限制會影響其知識管理所使用的方法和系統，因此，口語或電子之知識交換，會更符合實際的需要。

(3) 結構的程度

結構的程度指知識管理的方法系統之結構性程度，也就是最適合量化（結構性知識）的方法，相對於最適合質的（非結構性知識）兩者間的差異程度。托瑞克建議結構性知識宜利用資料庫系統方案，俾利於連結所有相連接之有關資料；而非結構性知識最好呈現於資訊網頁上、現代企業到雲端技術儲存知識，已是很普遍的現象。

(4) 知識管理的角色

因為知識存在於員工之中，應由所有成員來共同負責知識管理活動，而非只是肩負發展知識管理系統人員的責任而已。

 # 3-2 知識管理的模式

Davis (1996) 認為組織必須建立一個知識管理的整體架構，因為，知識雖是潛藏在每個人當中，但其具有非常大的力量。當員工的行為改變而沒有一個組織策略可供遵循，以保持與組織策略的一致性時，是非常危險的。

為了使知識管理有良好的發展有賴於組織策略。知識管理策略是知識管理系統的最高指導原則，是建構知識管理系統的依據，亦是組織價值觀、策略與願景的縮影，可以協助組織將知識管理劃分成易於管理、容易實施的步驟。**知識管理系統從分析、設計、開發等等過程及資訊科技架構都受知識管理策略的指導。**

一、Earl (1997) 的知識管理模式

Earl 認為一個有效的知識管理模式至少要有下列四個要素：**知識系統 (Knowledge Systems)、網路 (Networks)、知識工作者 (Knowledge Workers) 以及學習型組織 (Learning Organizations)**，如圖 3-5。

新知識時代專欄

介紹後疫情時代的就業市場變化

全球自 2020 年 1 月開始，為肺炎疫情的困擾，截至 2020 年 6 月 14 日已有七百萬人確診，更有四十多萬人往生，這麼大的人類傷亡，有人比喻好像是第三次世界大戰（就是肺炎疫情的戰爭）。其實更嚴肅的問題是全球經濟的大幅度下降，依財經專家分析，全球經濟也不可能以 V 型恢復，最好狀況，是每年逐步緩慢改善。

以知識管理與創新之角度，介紹國內人力資源專家的意見與分析，在這場疫情正翻轉了產業運作模式，例如「宅經濟」發燒帶動部分產業求才若渴，包括：線上

（一）知識系統

要有一個分散式的程序控制系統來捕捉經驗，而組織機關的檔案儲存資料庫系統、決策支援工具要能夠讓組織成員容易從中去取得經驗。每個人都要去使用這系統以確保相關的資料能夠被取得，這種資料庫是由公司來集中管理，而非分散式管理以確保其有效性與廣度。

（二）網路

Earl 認為網路對於知識的獲取、知識建立以及知識的散播非常重要。例如：知識的建立可以利用網路交換文件、資料或訊息以提高企業內部運作的效率。

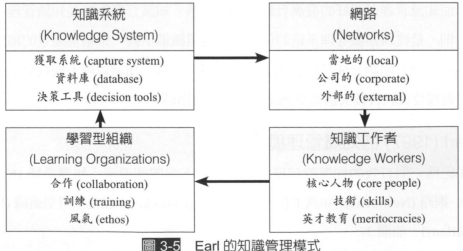

圖 3-5 Earl 的知識管理模式

資料來源：Earl, 1997, pp.1-15

影音、直播遊戲、線上購物、電子商務、大數據分析、宅配物流、數位行銷人員、網站小編、影像美編設計（或錄製）、資安工程、資訊與軟體、綠能科技、半導體與部分製造業等相關工作，而這些工作人員的需求大，薪資行情也同步提升。

又依據物流專家認為「理貨外送」也成為重要的技能。這代表著「理貨」、「備餐」、「外送」將成為未來最有創造力的人力需求點。建議所有商管學院，在辦理商業服務人員的教育訓練時，得兼具這方面的能力。

參考資料：葉卉軒撰寫，經濟日報。2020-6-14，A4 版。

Q A 問題與討論

1. 請簡述 2020 年全球受新冠肺炎疫情的影響與衝擊。
2. 從知識管理與創新的角度，說明後疫情時代的就業市場與工作模式之改變。

（三）知識工作者

Earl 強調即使公司以資訊科技的投資取代人員，但知識工作者仍是公司的核心資產，因為它們的經驗、他們持續不斷取得知識、以及技能的可辯論性 (Arguably) 都使得他們比以往更有價值。

（四）學習型組織

綜合 Earl 的知識管理模式之精華，一個管理良善的組織，其組織內需要有一個控制過程的系統來吸取經驗，將之儲存於組織的資料庫中，並且有一個支持工具來幫助決策過程之執行，及重視科技網路來交換訊息和處理文書、資料。Earl 認為「知識工作者」是組織之核心資產，重視組織中的知識創新與運用，鼓勵組織成員學習，組織得以發揮最大的功效在於整個組織都能學習。組織學習的觀念自從 Argyris 與 Schon 在 1978 年開始研究，至 90 年代 Sange (1990) 提出學習型組織後，就形成學術界與實務界所重視的一種組織管理風潮。

二、Demerest (1997) 的知識管理模式

Demerest (1997) 所提出的知識管理模式，強調組織中知識的建構除了科學知識的輸入外，也應包括社會知識的建構，如圖 3-6。這個模式也假定了建構後的知識，會具體化於組織之中，此一具體化的過程不僅是經由明顯的計畫來完成，也包括社會的交替過程。緊接著知識具體化之後乃是知識傳播的過程，且此一傳播過程發生於組織內外環境之中。最後

此一知識的產出在組織使用效益上，具有經濟上的使用價值，其模式如圖 3-6 所示。在圖 3-6 中，━━━▶ 代表了知識流動的基本過程，較細的箭頭代表了知識流動的回饋。此一模式之精神，不在於對知識管理下一明確的定義，而是在於給予知識管理建構一個全觀的描述。

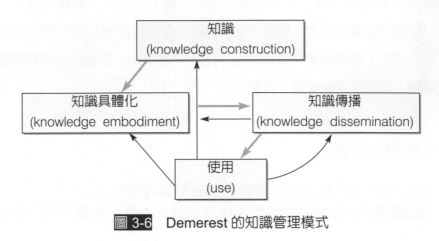

圖 3-6 Demerest 的知識管理模式

資料來源：Demerest, 1997, pp. 374-384

三、McAdam 與 McCreedy(1999) 的知識管理模式

McAdam 與 McCreedy (1999) 兩位學者認為在知識的建構上，應明確地將科學典範和社會典範兩個不同的知識建構來源加以明示，而在知識的使用上應分為組織利益與員工的解放 (Employee Emancipation)，並增加許多知識流動的回饋流程，使得知識管理模式更趨複雜與嚴謹。因此，**McAdam 與 McCreedy 針對 Demerest (1997) 的知識管理模式加以修正，其知識管理架構**如圖 3-7。

Morgan (1986) 從科學觀點認為「知識即真理」。這個觀點認為知識本質上是事實和真理的定律 (Scarborough, 1997)。因此，科學的知識代表了絕對途徑的知識建構，認為知識為一事實，一個不可爭論的事實。但若只是以科學途徑討論知識的建構，則對於組織中知識的吸收與學習會有一些限制，因此，需要有另一個知識建構之途徑，而此途徑即是強調無絕對真理的社會典範之知識建構。

McAdam 與 McCreedy 認為知識具體化與知識傳播是知識管理程序中的重要部分。知識具體化將組織中的知識加以闡釋與合併；知識的傳播則是將此具體化後的知識傳播至組織內，而知識管理的最終目的則是在於知識的使用。因此，Demerest 認為知識的使用是指顧客的商業價值。但 Wilkinson 與 Willmott (1994) 提出不同之見解，認為促進組織

進步的方法，除了商業的目標外，還應包括員工解放。若這兩個目標可以達成，則組織的進步計畫較容易執行。

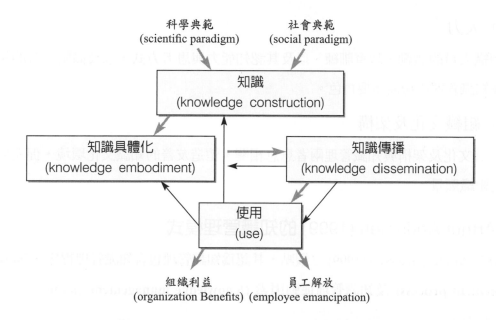

圖 3-7 McAdam & McCreedy 的知識管理模式

資料來源：McAdam & McCreedy, 1999, pp.101-113

四、Leavitt (1964) 的知識管理模式

根據 Leavitt 的鑽石模式 (Diamond Model) 指出，**知識管理成功關鍵因素有任務、人力、組織文化及科技**（如圖 3-8）。

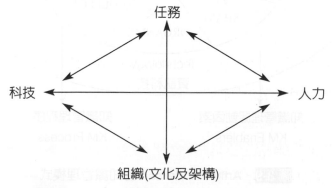

圖 3-8 Leavitt 的鑽石模式 (Diamond Model)

（一）任務

能否建立正確策略、流程與績效管理也是重要的促成因素。

（二）人力

組織人員的激勵、教育訓練、以及其認知能力與思考方式，以及高階主管的領導能力，在知識管理中扮演重要角色。

（三）組織文化及架構

組織文化及架構與知識管理兩者息息相關，塑造友善的知識文化環境，促使專案知識符合組織願景。

五、Arthur Andersen (1999) 的知識管理模式

根據 Arthur Andersen (1999) 之觀點，**其認為知識管理包含知識管理程序 (Knowledge management process) 及知識管理促動因素 (Knowledge management enablers)**，其關係如圖 3-9 所示。

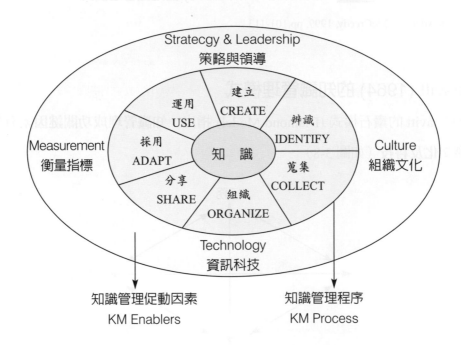

圖 3-9 Arthur Andersen 的知識管理模式

資料來源：Arthur Andersen, 1999, pp.7

Arthur Andersen 所發展出來的知識管理促動因素，敘述如下：

（一）策略與領導 (Strategy & leadership)

知識管理不是組織的主要策略，組織是否認為知識管理與改善組織績效有很大的關聯，組織是否瞭解知識管理可以為組織帶來利潤，組織是否會根據員工在知識管理可以為組織帶來利潤，組織是否會根據員工在知識管理的貢獻度作為績效評估的標準。

（二）組織文化 (Culture)

組織是否鼓勵知識分享；組織是否充滿了彈性想要創新的文化；組織內員工是否將自己的成長與學習視為要務。

（三）資訊科技 (Technology)

組織內所有員工是否都可以透過資訊科技與其他員工甚至外部人員連繫。科技技術是否使員工與其他員工心得分享，並能夠經驗傳承。資訊系統有沒有提供即時、整合的介面平台。

（四）績效評量 (Measurement)

組織是否發展出知識管理與財務結果之間的衡量方式。組織是否發展出一些指標來管理知識。組織發展出來的衡量指標是否兼具軟、硬體的評估，也兼具財務性、非財務性指標。組織是否將資源應用在知識管理上，並了解知識管理與短、中長期的財務績效有所關聯。

Andersen Consulting (1999) 認為知識管理模型是由發展、充實組織知識的程序和促動要素所構成。這些要素並非各自獨立，而是彼此間相互接連並密切關連的。實行知識管理時，必須正確了解這些不可欠缺、能產生綜效的促動要素。

Arthur Andersen 並且提出一個包含七項知識管理的流程，這些流程分別是知識創造或建立 (create)、確認或辨識 (identify)、蒐集 (collect)、組織 (organize)、分享 (share)、調適或採用 (adapt) 或運用 (use)。其意義分別為：知識建立，能產生新知識的行為；知識辨識，辨識對組織或個人有用的知識；蒐集，將確認有用的知識加以蒐集與儲存；組織，能將知識有效的分類以便存取；分享，能將知識傳播給使用者，或因應使用者之需要而提供；採用，去尋找所分享的知識；運用，應用知識到工作、決策與有力的時機上。

　　Gupta 與 Govindarajan (2000) 認爲要建構良好的知識管理機制，不僅是依靠資訊科技平台的建構，更需仰賴組織的社會生態學 (Social Ecology)，其中包括；文化 (culture)、結構 (structure)、資訊系統 (information system)、報償系統 (reward system)、過程 (processes)、人員 (people) 以及領導 (leadership) 等，而這樣的社會系統並不應被視爲不同要素的隨機組合，應該是一個完整的體系，在這樣的體系之中每個要素都會相互作用。

六、Choi & Lee (2003) 知識管理風格概念

　　提出知識管理風格與組織績效的關係，並將知識管理類型區分爲動態型 (dynamic)、系統導向 (system-oriented)、人員導向 (human- oriented)、被動型 (passive) 四種，其中動態型管理風格在績效上會顯著大於被動型，如圖 3-10。

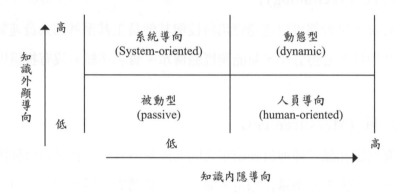

圖 3-10 四種知識管理風格

資料來源：整理自 Choi and Lee (2003)

　　Artail H. A. (2006) 透過個案研究方式，將 Choi & Lee 的四種知識管理風格展開：

1. 動態型：包含個人化、社群型、內隱化。

2. 人員導向：包含創新者、主動者、積極者。

3. 系統導向：包含編碼化、認知型、外顯化。

4. 被動型：包含孤島者、被動者、保守者。

　　研究顯示，個案研究公司在『動態型』及『系統導向』的知識管理風格環境，雖然組織裡偶有一些獨來獨往的人對知識分享沒有極大的貢獻，但多數人是傾向積極進取的，並指出使用溝通網路和依賴知識會產生更好的結果。

新知識時代專欄

受肺炎疫情衝擊後，消失的工作約三成回不來

依據 2020 年 6 月 16 日綜合外電報導：受新冠肺炎影響，美國的勞動力帶來重新配置的衝擊，這些情況意味著企業面臨持續性的傷害，影響到整個產業，甚至人力資源專業還估計全美流失的工作機會，有 30% 可能永遠消失。

又依據彭博資訊報導，美國在疫情期間（二月至五月）所有流失的工作機會中，其中約 50% 源自於封鎖措施與需求疲弱，30% 是受到勞動力重建與重新配置衝擊，20% 是受高失業津貼造成民眾待在家裡。在彭博資訊的就業調查案例中，有位年輕人原在連鎖餐廳工作穩定，但疫情導致失業，失業後生活帳單的費用就付不起了。這位年輕人在餐飲業工作，受創最嚴重；另外，如零售業、休閒業、教育及醫療產業也受到不少的影響。

這位年輕人的切身失業感受，正是全球經濟要面對的核心問題，以美國為例，有幾百萬流失的工作中，也很有可能，將會永久消失的現象。面對這樣的危機，我們更期待政府部門能推出一波一波刺激措施，能夠讓經濟復甦，帶動就業，回復生活榮景。

參考資料：洪啓原編譯，經濟日報。2020-06-16，A8 版。

Q A 問題與討論

1. 介紹在 2020 年的後疫情時代，有哪些工作會消失不見呢？
2. 從創新角度，要如何來因應工作消失與興起的新工作？

問題討論

一、是非題

1. (　　) 知識管理有如工藝大師將技藝交給學徒的知識傳承。

2. (　　) 21 世紀是一個充滿挑戰的時代，要提升組織績效，只要重視資本雄厚即可，不一定要有學習型組織。

3. (　　) 野中郁次郎與竹內弘高主張：隱性知識是指使用包含數字或圖形的清晰語言。

4. (　　) 四種知識轉換方式為社會化 - 外部化 - 組合 - 內化等。

5. (　　) 知識的螺旋可能始於任何一種知識轉換方式，但通常是從社會化開始。

6. (　　) 對於組織來說，學者 Nonaka 認為顯性知識比隱性知識更有價值。

7. (　　) 托瑞克 (Torraco) 認為知識分類編碼模式包括有：知識的範圍、知識的類型、知識的層面和知識的特殊性。

8. (　　) 知識的半衰期，是指知識經歷一半壽命之際，大約會有 80% 的知識過時並由新知識所取代。

二、選擇題

1. (　　) 下列哪一項不是托瑞克提出的知識管理理論　(A) 知識分類編碼模式　(B) 知識可增加利潤　(C) 知識可接近性　(D) 知識管理的方法和系統。

2. (　　) 學者 Earl 的知識模式，下列哪一模式是正確？　(A) 知識系統 → 網路 → 知識工作者 → 學習型組織　(B) 知識工作者 → 網路 → 知識系統 → 學習型組織　(C) 學習型組織 → 知識系統 → 網路 → 知識工作者　(D) 網路 → 學習型組織 → 知識系統 → 知識工作者。

3. (　　) 下列哪一項不是 Leavitt 的知識管理模式　(A) 財力　(B) 任務　(C) 人力　(D) 科技。

4. (　　) Arthur Andesson 的知識管理模式中，下列哪一項不是其促動因素　(A) 策略與領導　(B) 績效評量　(C) 人力資源　(D) 資訊科技。

5. (　　) 學者 Artail H.A 透過個案研究中，將動態型的風格，認為宜包括了　(A) 個人化　(B) 社群型　(C) 內隱化　(D) 以上皆有。

6. (　　) 下列哪一敘述是不正確的　(A) 顯性的知識是正式到知識　(B) 知識生命週期
之關鍵在於隱性知識與顯性知識之區分　(C) 隱性知識不必進入一個人的心智
模式內　(D) 顯性知識可以用直接而有效方式來進行溝通。

三、問答題

1. 請說明 Earl 之知識管理模式之特性。

2. 比較 Leavitt 與 Arthur Andersen 兩位知識管理模式之優缺點。

3. 請說明托瑞克 (Torraco) 知識管理理論。

4. 請介紹新冠肺炎疫情對知識型工作內涵之影響。

NOTE

Chapter 4
知識管理系統建構

知識管理未來將成為企業 e 化與智慧化的核心，而知識管理流程通常是將企業所搜集、觀察到的「資料」（數據、記錄、文件、……，透過文字化描述、分類、計算、調整、精煉等轉變成「資訊」），處理後的資訊再經由比較、驗證、關聯、溝通轉變成「知識」，而於實務應用中展現知識的價值。

知識內容價值的高低，並不在知識的豐富與否，而是在於是否適時、適地、適量。知識的分享或保護，當然都有實務管理上的需求及考量。知識的分享或保護，代表兩個極端的措施，必須在不同的情境下，才能發揮不同的作用。採取分享策略時，應由社群 (Community) 的經營著手，不論是實體或是虛擬社群，都需要營造一個良善的群組協同 (Collaboration) 環境。採取保護策略時，則應由資訊安全的技術面，搭配員工契約的法律面，才能達成具體效果。

4-1　找出並獲得知識

　　獲取知識的方法，有學者是從學習方法的角度切入，論及個人學習、合作學習、組織學習或線上學習等。而伍忠賢與王建彬（民90）則從組織經營的角度，說明知識管理中知識取得的方式。

一、取得知識的方式

　　知識取得 (acquisition of knowledge) 方式一如組織成長方式。自行發展知識者，可以稱之為知識創造 (knowledge creation or building)，而藉助外力取得知識者，則可稱為知識槓桿 (knowledge leveraging)，詳見表4-1所示。如果將第一欄視為座標中的縱軸（Y軸），則越往上走，取得成本越高、速度越快。

（一）內部發展方式

　　內部發展方式取得知識，伍忠賢與王建彬（民90）參考了美國學者 Huber (1991) 的觀念，但用詞則較為本土。

1. 知識稟賦

稟賦，即所謂個人的天賦異稟或是會計上所稱的期初資產。從知識的取得來說，制度化知識、組織創始人擁有的知識，都屬於繼承得來的知識。

2. 從過去學習（有如人工智慧之深度過程）

有些學者認為從外界或組織內部已發生的事情，可以歸納出經營管理的知識。常見的方式有：

(1)環境掃描：廣泛地觀察外界環境。

(2)集中搜索：針對特定範圍的內外環境加以瞭解。

(3)事後評估或績效監視：由組織過去行動的結果去提煉經驗。

表 4-1　知識取得方式－以組織成長方式為例

年　代	主辦單位 / 主導人物	事　件
一、外部發展 在生產的抉擇 時，稱為「外 包」	1.收購和合併 2.策略聯盟 　(1) 股權式 　(2) 非股權式（如技術開發） 3.長期契約協議	一、知識槓桿 (knowledge leveraging) 1.收購（買斷或合併） 　(1) 企業收購和合併 　(2) 技術移轉 2.策略聯盟 　(1) 合資 3.契約研究 　(1) 外包 　(2) 創新育成中心，可說是知識的「OEM」
二、內部發展 在生產時，稱 為「自製」	1.內部創業 2.內部創業以外	二、知識創造 (knowledge creation 或 build-ing) 1.挖角 2.向顧客學習 3.標竿學習 4.經驗學習 5.從過去學習 6.知識存量

資料來源：伍忠賢、王建彬，民 90，p.93

3. 經驗學習（誠如 AI 的深度智慧過程）

經驗學習 (experiential learning) 依價值鏈可分為五種：

(1) 實驗：對組織行動（最常見的是新產品研發）結果加以分析，因此而得到的知識。

(2) 無意或非系統學習：俗語所說：「無心插柳，柳成蔭」就是這個道理，例如：法國居禮夫人發明 X 光。

(3) 經驗基礎的學習曲線：經驗對於組織績效有正面的影響，例如生產新產品時，隨著經驗的增長學習，每單位產品的生產成本和時間成本因而降低。

(4) 自變組織：也稱為「自我設計的組織」，組織把本身維持在一個時常改變的狀態，不斷變動其結構、程序、領域、目標等，以獲得較好的調適能力，而在快速變遷的環境中生存下來。

(5) 自我評估：組織同仁的參與互動、學習新的參考團體，以改善心智和人際關係。

4. 標竿學習

主要是藉著向其他組織學習其策略、管理方法及技術，而取得第二手的經驗，可說是知識模仿 (knowledge copy)。

5. 向顧客學習

基本的精神是強調在產品概念時即需有顧客參與，真正落實「行銷導向」，而不是把產品推給顧客的生產導向。此外，這些服務都是互動式行銷，連生產人員（像企業顧問）都可以從顧客增長見聞，教育上所謂的教學相長即是這個意思。

6. 挖角

組織可藉由招募具有新知識的員工，達到增長組織知識的目的。

（二）外部知識的來源

外部「知識來源」 (source of knowledge)，常見有下列三種方式：

1. 產研合作：研是指研發機構，如工研院的研發聯盟 (consortia) 或策略聯盟等。策略聯盟往往為了截長補短，槓桿利用夥伴企業的力量（如財力、產能等有形資產），但也有很多著眼在用其智力，其中最具代表性的便是研發合資公司。

2. 產學合作：大學擁有眾多師資、場地、機器設備，早就被政府、企業視為知識創造的重要地點，所以不少企業興起「產學合作」、「產官（主要是指專案計劃補助）學合作」。尤其是財力、人力不夠雄厚的中小企業，更宜妥善運用此策略聯盟的方式。

3. 產產 (interfirms) 合作：從國外大廠移入技術是台灣電子業茁壯的主要動力之一，其他還包括代工、委託設計等。

把核心能力以外的活動外包是 1990 年代企業再造的主要結果，對知識管理來說，策略性外包 (strategic outsourcing) 不僅是利用外包商的活力（或勞力），更重要的是利用其智力，此時可稱為知識本位的外包 (knowledge-based outsourcing)。也就是外部知識槓桿 (leveraging intellect)，藉以提昇自己可動用的知識能力。

外部知識的取得，大都偏重於技術，主要是技術移轉，這屬於科技管理、生產管理的領域。技術移入者吸收能力、溝通品質、技術相容性越高，成功機率越高。而知識管理宜偏重：學習機制如何強化以及移轉機制要如何提升等問題上。

二、知識取得管理

　　知識取得往往是指狹義的「取得知識來源」，以技術類知識來說，便是「取得技術來源」 (technology sourcing)。有關知識取得管理，伍忠賢與王建彬（民 90）曾借用技術取得管理的資料加以說明。技術取得管理 (technology acquisition management) 可以顧名思義的指技術取得實務，根據英國 Strathclyde 大學教授 Durrani 等三人 (1999)，技術取得管理還有另外兩個更廣的用法：技術管理系統，與技術管理方法論。狹義的技術取得管理，指的是表 4-2 中的五個主題。

三、取得方式的決策

　　知識發展 (knowledge development) 跟組織成長的考量一樣，主要以追求組織價值極化的目標，其限制及效益分析如後。

表 4-2　技術取得實務

學　者	研究主題	有關技術取得
Wolff (1992)	技術掃描	提出公司辨認各種可用於自己營運的新技術的方法
Bidualt & Cummings (1994)	透過策略聯盟來創新	1.挑合作夥伴 2.在研發或合資公司時，設計適當的技術取得和經營結構
Betz (1996)	技術預測	Betz 採取一系列程序以預測技術改變，並規劃新的技術的導入
Betz (1996)	技術規劃	Bctz 採用形態分析 (morphological analysis) 有系統的探索各種技術方案
James etc. (1998)	企業購併以取得技術的方法和實務	1.在購併決策時，整合技術取得事項的各個困難點； 2.購併後，落實技術資產價值的工作

資料來源：Durrani (1999), pp.601, Table3.

（一）限制條件

　　知識取得方式受限於下列三項限制，這跟線性規劃求解一樣，只能在可行區域內找最佳解。

1. 經費限制

沒錢難辦事，經費是常見的限制。

2. 吸收能力限制

學習必須考量個人的吸收能力 (absorptive capacity)，尤其在技術移轉或策略聯盟（特別是技術共同開發等學習型聯盟，learning alliance）時。不論個人吸收能力、組織學習能力，都具有累加性，即知識基礎越廣越深，吸收速度越快。

3. 建構策略性資源的考慮因素

至於組織是否願意付出高額代價來建構資源（例如知識管理），還需考量資源所具有的「競爭成果特性」，也就是下列三項特性：

(1) 專享的：有些組織不願花錢培養人才，便是擔心受訓完後就離職了，然而人力資源往往不是組織所能獨享的。

(2) 組織的：所培養的人才是否能將其所學轉化運用到實務工作上，往往是組織考量的重要因素。

(3) 耐久的：不過高科技產業內資產的折舊速度最快，一般來說，「能力」比「資訊」耐久。

（二）成本效益分析

取得知識的成本很容易計算，但是效益則不容易量化。在強調價值經營 (value-base management) 的今日，伍忠賢與王建彬（民 90）以美國 Strategic Management Group 公司推出「訓練的投資報酬率」衡量方式為例，說明 Donald Kirkpatrick 所推出的模式，其訓練績效依序可分為四個階段：

1. 學員的反應，即微笑表 (smile sheet)。

2. 學員的學習，即知識水準提升。

3. 在工作的運用，即行為改變。

4. 營運績效改變。

簡單的說，知識取得方式的抉擇必須與組織價值（如盈餘）相結合，否則只談個人的績效，反而可能會造成資源的錯誤配置。

四、吸收能力

個人學問的吸收能力常是指「看得懂八九成」。不過，伍忠賢與王建彬（民 90）指出，組織對於知識的吸收能力 (organization,s absorptive capacity) 並沒有這樣膚淺。有關組織對知識的吸收能力，大都以 Cohen & Levinthal (1990) 的研究為主。

（一）吸收能力的內容

有關組織吸收能力的意義，以美國印第安那大學教授 Lane & Lubatkin (1998) 的定義最為寬鬆。所謂組織吸收能力就是知識轉換能力，詳見表 4-3。換句話說，組織的吸收能力是以能否用得出來才算。如果只是像背書那樣膚淺的「被動學習」(passive learning)，只能說是「看得快，懂得多、記得牢」，並沒有真正的取得知識，有時人稱沒有慧根就是這個意思。而滿腹經綸（組織員工學歷、訓練時數），但經營績效卻乏善可陳（指知識運用）的吸收能力亦是不行。

表 4-3　知識吸收的內容

知識轉換	投入	處理	產出
一、能力種類	選擇性注意，記憶的能力，稱知識基礎 (know-what)	把知識化成能力的處理程序 (know-how)，兩個衡量公司知識系統的代理變數	把知識商品化的能力 (know-why)
二、內容	即科學知識 (scientific know-ledge)	1.鼓勵發表、申請專利、薪資制度 2.公司（尤其研發部）比較不集權（research concentralization, 或稱 lower management formalization）	Prahalad & Battis (1986) 稱為「支配邏輯」，包括： 1.在已知合作案規模、風險水準、規模時，對專案的偏好 2.依產品壽命周期、市場地位、關鍵成功因素，而決定策略的內容

資料來源：Lane & Lubatkin (1998), pp.465-466

（二）影響吸收能力的因素

Cohen 與 Levinthal (1990) 的研究指出，影響吸收能力的因素包括追求知識的動機與知識累積的存量，詳見圖 4-1。Pennings 與 Harianto (1992) 的研究指出，經驗（知識存量豐）比知識資產投資還重要。阿基米得所謂「數學之途，無君王之途。」，即是指如果沒有基礎且又不用功，花大錢請家教的效果也是很有限。美國麻州理工學院、哈佛大學，英國的劍橋、牛津大學，這些名校或許校舍老舊，但一脈相傳的經驗傳承，仍使校譽卓著，就是最佳的實例。

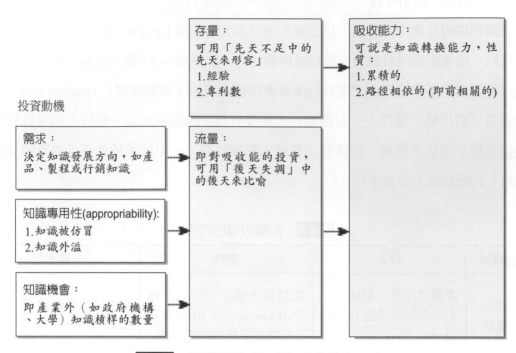

存量：
可用「先天不足中的
先天來形容」
1.經驗
2.專利數

吸收能力：
可說是知識轉換能力，性
質：
1.累積的
2.路徑相依的 (即前相關的)

投資動機

需求：
決定知識發展方向，如產
品、製程或行銷知識

知識專用性(appropriability)：
1.知識被仿冒
2.知識外溢

知識機會：
即產業外（如政府機構
、大學）知識槓桿的數量

流量：
即對吸收能的投資，
可用「後天失調」中
的後天來比喻

圖 4-1 影響組織（知識）吸收能力因素

資料來源：整理自 Lane & Lubatkin (1998), pp.463.

話說三創與三意

近日在經濟日報 B4 版上，無意中看到標題為
「三意社會工程」的文章，這是作者吳仁麟先生在
「idea 點子農場」專欄中的作品，本人心中就很好
奇地想到「三意與三創」應該有某程度的關係吧！，
經拜讀一下，真的「三意的社會工作」是作者在建

議未來的年輕人朋友，要到異地（例如在中國大陸）要打拚事業，現在的經營理
念與策略，宜特別要導入「三意」的作法。

依作者的建議是：「未來在中國大陸好的生意，該是完美地結合「創意」、「公
益」和「生意」的能力，得用這「三意」為客戶創新巨大的價值。」

各位關心三創教育的好朋友，我們在推廣「三創」教育的社會工程中，若能
結合「三意」的策略作法，來為企業界在新市場、新產品、新資源條件、新知識

（三）狹義的吸收能力

狹義的吸收能力，即是指學習能力（capacity to learn）。

（四）個人知識基礎

個人能不能學得來 (technology acceptance)、用得出來 (adaption)，都得看個人是否擁有知識基礎 (individual knowledge)，即教育上所謂的先備知識，否則不具備必要知識 (requisite knowledge)，學起來就比較吃力了。而所謂知識基礎，則包括了專業知識與基本知識等，可參考表 4-4 所示。

表 4-4　個人知識基礎－以電腦軟體為例

分　類	英　文	說　明
一、專業知識任務知識	task knowledge 又稱 task-domain knowledge	有關於資訊技術用於解決財務、人事等工作所需的專業、特定知識
二、基本知識 **1.工具知識**	tool knowledge	例如資訊技術中的軟體如電腦輔助軟體工程 (computer-assisted solftware engineering, CASE)
2.理論知識	theory knowledge	有關於工具知識的理論知識

資料來源：Marshall etc. (2000), p.15.

平台、新的消費者等等要求之下，來為明日的中國大陸市場來佈局與展開特色。

我們回顧三十年前，台商應用資本與技術優勢，結合中國大陸的充沛勞力與廣大市場；創造很好的成績。而時至今日，臺灣慢慢沒有資本與技術優勢，建議台商朋友，宜進一步要應用「三創與三意」的優勢，來結合中國大陸的資本與技術，共創共榮。所以，企業界好朋友的願景，盼望兩岸的經濟應以合作為前題，結合雙方的優勢，再以「三創與三意」的基本理念，來創造更大的市場，共創雙贏局面，造福社會。

參考資料：吳仁麟撰寫，經濟日報。2020-06-15，B4 版。

Q A 問題與討論

1. 介紹「三意」與「三創」之內容。為何成為現代最重要的知識呢？
2. 從知識管理與創新的角度，討論「三意」與「三創」在知識創新的重要性與必要性。

新知識時代專欄

大家一起來認識——經濟「K」型復甦

2020 年是非常特別的一年，因為全球為了新冠肺炎疫情擴散，全球的經濟受到重創，導致各種交流活動受到很大影響，尤其是國際間的觀光與航空產業。

最近，2008 年諾貝爾經濟學獎克魯曼博士分析當前的經濟特徵，他認為美國經濟是「K」字型復甦。何謂「K」型復甦呢？對此模式的經濟看法有二樣情：

1. 頂層的的人望著股價與個人財富升高眉開眼笑。

2. 底層的人則看著收入陡降愁眉苦臉。美國有眾多的百姓失業，接受每周 600 元的失業補助金，甚至有許多家庭面臨沒有錢繳房租而被掃地出門的命運。

克魯曼指出，股價漲跌，看起來好像與經濟無密切關聯，在新冠肺炎疫情爆發後，實質經濟相當淒慘，但股價還是漲幅大，被大家看出：現在的股市與經濟「脫節」之大，讓各界相當不可思議。

4-2 發展與分享知識

知識與經驗的分享，是組織知識管理的重要關鍵，茲說明發展與分享知識的概念如後。

一、知識即是力量

在組織中，資深人員會教導新進人員，而將知識整合、蓄積，成為組織記憶 (organization memory)。為了方便分享、傳遞，知識最好能以白紙黑字記錄下來，才不會「人存憶存，人去憶空」。

（一）綱舉目張

知識處理程序，可以從知識的投入、轉換、與產出加以說明。在知識的投入部分，主要的程序包括需求分析、尋找知識與取得知識；而在知識的轉換部分，主要的程序包括知識整合、知識吸收與知識創造；至於在知識的產出部分，則應包括知識蓄積、知識分享、知識傳遞與知識運用等，詳如表 4-5 所示。

這究竟是怎麼情況呢？克魯曼提醒大家，種種跡象顯示，即使疫情果真退了，人民生活的痛苦也將加劇，但股市仍在漲，這就是說：值得共同面對的是：「K」型經濟模式復甦，將有更複雜問題，盼望大家多多關注它。

參考資料：湯淑君編譯，經濟日報。2020-08-22，A1 版。

Q&A 問題與討論

1. 請介紹「K 型」的經濟復甦，其特徵為何？
2. 請分析我們應如何應用「知識創新」來配合「K 型」的經濟特性？

表 4-5　知識處理程序

投 入	轉 換	產 出
一、需求分析，稱為知識評估 (evaluating know-ledge)	一、知識整合 1. 畫出公司內外的知識地圖和學習網路。 2. 過濾	一、知識蓄積 1. 表現或體現知識 (represent 或 embedknow-ledge)，把隱性知識化為顯性知識。 2. 儲存場所稱為知識庫，是狹義的「公司記憶」。
二、尋找知識 (knowledge finding) 1. 外部來源（如網路搜尋）。 2. 例如客戶關係管理中的知識倉儲。 3. 現有的知識庫，從中取用知識稱為知識取用 (knowledge retrieve)	二、知識吸收 1. 把知識模組化 (componentized knowledge)	二、知識分享 1. 消除「知識孤島」。 2. 鼓勵知識分享，例如師徒制。 3. 不要太迷信網際網路等對知識分享的功能，那只能分享顯性知識，但對更重要的隱性知識 (尤其是創意、信賴) 則英雄無用武之地。

表 4-5　知識處理程序 (續)

投　入	轉　換	產　出
三、知識取得 　　(knowledge acquisition)	三、知識創造 (一) 事前 　　1.跟客戶共同發展 (in-dwelling with custo-mers)，有計畫的進行組織、技術實驗。 　　2.鼓勵製造「聰明的錯誤」。 　　3.標竿學習。 (二) 事後 　　1.實施「教訓學習」(lesson-learned) 的檢討會。	三、知識傳遞 　　1.發展共通語言以利知識分享，以利於知識使用 (faciliate know-ledge)。 　　2.實施交叉訓練，例如輪調或多（或跨）科際能力訓練。 　　3.從知識庫中取用稱知識存取 (knowledge access)。 四、知識運用 　　(action on knowledge)

資料來源：Masccitelli, Roalad,"A Framework for Sustainable Advantage in Global High-tech Markets AIJTM, 1999, pp.253.

（二）台積電的知識管理

　　台積電是台灣高科技產業的典範企業之一，《遠見雜誌》88 年 6 月對台積電的知識管理有深入報導，依據前述知識管理程序的架構所呈現的台積電知識管理，可參考表 4-6 所示。

表 4-6　台積電的知識管理方式

投　入	轉　換	產　出
知識取得 1.讀書 2.上課	**知識創造** 1.標竿學習： 　內部標竿、外部標竿（例如美國英特爾） **知識蓄積** 1.成文化： 　例如建廠、整合、機器操作手冊	**知識分享** 1.實務社群：技術委員會 2.設立複製主管 3.企業文化：學習型組織 **知識流通** 1.資訊技術 2.教練制：1 對 1

資料來源：莊素玉，民 88，pp.61-71

二、知識整合

組織最常見的情況是，公司主管學習新知與技能之後，由於一時半載無法熟練的進行，所以經常只是停留在「讀書歸讀書，你還是你」的狀態。

（一）組織中知識整合的需求

組織中許多專案都涉及科技整合，以第三代手機來說，需要用到電子（如藍芽）、資訊（如上網）、材料（如機身），這些專長不可能由一人包辦，所以需要整合不同的專才。

1. 見多識廣

組織中「見多」、「識廣」（經驗豐富）的人，經常扮演組織活字典的角色。

2. 3C 整合

IA (intelligent application) 產品，如智慧型手機、個人數位助理、智慧家電，顯示新世紀三C（電腦、通訊與消費電子）積極整合的趨勢，甚至未來有人工智慧（AI）之應用。以家電中的智慧型冰箱為例，究竟是資訊業者（做電腦）還是家電業者（如夏普）比較合適呢？依伍忠賢與王建彬（民90）之見，目前看到的贏家應該還是家電業者，因為主功能是冰箱，所以只是把電腦放到冰箱上。

（二）整合機制

組織橫向溝通主要靠會議、高階（幕僚）協調，才不會各做各的，這就是整合機制。知識整合機制的做法也是一樣，只是用詞略為不同。由圖 4-2 可見，整合涉及人、負責篩選、分案，甚至協調知識創造；另外，還要有整合的工具，或俗稱的遊戲規則，以免大家茫然應對，手足無措。

1. 知識整合者

組織內擁有最強而有力的隱性知識人員，首推系統整合者，它具有跨領域的問題解決能力，例如：(1) 產品研發時，如雄風（飛彈）計畫主持人，必須兼顧機電整合。(2) 任務（或專案）小組召集人。(3) 系統工程師 (system archticts) 等。

在醫學中，最標準的例子便是家庭醫師，他是通科而不是專科（如心臟外科、胸腔內科）醫生，但卻不會流於以管窺天。不過，知識整合者不見得是「官大學問大」，反倒是資深人員無形中扮演此角色。

2. 知識過濾

知識整合的必要性在於知識來源複雜，因此需要有人去把關，以過濾 (filter) 哪些知識值得取得、儲存等。

3. 知識會診

當醫生們碰到病人有多種症狀時，常常會跨科請醫生來會診；同樣的，當組織內碰到複雜內容時，也常需要組成專案小組來處理。

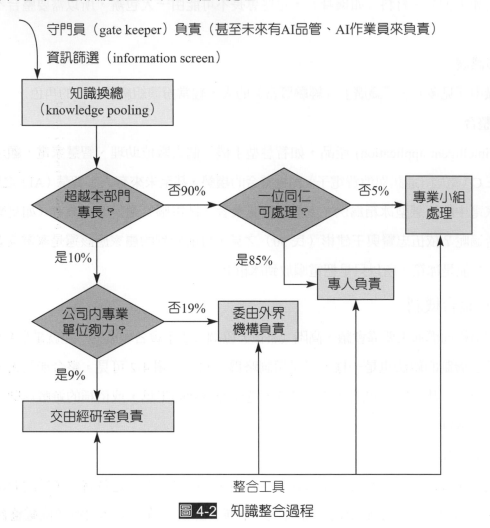

守門員（gate keeper）負責（甚至未來有AI品管、AI作業員來負責）

資訊篩選（information screen）

知識換總
（knowledge pooling）

超越本部門
專長？ — 否90% — 一位同仁
可處理？ — 否5% — 專業小組
處理

是10%　　　　　　　　　是85%

專人負責

公司內專業
單位夠力？ — 否19% — 委由外界
機構負責

是9%

交由經研室負責

整合工具

圖 4-2　知識整合過程

資料來源：伍忠賢、王建彬，民 90，p.309

（三）整合的工具

交響樂團的整合工具是樂譜，演員們的整合工具是劇本和分鏡圖，橄欖球隊的整合工具是戰術，而知識工作者的整合工具則是作業流程、常規、作業手冊等，詳如表 4-7

所示。而伍忠賢與王建彬（民 90）指出，因為隱性、顯性知識內容的不同，所適用的整合工具也會有所不同。

表 4-7　隱性、顯性知識的整合工具

隱性知識	顯性知識
程序管理工具 (process management tool) 1.作業流程 (process guidebooks)、流程圖 (process map) 或流程庫 (process repository) 2.組織常規 (routines) 3.默契，如舊球隊	**形成文化** 1.中英文索引等標準用詞，即共同語言 2.標準作業手冊 (SOP manuals)

資料來源：伍忠賢、王建彬，民 90，p.309

　　Grant (1996) 認為知識的整合植基於共同語言 (common languages) 所扮演的角色，共同語言的重要性在於，它允許員工間分享和整合各種不同的知識，而且各種不同的共同語言成就不同知識整合的角色，共同語言有各種不同的型態，包括：

1. 語言 (languages)：大陸說口膠，台灣說口香糖；同樣的用語，用詞卻不相同。

2. 其他形式的溝通符號：例如數字和對相同電腦程式的熟悉等。

3. 專業知識的共通性：其知識於運用範圍中具開放性及可行性。

4. 共享的意義：隱性知識轉換為顯性時常常造成「知識損失」，而透過建立彼此共享的了解，將有助於隱性知識的溝通。

5. 認識個別的知識領域：知識整合需要每一個人了解其他人的知識技能，透過互相適應的方式，減少外顯的溝通。

三、知識蓄積－形成文化

　　學生上課寫筆記，上班族分報和寫工作日誌，這些都是知識蓄積 (knowledge accumulation) 的方式。同樣的，把範圍擴大到整個組織知識蓄積更是必要，因為員工會來來去去，帶走許多的知識，所以組織要做好知識蓄積的工作。

（一）知識蓄積的必要性

　　茲從知識漏損及組織記憶，分別說明如後。

1. 知識漏損

個人記憶會衰退、遺忘，而這對組織是不利的。如果把知識管理比喻成生產管理，那麼目標之一便是追求效率，其中一種說法「用最低成本來創造所需要的知識」，然而知識漏損 (loss of knowledge) 是必須提防的，這跟「呆人」、「呆料」很像，知識漏損源自於個人的有意（選擇性）、無意（例如懶於記錄、不擅長溝通）的遺忘和藏私。

2. 組織記憶

組織是個人的集合，也延續了個人記憶不繼的本性，跟家庭回憶一樣，組織記憶 (organizational memory) 可說是組織的知識存量，是知識蓄積的結果。

(1) 組織記憶的內容

有些學者狹隘的定義組織記憶的內容：敘述性記憶與程序性記憶（例如常模、規則、標準程序等組織常規 (routines)，通俗的說便是入境隨俗的「俗」、客隨主便中的「便」）。

(2) 短期 vs. 長期記憶

短期記憶中的資訊保持時間很短，容量有限，如果這時加入新的辨識活動，資訊超出容量或者未加複述，資訊都會很快衰退被遺忘，而且無法恢復。但是如果加以複述，可以使即將消失的微弱資訊重新強化，變得清晰、穩定，再經精細複述可以轉入長期記憶加以保持。所以複述是使短期記憶的資訊轉入長期記憶的關鍵。

（二）知識呈現─外化、知識揭露

在組織內的最佳實務、經驗學習等，稱為知識揭露 (disclosure of knowledge) 或知識呈現 (knowledge representation)。

（三）從員工身上萃取知識

榨油是把油從種子中分離出來，煉金則更累。同樣的，如何從員工身上萃取知識 (eliciting knowledge)，即把隱性知識化為顯性知識，常見方法有三：

1. 內容分析

從員工的工作日誌或其他工作檔案 (self-reporting)，也可知道員工今天多懂了什麼。

2. 問卷

例如詢問員工們有什麼拿手絕活，就跟新生入學、新兵入伍時，填表揭示自己有哪些專長一樣。

3. 訪談

　　人員訪談的成本很高，主要是運用在關鍵員工。但是訪談者 (interviewer) 最好不是該專業的專家，以免「文人相輕」、「見毫末而不見輿薪」；此外，有觀察員協同常有旁觀者清的效果。

（四）知識內容分類

　　在知識蓄積時談知識內容分類，主要是儲存的考量，就像圖書館依書的性質（採美國國會圖書館分類）把書分類一樣，郵遞區號的道理也是一樣的。

　　顯性、隱性知識是依知識性質分類的結果，若依知識的內容來分類，則可分為歸納、演繹知識，詳見表 4-8 所示。如果是放在電腦中，分類方式主要採物件導向方式，在全文快速檢索的情況下，怎樣分類便不是那麼重要了。

表 4-8　知識內容分類

知識創造方法	Holsaplle & Whisten (1983)	Cross &Baird (2000)
歸納	實證知識 (empirical knowledge) （營業）程序知識 (procedure knowledge)	個人記憶→公司知識 個人關係→公司的關鍵知識 1. 工作過程與支援系統 2. 產品和服務
演講	公式知識 (formula knowledge) 衍生知識 (derived knowledge)	

資料來源：伍忠賢、王建彬，民 90，pp.315

（五）知識庫

　　冰箱、櫥櫃是家庭裡食物的倉庫，用這個角度來看知識儲存場所「知識庫」(knowledge repositories) 就不會覺得那麼難懂了。由表 4-9 可見，知識庫並不見得只是狹義到電腦中資料庫中的才算，真正電腦化的可能也只是其中的一部分而已。

表 4-9　知識庫

電　腦　外	電　腦　中
卷宗 檔案櫃 (file cabinets)	電腦中的資料庫
多媒體、錄音帶、錄影帶、光碟	多媒體

資料來源：伍忠賢、王建彬，民 90，pp.316

　　如果卷宗的管理稱為檔案管理，電腦中稱為資料庫管理。那麼像圖書館員所做的圖書管理，在組織知識管理活動，也可以稱之為知識管理 (knowledge repositories management)。未來在 AI 時代，各種影像的資料收集，皆是知識管理，也是 AI 應用時代的重要流程。

（六）知識庫使用情況調查

　　跟圖書館的各樓層示意圖一樣，我們可以畫出知識庫地圖 (knowledge base map)，詳見表 4-10。然後再透過使用者訪談的方式，以瞭解：(1) 組織知識庫地圖現況，例如圖書館的到館人數、借書率。(2) 現況與理論（例如文獻）的差距。(3) 改善之道。

新知識時代專欄

發揮溫柔的力量是另類的創新管理

　　英特爾業務行銷暨公關事業群汪副總裁，在英特爾公司工作，已經有二十二年了，汪副總裁擁有工程與管理的雙學位，受到英特爾公司重用；在閒暇時間之餘，副總裁喜歡花藝、閱讀、瑜珈、及志工服務；自 2019 年下半年起，她擔任台灣英特爾最高女性管理職，也是英特爾女性員工聯誼會在台灣的發起人之一。

表 4-10　知識庫

層級	人腦	團體	成文化	硬體
5.公司	事業部主管、生產經理	生產時的經驗法則	行銷、生產資料	目前產品、製程
4.部門（如研發）	同仁	成功、失敗案例	圖書室、其他部門報告	競爭者、產品
3.位置	同仁	專案管理程序	中央檔案櫃	產品原型
2.團體（如專案小組）	同仁	研發經驗法則	手冊團體檔案櫃	研發設備
1.個人	個人記憶	研發經驗法則	個人檔案夾	電腦工具

資料來源：Masccitelli, Roalad, "A Framework for Sustainable Advantage in Global High-tech Markets", IJTM, 1999, pp.224.

　　她表示：聯誼活動主軸是培育女性的職涯發展，協助增進公司內外部的人脈與資源共享，讓大家能互相鼓勵、繼續成長。台灣英特爾公司在近十多年來，聯誼會每年辦一系列活動，不管是提升軟實力、技術專業能力，或與業界其他公司交流。當然，女性員工聯誼會也歡迎公司的男性同事參加充份發揮女性的溫柔力量。

　　在公司創新管理的潮流中，女生需要幫助女生、女生很多時候還能進一步協助男生，公司打造這樣的平台，就是創新管理的典範，值得各公司學習與推廣。

參考資料：鐘惠玲撰文。經濟日報。2020-07-25，A12 版。

Q A 問題與討論

1. 發揮溫柔的力量，充分展現人際互動，也是另類的知識管理與創新，你（妳）認為如何呢？

2. 應用人際互動新知識，亦可提升公司競爭力，你（妳）同意嗎？原因何在？

4-3 知識管理的應用

知識管理共有四個關鍵的應用面。這四大應用面的功能,是以知識管理在組織內部的知識分享上所扮演的主要角色來劃分。在這個模型中,組織內部的個人或群體,透過知識分享,能對知識有充份的了解,也能深入了解知識的關聯性,把知識有效的應用到決策和創新上。**而仲介 (intermediation)、外部化 (externally)、內部化 (interior) 和認知 (cognition) 便是知識管理的四大應用面及一種整合執行面是「評量」,共有五項知識應用與執行面介紹,介紹如後:**茲分別說明如圖 4-3 與 4-4。

一、仲介

仲介 (intermediation) 是知識與人之間的連接。仲介有著知識尋求者及知識提供者兼經紀人的功能。仲介的角色就像是幫知識尋求者作媒,找出擁有該知識的最佳人選。最常見的二項仲介類型如下:

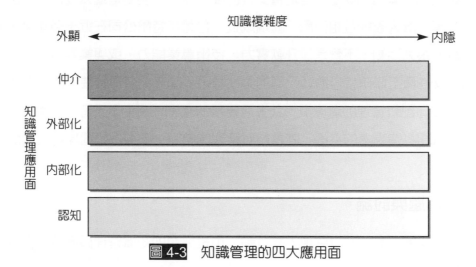

圖 4-3 知識管理的四大應用面

資料來源:Thomas M. Koulopoulos , Carl Fappaolo, "Smart things to know about knowledge", 1999

(一) 非同步仲介 (asynchronous intermediation)

發生在外部化及內部化無法同時進行時。在這種情況下,外部知識庫存放著有關知識擁有者的資訊。大多數的知識庫都是以這種方式運作,組織在特定知識需求發生前,先把知識擷取到知識庫中,並加以分類。當知識尋求者需要某種知識時,就可以從知識

庫中搜尋，獲得相關知識。一旦外顯知識取得後，就開始進行內部化。如果組織已界定出內隱知識的擁有者，即已做到非同步仲介。一般而言，非同步仲介最適用於外顯知識，因為知識尋求者可以輕易的從外部儲存媒介中擷取知識。

（二）同步仲介 (synchronous intermediation)

與非同步仲介相反，是發生在外部化與內部化同時進行時。在此，知識在轉移時並未先儲存起來，而是知識提供者及知識尋求者以直接溝通的方式來參與同步仲介。其間並沒有任何知識庫存在，因此知識提供者所提供的知識，是否為知識尋求者所需要，就是同步仲介所面臨的挑戰。雖然就效率上來看，同步仲介似乎比非同步仲介差，但由於同步仲介能讓知識交換者間進行更為複雜的對話，因此，在進行內隱知識的轉移時，常採用同步仲介。與同事交換知識的實踐團體、基於個人共同興趣或專業所形成的非正式團體，都是內隱知識仲介角色的實例。

二、外部化

外部化 (externally) 指的是知識與知識間的連接。外部化包含從外部知識庫擷取知識的過程，以及根據某些分類架構或本體論 (ontology) 來整理所擷取到的知識。在這種作法下，通常會製作出一份知識收集的地圖或結構。外部化的功能就是要為知識共享做好準備。

有許多組織過於專注在如何從知識管理系統獲取知識，所以能真正把心力投注在該把什麼知識存放進知識管理系統的組織，實在是不多。在許多組織中，知識的擷取和收集的進行與正式架構無關。不過，知識管理系統就好像生態系統一樣，如果沒有不斷補充，資源很快就會耗竭。在員工流動率低且資訊共享自然而然發生的小組織或處於早期市場的組織內，這類知識就是組織的獨特優勢。不過，**組織在擷取知識上，仍有以下三大障礙待克服：流動性 (liquidity)、半衰性 (half-life) 和對專業人士的威脅 (duresse)。**

（一）流通性 (liquidity)

對較大型組織和成熟市場來說，由於組織內員工的流動性較大，所以知識的流通性就成為組織擷取知識時的一大挑戰。

（二）半衰期 (half-life)

因為知識的壽命有限，所以使用知識者必須不斷重新評估知識的有效性。但問題就在於，一般來說，知識並非那麼明確或容易取得的。由於知識常隱藏在內部中，所以不可能經常檢視。個人可能會依循前例，判斷哪些特定流程或組織模式是正確的，即使是依照已經過時的假定。

由於我們通常會認為，更多的資訊意謂儲存更多的知識，也能讓組織更加地獨樹一格。但困惑的資訊加上知識，更加劇組織以過時假定做判斷的現象。其實，重點在於知識而不是資訊。因為資訊不可能只由一個組織所獨享，所以在今日的市場中，大量的資訊反而成為一種破壞的力量。資訊太容易被複製及擴散；知識則不然，在組織知識鏈外複製知識是相當難的事，因為知識鏈中有太多的聯結，要全部複製並不容易。

知識不是一種靜態的來源，它不像資訊是以合約、文件或實務為主，可以相當容易擷取。知識大多是以複雜的方法及態度為主，藉此知識得以不斷更新。這也意謂，知識若喪失其與生俱來的時間價值，就無法長期保存。

（三）對專業人士的威脅 (duresse)

許多在所屬行業成為專家的專業人士，顯然都不願意分享專業知識，他們擔心如此一來，自己的專業技能價值就會降低。對於這類感到不安的知識工作者來說，知識的力量是有限的。沒錯，知識的力量得依據產業別而定。會計專業知識可能經過五年後仍沒有什麼太大的改變，但是工程類的知識和設計積體電路的知識，卻是每個月都在迅速改變中。

對想要設計知識管理系統的組織來說，大家都誤以為所面臨的挑戰是「知識擷取」，但事實上，組織在此所面臨的挑戰其實是「知識過時」。對於像勤業管理顧問公司 (Arthur Andensen) 這類全球知名的顧問公司來說，能立即取得過時的最佳實務，根本就沒有用處。

跟知識的擷取相比，知識更新卻是更為重要也更困難的作業。同時，這項作業也難倒大多數企業。企業總是太晚才發現，他們盡一切心力來擷取知識，卻遠比不上某一次在偶然間所累積下來的資訊。大多數企業都已花上一段時間收集資訊，可是就如同我們一再指出的，收集資訊並不表示進行知識管理。

（四） 外部化的三大構成要素

1. 擷取知識並儲存於適當的知識庫中

組織無法輕易取得存在於員工腦袋中的知識，因此，組織必須建立一個共用知識庫，存放此類知識。組織可利用資料庫、文件、錄影帶或錄音帶等方式，來存放這類知識。而這類知識的存放期限不必太久，因為這種知識一經取用後，可能就會更新，就好像口語交談一樣。此類知識庫應該存放適當型態的知識。舉例來說，數據資料最好存放在結構化資料庫中，而視覺化知識最好存放在錄影帶，或是現場簡報讓大家共享。

2. 把知識轉譯成可用型態

組織內部許多文件可能都以紙張的方式存放。即便使用者可以把文件上的資料掃描到電腦中，也不是立刻處理。在這類的資料中，影像可以轉換成可用文字。另一個例子則是，知識要在不同語言間的轉譯。

3. 把知識分類或整理成便於使用的形式

外部化中最困難的部份就在此。組織要把知識分類或整理成便於使用的形式，就得靠知識提供者的協助。進行這項作業的目的在於，讓知識尋求者能以最有效率的方式取得知識。例如，想在資料庫中取得「最佳實務」的組織，就該建立一套方法，對每種個案、每項專案進行分類，如此一來，要從資料庫中找出這些資訊就更加容易了。

三、內部化

內部化 (interior) 是知識和詢問間的連結。也就是從外部知識庫中取出知識，經過過濾後，提供相關知識給知識尋求者。內部化與外部化的知識庫關係緊密，只不過內部化以知識尋求者所提出的詢問為重點，對外部知識庫所存放的知識，進行過濾篩選。內部化可分為下列二大層面：

（一） 從知識庫中找出知識，把知識存放入知識尋求者的腦袋中

知識應以使用者最能理解的型態呈現。因此，在這個層面裡，包括了知識的轉譯及知識型態的重塑。舉例來說，如果要表達一連串的數字，最好以圖表的方式來呈現，使用者會更容易了解。另外一個例子是，在較長的文件報告前，先以「執行摘要」做為開端，把文件中最重要的知識囊括到這部份中。

（二）過濾知識

　　指從大量資訊中，淬取出知識尋求者所需要的相關資訊。雖然使用者可能了解其所需的知識，但是未必有足夠的見解，了解所需知識領域的全面性，所以無法輕易篩選出相關知識。因此，知識管理解決方案的功能，就是要協助進行過濾知識。舉例來說，正進行金融期貨專案的團隊，可能要從知識庫中找出相關專案的歷史資料，並取得與目前進行專案相關性較高的專案資料，這也就是外部化過濾知識所提供的功能。

四、認知

　　認知 (cognition) 是知識到處理之間的聯結，也是以可用知識做出決策或對應決策的一種過程。認知就是把透過外部化、內部化及仲介的知識加以應用。

　　最簡單的認知模式就是，應用經驗判斷最適當的成果。下棋或許就是最簡單且常見的決策範例（雖然現在下棋遊戲的複雜度愈來愈高）。不過，這類決策僅適用於有跡可尋的情況。對於快速變遷的商場這種更為複雜的環境來說，經常得靠極有限的資訊，有時甚至得靠直覺或憑感覺來做決策。而在這種情況下，就必須有人來主導決策的進行。

　　然而技術並非認知的萬靈丹，多數應用於有限問題的解決方案，都是根據歷史資料來預測未來。但是當前組織所面臨的問題和機會，有日益「不連續」的特質趨勢，因此，依照歷史資料所做的未來預測，實用性大幅降低。而且，機器根本無法替人思考，只有人類自己才能產生這種跳脫巢臼、處理問題的思考方式。因此視覺化 (visualization) 的認知方式，在協助了解決策關聯性時，扮演著相當重要的角色。

五、知識的第五項應用：評量

　　知識管理的第五項重要應用就是評量，雖然就技術上來說，評量不見得是知識管理的應用面。在此所指的評量就是，衡量、對應及量化知識及知識管理解決方案績效的所有知識管理活動。對於知識管理來說，評量偏向於執行面而不是功能面，**評量要確保的是，知識管理是否成功的落實。**

　　綜合以上所述，吾人可將知識管理四個關鍵的應用面，包括內部化、外部化、仲介和認知間的關係，整理如後。

1. **外部化**：指從外部知識庫擷取知識的過程，以及根據一些分類架構或分類學使知識系統化的過程。

2. **內部化**：當外部化擷取到知識，內部化就是進行知識配對工作，讓對知識有特殊需求的使用者知道，有這種知識存在。內部化就是把知識從知識庫中抽取出來。在經過內部化的過濾後，將可提供更為相關的知識，這也是讓使用者建立新知的一種方法。

3. **仲介**：意指讓知識尋求者與知識提供者兩者相互產生接觸。內部化著重的是外顯知識的轉移，仲介則著重在內隱知識的仲介。仲介透過追蹤個人經驗及興趣，讓知識尋求者跟知識擁有者產生關聯。

4. **認知**：透過視覺方式，瀏覽知識複雜的部份，提供使用者一種迅速、即時取得片段知識的能力。認知所產生的結果就是創造新知，這也是知識管理的最終目標。

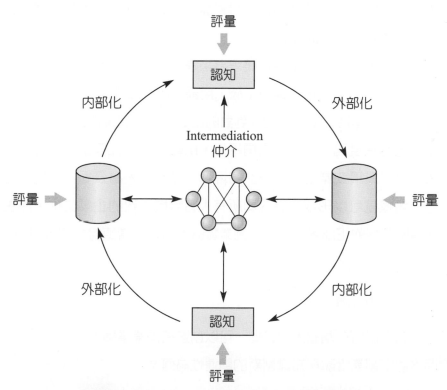

圖 4-4 內部化、外部化、仲介和認知間的關係

資料來源：Thomas M. Koulopoulos, Carl Fappaolo，"Smart things to know about knowledge"，1999

新知識時代專欄

創業實驗一介紹一個 2 人公司的業績

　　你相信一個公司只有 2 位員工，都是技術背景，僅專注在「研究分解塑膠」之上，但其營業額可以破新台幣 1 億元。這位創業家是在美國矽谷工作三年，再回到台灣已經七年中，前二年在幾家上班工作（如零售商及公益團體），謀求經驗。近五年他決定開始創業，在創業實驗中，五年內一口氣創了六家公司；這位創業家是正在進行一個創業實驗：看那一家公司是否可以用「最少資源得到最大利潤」。

　　這位創業家實驗結果如下：居然有一家公司只有兩名員工的公司，其年營業額可以做到 1 億元台幣。其秘訣在那裡呢！其經營策略簡單的說：「核心能力極大化，非核心項目外包化」，這位創業家這種理念創了六家公司，這幾家公司都是彼此的外包廠商；例如：財務顧問公司的人資業務就外包給人資顧問公司，而人資顧問公司的財務業務就外包給財務顧問公司，同理，創立的健康科技和餐飲事業也是同樣的思維理念來經營。

　　這樣將「外包力」，鎖定是競爭力來源與根本。經過這樣的實驗，創業家的重要心得是：「天下武功，唯快不破，用最快的速度來嘗試錯誤，並快速的修正方法，不斷往前邁進，最後總能找到對的且最佳化的商業模式。

　　小公司靈活度高，組織容易扁平化，比較容易建立健康有效的激勵制度，達到「人與單（業績或業務）合一」的境地。培養每人為公司打拚也是為自己賺錢的理念，這樣就可以形成，讓公司所有人有目標一致的企業文化，產生出來的萬象一心無堅不摧的正能量。以上的創業實驗證明是相當值得大家重視與學習的。

參考資料：吳仁麟撰文。經濟日報。2020-08-03，A13 版。

Q A 問題與討論

1. 說明本個案為何有兩個人的公司，可以創造高營業業績？

2. 說明本個案創業實驗與知識創新的關連性為何？

淺談在後疫情時代的工作模式

自從 2020 年全球新冠疫情持續擴散，各國企業經營管理上，調整上班的工作模式，在此，我們討論有關「知識管理與創新」的彈性思考空間及創新管理的作法，落實在後疫情時代的現實工作與生活方式中。

說明如下：目前，已有美國一些跨國大企業採取永久性在家上班的措施後；日本電子大廠富士通（平常超過 8 萬名員工），公司開始推動「work life shift」新工作型態，當工作模式改革，將逐步縮減辦公室空間至現有面積的二分之一，並提供員工的公司用行動電話及在家上班所需設備補助津貼，並採取較為彈性工時。

在人力資源方面，也同步調整勤務與津貼制度；並導入 IT 服務。富士通預計在 2023 年 3 月前將規劃辦公室空間面積縮減 50%，並依業務目標，員工不再設有固定座位。

另外，在知識管理與創新時代中，數位化的創意與創新也必須隨工作型態之改變，而加速被大家重視。面對工作模式轉向虛實整合，線上系統服務需求增加，實體需求減少，將衝擊相關產業。以上需求的變化，也是大家在疫情後，要共同面對的問題。

參考資料：「社論」，許瑋珂編輯，經濟日報。2020-08-11，A2 版。

Q A 問題與討論

1. 請介紹日本富士通公司在後疫情時代之後的工作模式。
2. 數位化的上班工作模式與知識管理創新有何關連性？請加以分析。

問題討論

一、是非題

1. ( ) 知識管理未來成為企業 e 化的核心,而知識管理流程通常是將企業所搜集、觀察到的「資料」加以應用。

2. ( ) 獲取知識的方法,是很困難的;我們就以順其自然就好,不要太強求。

3. ( ) 在經驗學習中,俗語所言:「無心插柳成蔭」就是這個道理就是無意或非系統學習。

4. ( ) 向顧客學習,基本精神是強調在產品概念時,需有顧客參與,真正落實「行銷導向」,而不是把產品推給顧客的生產導向。

5. ( ) 組織吸收能力就是指組織可以將知識轉換向能力,也代表能否應用出來之能力。

6. ( ) 一般知識基礎;是指基本知識,不包括專業知識。

7. ( ) 知識累積是資源人員的工作保障手法之一,不宜隨意教導新進人員,以避免競爭力降低。

8. ( ) 企業內不一定要進行知識整合,以免降低各部門的生產力。

二、選擇題

1. ( ) 知識處理程序,宜依照知識的 (A) 投入 → 轉換 → 產出 (B) 產出 → 轉換 → 投入 (C) 轉換 → 投入 → 產出 (D) 產出 → 投入 → 轉換 等順序進行。

2. ( ) 知識處理程序中,投入包括有: (A) 需求分析 (B) 尋找知識 (C) 知識取得 (D) 以上皆要。

3. ( ) 知識處理程序中,轉換包括有: (A) 知識整合 (B) 知識吸收 (C) 知識創造 (D) 以上皆要。

4. ( ) 知識創造內容中,下列哪一項不在其中? (A) 有計畫的進行組織及技術實驗 (B) 知識蓄積 (C) 鼓勵製造「聰明的錯誤」 (D) 標竿學習。

5. ( ) 知識處理程序中,產出內容宜有: (A) 知識蓄積 (B) 知識分享 (C) 知識傳遞 (D) 以上皆有。

6. (　　) 台積電到知識管理方式中，下列哪一項不是推動重點　(A) 知識取得　(B) 知識不重視　(C) 知識創造　(D) 知識流通。

7. (　　) 下列哪一項不是知識管理四大應用面之一　(A) 仲介　(B) 外部化　(C) 普通化　(D) 內部化。

三、問答題

1. 以麥當勞、肯德基為例說明組織中落實知識分享的方式。

2. BBS 如何運用到知識管理上？

3. 討論第 4-26 頁個案中，2 個人公司的特色與成功關鍵為何？

NOTE

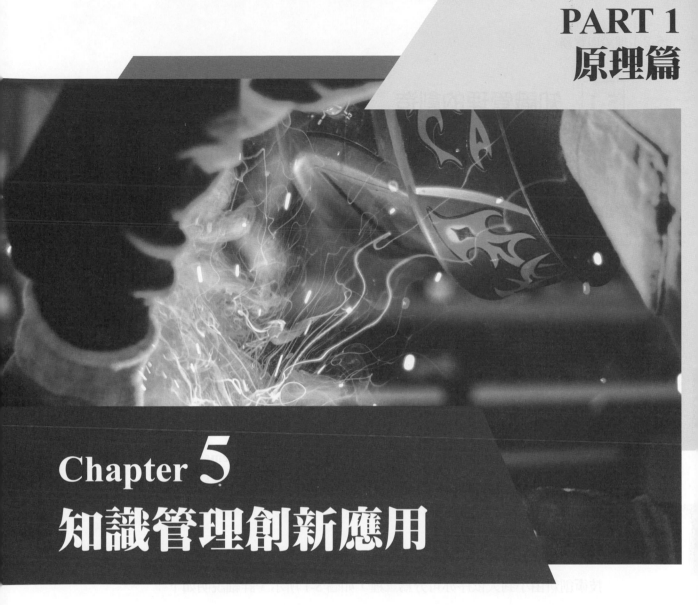

Chapter 5
知識管理創新應用

　　知識對組織是種策略性資源、生產因素，因此，貴在活用，而不在蒐集、擁有（例如專利權數目、圖書量）。所以 21 世紀的組織必須具備的特質是，**具有主導市場的能力、懂得智慧資產的管理、實現創意的能力與速度、深知顧客滿意度與管理**；具體的說，組織必須提供科技、創意、滿足客戶需求等條件，才能在新世紀取得競爭優勢。例如：三創（創意、創新及創業）的精神中，創新應用是核心理念。在學習創意思考過程中，就是要累積創新的方法與應用，進而展現創業精神，來開創新產業及新創公司之成立，繁榮社會。

5-1 知識管理的創造

　　在瞬息萬變的經營環境，唯一的因應（消極的）、控制（積極的）之道便是「變」，也就是創新。然而，創新要有本錢，其中很重要的便是知識；也就是透過知識管理以支撐組織源源不斷的創新。雖然組織學習僅是知識管理的一部分—偏重知識的取得、創造，但是組織學習卻有利於產生創新，因此本節將介紹創新跟學習型態的連結。

一、創新類型與產業經營核心能力

　　組織創新 (organizational innovation) 的內容，一般可以包括策略創新、管理創新、以及技術創新等（伍忠賢、王建彬，民 90），創新的分類如表 5-1 所示。其中技術創新 (technical innovation) 是最常見的，又可細分為產品創新 (product innovation) 與製程創新 (process innovation)。而管理創新 (administrative innovation)，是除了技術創新以外的功能層級創新其主要範疇，如創意行銷、通路創新等。產業經營之核心能力也可如此區分，概分為：**1. 策略能力 (strategic competence)。2. 管理能力 (management competence)。3. 技術能力 (technology competence)。** 少數人把這些稱之為知識用途結構 (knowledge usage structure)。

二、技術創新的程度

　　技術創新由小到大依序亦可分為三種，如圖 5-1 所示，詳細說明如下：

1. 產品改良 (product improvement)。

2. 新產品開發 (new product development)，常稱為演化型產品創新 (evolu-tionary product innovation)，產品改良、開發的方法之一稱為設計創新 (design innovation)，也就是工業設計的意思。

3. 突破性產品創新 (breakthrough)，又稱為「不連續創新」 (discontinuous innovation)。

表 5-1　創新的分類

創新類型	內　容	績效衡量
一、策略創新 　　 (strategic innovation)	1.產品新定位 2.產品新用途 3.價值活動鍵重組	

表 5-1　創新的分類（續）

創新類型	內　容	績效衡量
二、管理創新 （以國際行銷為例）	1.國際行銷（服務）、維修 2.打國際名的經驗和能力 3.管理國際行銷通路的能力	
三、技術創新 　1.產品創新	(1) 對客戶需求特性、市場潮流的掌握 (2) 產品開發與功能設計技術能力 (3) 新產品推出（或商品化）、速度	1.（每位研發人員的）專利權數 2.商標數 3.改良新產品營收 　　營收
2.製程創新	(1) 量產良率或製程品質 (2) 製程彈性 (3) 降低成本的製程能力	製程成本減少 　研發費用

資料來源：K.O. Clark and S.C. Wheelwright, Managing New Product and Process Development, New York, Free Press, 1993.

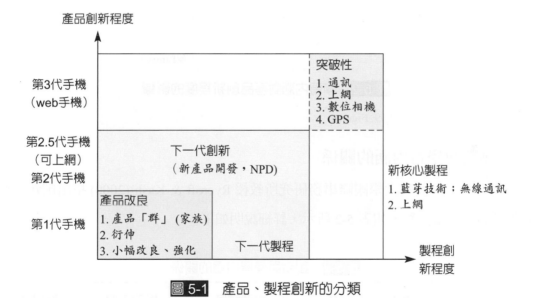

圖 5-1　產品、製程創新的分類

資料來源：K.O. Clark and S.C. Wheelwright, Managing New Product and Process Development, New York, Free Press, 1993.

三、創新與學習型態的連結

　　創新不是白日夢，逐夢踏實，有賴源頭源源不斷的知識，知識又來自組織學習。瑞士洛桑管理發展國際機構 Ron Sanchey (2000) 把學習內涵跟產品創新程度作了一對一的連結，如圖5-2所示。這也給予組織學習一個明確指引，例如要做出石破天驚的產品創新，

則必須多花更多時間在知識學習（俗稱基本研究）或觀念學習 (conceptual learning)；但更重要的是對市場趨勢的清楚掌握，即知識學習。至於小小的產品改良，此知識學習（俗稱應用研究）偏重操作學習 (operational learning)。

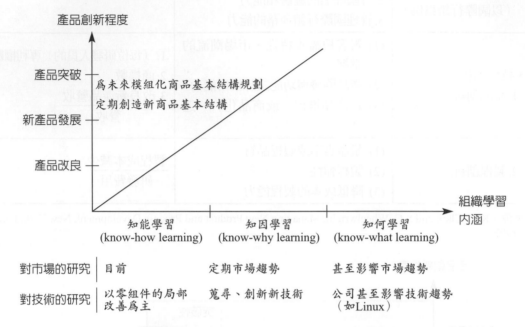

圖 5-2　學習內涵對產品創新程度的影響

資料來源：Sanchey (2000), pp.619, Figure4.

（一）創新與學習內涵的關係

美國喬治‧華盛頓大學國際事務研究所教授 Rycroft & Kash (2000) 指出創新類型與學習型態也得適當搭配，如表 5-2 所示，詳細說明如下：

表 5-2　創新與學習內涵的關係

產品創新	Rycroft & Kash 定義	學習寬度	學習深度	反學習
突破性產品	轉型型態 (transformation pattern)	最寬，稱爲多元學習 (cosmoplitan lean-ing) 或大雜燴學習	最淺	最高，創造新核心能力
新產品	過渡型態 (transition pattern)	次寬，稱爲區域學習 (regional learnign)	次深	次高，延伸或減少核心能力

表 5-2 創新與學習內涵的關係 (續)

產品創新	Rycroft & Kash 定義	學習寬度	學習深度	反學習
產品改良	正常型態 (normal pattern)	最窄，稱爲局部學習 (local learning)	最深	很低，強化核心能力

資料來源：Rycroft & Kash (2000), pp.20-22

1. 局部學習 (local learning)

此時，只需要把現有的知識或技巧，運用到淋漓盡致，並以消費者接受的爲上限，例如個人電腦的光碟機發展到 50 倍速，跟 40 倍速的差別，消費者已無法察覺；所以產品發展方向往降低成本邁進，屬於漸增創新 (incremental innovation)。

2. 區域學習 (regional learning)

要想像蛻變，也就是過渡創新 (transactional innovation)，往往必須向其他領域借鏡，例如藍芽技術可用於無線傳輸，嘗試錯誤成爲學習的重點。

3. 多元學習 (cosmopolitan learning)

或稱大雜燴學習，科學突破（例如塑膠晶片取代矽晶片部分用途）、技術典範移轉 (tech-paradigm shifts) 可遇不可求，大部分創新來自技術外溢 (technological spillovers)。爲了能把科學新知化爲商業技術，必須花很多時間搜尋技術資訊、建立多元的技術夥伴，這是多元學習的重點。另一方面，甚至要把以前所知技術全忘記，也就是反學習程度最高，以免故步自封。

四、知識的推、拉策略

如同行銷管理中有推、拉策略，知識管理也有；這表示對創新的貢獻方向不同，如圖 5-3 所示。

知識拉 (knowledge pull) 的方式比較偏重知識取得、創造，可說是「拉」料（即知識）以便創新；知識推 (knowledge push) 方式比較偏重知識處理，可說把（現有）知識推出來運用。其中「上架啓用」(open up) 可說是知識流通，這步驟一般皆有保密的安全設計，以免商業機密外洩。

五、創新直接績效的衡量

想衡量知識管理對於創新的影響，就必須稍微撈過界的討論創新的直接績效，至於

創新的最終績效主要是指經濟績效，如表 5-1 最右欄所示。直接績效的衡量方式有指標、指數兩種方式。

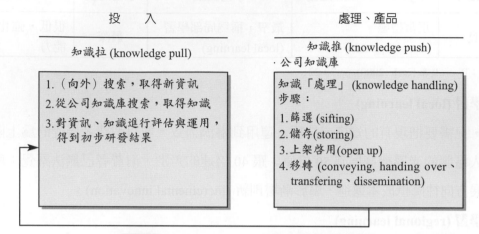

投　　入	處理、產品
知識拉 (knowledge pull)	知識推 (knowledge push) ·公司知識庫
1.（向外）搜索，取得新資訊 2.從公司知識庫搜索，取得知識 3.對資訊、知識進行評估與運用， 　得到初步研發結果	知識「處理」(knowledge handling) 步驟： 1.篩選 (sifting) 2.儲存 (storing) 3.上架啟用(open up) 4.移轉 (conveying, handing over、 　transfering、dissemination)

圖 5-3　知識的推、拉策略對創新的貢獻

資料來源：伍忠賢、王建彬，民 90，p.407

（一）創新指標

就跟景氣對策信號中的領先指標中共有八項內容一樣，三項創新各可以再往下區分，而各得到技術（甚至更細到產品）創新指標 (innovation indicator) 之類。

技術特質包括技術知識複雜度、專用性、不確定性、變動速度等。其中專用性需要更進一步說明。

Harabi (1995) 認為以下幾個指標可以用來衡量創新成果的專用性，1. 創新產品的專利對外授權數；2. 專利可獲得的權利金；3. 技術知識的內隱性。

知識的專用性 (appropriability)，是指組織擁有某種可以創造獨特價值的資源獨占力。Teece (1994) 認為當技術知識很難被複製（內隱性高）且智慧財產權相關法律制度完善時，則專用性較高。

（二）創新指數

把三項創新指標綜合計算便可得到創新指數 (innovation index)，如此比較可以得到全面觀，常見的方式是三者相乘，例如澳洲 Monash 大學管理學院教授 Yamin 等 (1999) 便是採取三者相乘方式，不過他們並沒有考量策略創新，而只有考量管理、技術（產品、製程）創新。

創業實務介紹——採購工作

採購（Purchasing）是企業從供應商獲得原物料、零組件、產品、服務或其他資源，以用來執行本身作業過程。採購的管理及採購的能力，往往是企業競爭力的基礎。採購要特別重視的問題有：供應來源的掌握、採購作業、採購情報與研究、確保準時交貨、確實跟催、進料數量及品質的檢驗。

採購人員的專業知識相當廣泛，但可以歸納出四大重要能力：

1. 知識管理

如對商品的專業知識、對供應商產能的了解、對上游流程的認知。

2. 關係管理

和供應商建立良好的關係。

3. 流程管理

持續改進採購流程、管理與其他部門合作的流程、協助供應商改善自己的流程。

4. 技術管理

了解最新的技術並有效地應用在採購流程上。另外，採購人員更需遵循較高的道德標準，依法辦理相關的採購業務，致力於公平、公正、公開的採購程序。

參考資料：李宗儒編著，「創業管理理論與實務」，第 76、85、86 頁。全華圖書出版公司。2014 年第一版。

Q A 問題與討論

1. 在學習知識管理中，請說明新創公司的「採購工作」有哪些與知識管理有關連性？

2. 新創公司的「採購工作能力」，宜包括有哪些主要內涵呢？（請同學上網找相關資料）

新知識時代專欄

介紹大學 AI 的教學設計與開發

國內台中的亞洲大學，特別重視 AI 的教學設計與開發，推動「AI 菁英培育一條龍計劃」，並設立 AI 人才培育獎學金，同時將 AI 課程列為全校必修的通識教育；並要各學院全力推動 AI 課程研發與應用性教學；並加強各 AI 的學程與專班，

5-2 知識管理的整合

在理想的知識導向世界中，我們都應該可以取得其他人的技術知識，也可以自由分享彼此所知道的事情，同時，我們也會在新知識不斷流通的情況下，彼此相互競爭。

理想中以知識為主的世界，跟時下隱藏知識的文化是截然不同的。究竟哪種人會願意放棄所知，把知識這項最寶貴的東西與他人共享？多年來，對許多組織來說，說服大家進行知識共享，一直就是項充滿希望卻又捉摸不定的目標。不過，由於知識共享確實有其正面利益，組織紛紛開始探討，如何誘勸成員共享知識。

一、善用知識流

所謂的組織文化就是以各種原則界定出知識後，共同儲存在一起，供員工自由分享並隨時取用。不過，一項無可避免的問題是，一旦小組織開始漸漸茁壯，知識的使用率

如：在電資學院設立「人工智慧學程博士班」、資工系設立「人工智慧組」及「智慧電子組」、室內設計系設「智慧空間組」、會計資訊系設「智慧稽核組」、資傳系設「智慧傳播應用組」等專班。

從上述訊息指出：2020 年之後，國內全面準備 AI 教育的時代來臨了，配合 AI 的應用，將要發生在我們的生活中與應用於工作上。各行各業或多或少都要結合 AI 的應用科技，使各種工作設計與執行面，可望事半功倍，讓人力資源發展潛力無窮，也是藉由 AI 的應用，充分發揮知識管理創新的教育精神，提升競爭力與品質。

參考資料：鄭芝珊撰文。經濟日報。2020-07-19，A16 版。

Q A 問題與討論

1. 介紹國內各大學對 AI 教育的規劃情形。請上網了解二所大學的 AI 教育現狀。
2. 你（妳）認為 AI 教育與知識管理創新有哪些關連性，依你（妳）個人的認知提出。

將比組織成長率高出幾千倍，或者更多，然而中小型的組織常欠缺大型組織用以協助安置知識資源的基礎架構和文件資料。若是新成立的組織緊密，能讓構想及資訊自由流通，最後將形成前述所說的擋都擋不住的知識流。不過，新組織往往成長得太快，無法維持個人間的聯繫，而降低知識分享的效率，也無法激勵大家進行創新活動。

組織可以透過對知識庫的策略管理，讓知識由無法高攀轉變成為擋都擋不住的可用知識流，但要這麼做，就得看組織如何善加管理人員、流程及技術間關係。人員、流程和技術可以說是組織轉型中的三位一體 (holy trinity)，也是有效落實知識共享的關鍵所在。

其實，早在工業革命開始時，人們就嘗試過知識共享的作法－把一群有共同點的人聚集在開放式的工作環境中，尤其在一九六〇年代到一九七〇年代間最為盛行。近來最有名的實例就是，英國航空 (British Airways, BA) 在英國漢莫德史沃斯 (Harmondsworth) 創辦的「湖濱校區」。英國航空之所以這麼做，跟亨利‧福特 (Henry Ford) 把所有生產

設備整合在同一工廠中的意圖頗爲類似。不過，英國航空的湖濱校區，跟福特所創造出來的環境卻不一樣，近三千名英國員工可在湖濱校區享受著舒適的企業村落，整個校區溪流環繞，在樹林中有一條主要道路，一旁咖啡館林立，讓大家有機會可以互相傾吐、籌畫合作事宜。

福特和英國航空所創造出來的環境差異不僅在原理上，連效用也不同。福特公司的做法是把原料、零件和組裝汽車的方法當作生產資本；但是英國航空則是從知識庫資本中，衍生出重要價值。在湖濱校區，大家所注重的是英國航空的服務層面，而不是製造層面，透過創造出適於分享的環境，充分利用智慧資本。

英國航空已經領悟出，從臨時會議和構想的自由流通中，偶爾所衍生出的創新構想有多麼重要。不過，企業要是沒有考量到，如何讓員工利用這樣舒適的環境，創造更高的工作效益，最後就會引起一種龐大的「冷水器」(water cooler) 效應，員工會變得更無法掌握、更沒有生產力。

湖濱校區的特點就是，以策略性觀點設計基礎架構，把開放式工作環境、無線電話、可攜式電腦及許多無線網路加以組合，讓英國航空的員工可以在任何地方利用無線通訊連上網路，以便在校區中的任何地方開始工作。湖濱校區跟大多數大企業的教育訓練校區很不一樣，大企業的教育訓練校區在設計上多以階級式爲主，不注重功能性工作團隊，用一堆辦公隔間和會議室打斷人跟人之間的關係。湖濱校區則讓虛擬團隊可以聚集起來共同合作，在任務完成後也可以解散團隊，但是其所付出的努力卻仍能繼續下去。

英國航空在湖濱校區藉由結合人員、流程及技術所帶來的綜效，了解知識共享的重要性。最後，湖濱校區不但展現出組織的持續競爭力，提升組織的創新能力，並且能更適切的回應市場需求。

究竟英國航空是否達成上述三大目標？顯然該公司已經做得相當好，但在檢查英國航空的策略時，我們卻發現該公司缺少一項微妙但卻關鍵的要素。在湖濱校區中，透過實體方式讓大家在開放式的校區中工作，把大家聚集在一起，或者是透過虛擬的溝通技術，例如視訊會議、群組軟體或電話，促進知識共享。在這種合作方式下，外顯知識（如：文件和資料）及內隱知識（如：個人意見、見解和價值觀）都可以相互交流。但是，如果這些團隊解散後呢？雖然其中的外顯知識可能還有記錄可尋，但是合作的眞正價值在於其內隱形式，也就是因合作所產生的領悟、經驗及洞察力。如果無法把這種內隱知識

轉換成可讓大家共享的型態，那麼就無法讓其他員工分享到這些知識，知識的價值當然就大幅降低。

知識共享策略不僅得注重獨立群體間的資訊收集及擴散，也得創造出一個可讓參與者互相學習的機制，而且這種學習機制不該僅局限於特定時間內的有限群體，而是讓整個組織隨時隨地都可以學習知識。企業組織要做到這樣，不只得把人員和流程結合在一起，也得把知識管理技術策略應用併入其中。

二、知識共享的結構

針對知識管理結構的意見雖然很多，但卻沒有能夠綜合知識共享的創見，以及可採用技術的標準架構。我們認為以知識管理的四大應用：仲介、外部化、內部化及認知，可說是知識共享的最佳方法。

知識的仲介、外部化、內部化和認知，在組織整體進行知識共享時，占有相當重要的角色，透過這種方式，個人或群體能深入了解知識，並且深入知識間的關聯性，把知識有效的應用到決策及創新上。

雖然在創造知識共享的環境時，得考量到這四大應用面，但是知識共享的關鍵是外部化的過程。如同我們先前所見，外部化的過程跟知識的擷取有關，也就是內隱知識如何轉換成外顯知識。

從技術的角度來看，這不僅需要具備文件管理系統的能力，把許多資訊以內容為基準，整理成為視覺化架構，同時也得擷取各文件間的關聯性。這就是內隱知識跟外顯知識的差異處，雖然內容已知但其間的關聯性卻不見了，而「資料定義」（metadata，指用以描述資料本身的資料）或內容的相關屬性，才是描述內容與知識庫間的價值和關聯性所在。

有時候大家都會把「知識定義」(meta knowledge) 這個術語誤用了，知識定義所指的並不是大量知識的單調屬性、彼此間的接近程度和重要性，而是指知識在組織內部、與知識創新、知識管理目的的情境所產生的關聯性。

舉例來說，當組織在內部做出一項決策並記錄其中過程，知識庫中應擷取的不只是容易轉換成外顯知識型態的決策結果，也必須包括導致此決策的資訊、參與者所處的情境，以及其他看似無關但卻相關的因素，也就是說，必須把整個決策過程都列進來。組

織或許因競爭者所採取的行動而受到散發，或許因為近來賣場提出的要求，而對新產品趨勢有更新的了解，並且直接組成臨時開發團隊，採取行動開發新產品。在缺乏外部化的方法下，組織以往的價值流失，組織所發生的各個事件分別被記錄下來，只有參與過或聽說過這些事件的人，才有辦法再把從中學習到的經驗拿出來分享應用，根本就沒有達到知識擴散的作用。但組織若採用知識管理解決方案，各流程依其關聯性界定清楚，日後使用者可以輸入相關字詞，把有關聯性的資料再叫出來使用。

三、營造知識共享的文化

不管知識管理解決方案的功能多麼強大，如果沒有人願意使用及參與，一點用處都談不上。為了能彰顯知識庫的價值，組織必須開放知識庫讓員工來使用。知識庫若有任何欠缺，就表示組織的知識資源不完整。在此，組織不但得建立一個有效的系統，也得在組織內部營造出知識共享的文化。

（一）打造社群

首先，管理者或經營者必須了解，組織中必定要有社群的存在。如果沒有這類社群，試圖要讓知識普及，根本就是白費力氣。雖然獎勵是知識共享的必備條件，但也得先了解，在組織內部創造出一個社群，幫助大家找出分享知識對自己能有什麼好處，是相當重要的事。

例如有一家企業，該公司的社群風氣就相當盛行。該公司的社群存在於兩個層面，一是地域性社群，一是以專案為主的社群。其中專案社群是以共同因素（例如新產品推出上市）組成群體的實例。該公司這種社群興起的風氣，加上內部開放的氣氛，所創造出來的群體機動力，就是建立知識庫社群的出發點。只要在技術及流程上導入簡單的改變，就能創造出一個系統，讓員工可以在組織內部輕易傳送所學到的經驗，而不僅是把經驗在社群內部分享罷了。

不過，**值得注意的是，雖然社群在知識管理上扮演著相當重要的角色，但是既有的社群未必有利於知識共享**。企業要打破實體地域間的藩籬，就得透過社交活動及管理命令，以強化不同地域社群間的知識共享。**傳統組織架構已不再重要，重要的是工作群體和地域位置，找出可自然結合的領域。**

留意公司內部是否有這類群體存在。如果有充份利用他們發揮影響力，因為他們能讓公司成功的落實知識管理。通常，這類非正式社群（實踐團體）在組織層級外自行成立，並沒有人叫這些人「去組成知識管理單位，或去做個知識管理仲介者 / 指導者」，但這些社群卻做到了。這些社群是為了生存和共同目的而存在，兩項原因都可做為把這些社群建立成正式社群的基本手法。

（二）尋求共同的目的

生存是個相當強有力的本能。讓一群人陷入危難中，他們會為了保護自己而緊密結合。美國電話電報公司在經歷二次劃分後，組織內部開始形成實踐團體。通用汽車公司 (General Motor, GM) 則在發生破產危機時，開始形成實踐團體。很少企業能讓員工了解，為了生存他們必須共同合作。不過，企業倒不一定要藉由危機來執行企業再造。**我們該學習的是，讓人們有共同的焦點或共識目標，以緊密結合，團結合作。人們會為了達到共同目的，而把所知與眾人分享。**

我們在社會中可以找到這種社群的實例，譬如說家庭就是。只要觀察家庭如何準備晚餐、如何安排假期、或是每天一早會做些什麼事，就可以看出社群的力量。在社群中，每位成員在特定需求及工作上，幾乎是本能的互相彼此依賴。社群中不斷的溝通，能讓社群中的其他成員了解社群發展的最新動態，知道社群遇到什麼障礙，並了解目前的工作狀況。醫療小組在治療病患時曾執行一連串的程序；空服員、機長和副機長在服務乘客時，也有同樣的行為表現。這些群體如同虛擬單位一般運作，以開放的溝通方式，公開自己所觀察到的和所知道的事物，回應他人的需求，隨時關注群體的共同目標。這些都是實踐團體的實際例證。而管理者或經營者所必須秉持的目標，就是要在還未有此類社群出現之處創造這類社群。在以知識為導向的組織中，必須正式的形成這類社群，並且適當的經營，直到社群成為企業習慣為止。

（三）營造分享的氛圍

管理者或經營者所該做的就是讓群體有感覺或需要去分享、合作和專注在共同目標上。而其中最難的事情就是讓大家體認到，有必要把自己所知跟他人共享。對大多數人來說，跟他人分享所知根本就違反我們在學校所學到的一切事情。從學生生活到職場生涯，就是因為自己知道些什麼，才與他人有所不同，這也是個人的價值所在。有些人認

為要他們把知識分享出來，就像是受到威脅一樣，他們害怕這麼做以後，自己變得一無是處。專業人士對知識共享所感受到的威脅，這個問題是無法避免、一定得直接解決的。不過，企業除了要教導大家團隊在知識貢獻上的重要性外，也得提供具體的例證，讓員工了解，共同合作及知識分享不但對企業整體目標有益，也對員工本身有利。

因此，首先要傳遞出明確一致的訊息，讓各社群知道知識共享是組織的重要趨勢，也是組織一直都相當重視的事，同時展現知識共享的重要性。其次，找出組織內部既有的非正式實踐團體及其他文化社群，並充份利用這些團體發揮影響力，把這些團體轉化成知識社群（你可以利用知識稽核來找出這些團體）。舉辦一些非正式的會議，如：午餐會談等等，促進社群不斷成長並強化結構。

企業除了要教導大家團隊在知識貢獻上的重要性，也得提供具體的例證，讓員工了解共同合作及知識分享不但對企業整體目標有益，也對員工本身有利。**畢竟，如果知識的半衰期不斷縮短，人們所擁有的知識會隨著時間消失，價值逐漸降低。**既然如此，何不用這些知識來交換新知識呢？如果知識具有價值，就會像貨幣一樣受到相同經濟因素所限制，因此也會有時間價值的考量。**雖然企業在一開始時，很難掌握知識的時間價值，但為了要在知識經濟的世界中生存，這項概念可是關鍵所在。**

企業獎勵方案的最重要的承諾，就是讓個人進步。這項目標很簡單，獎勵應該以互惠為主，而不是只以個人報酬為主。企業的獎勵方案如果光以個人報酬為主，最後會侵蝕企業與員工間的互信基礎，破壞原先所建立的社群。然而以互惠為主的獎勵方案，則能展現出一對多關係間的複合利益。**簡單的說：我就是社群中的成員之一，如果有一次我把自己所知與成員共享，那我就有好多次機會了解別人所知。**企業就該利用這種信念，建立一個能永續發展的知識共享社群。也就是利用這種特質，讓明日以知識為基礎之企業的競爭景象在企業內部普及。

四、知識所有權

知識管理時，必須注意遣詞用字。其實，許多人對知識管理這個名詞不斷提出質疑。如果知識是存在於使用者的思想中，如何能夠管理？因為，管理意謂著控制和外在的占有。

管理者或經營者有時會認同，認為知識是無法管理的這種說法，不過他們不曾被這種語意學上的事所苦惱。儘管對於知識管理的意見紛歧，身為管理者或經營者必須

知道知識管理的目的，就是要助長共同知識庫的分享及充份利用，而不是要占有知識。**你必須在公司內部大肆宣揚此觀念，解釋清楚「知識不是被管理，而是被啟發」，公開展現你如何進行知識管理的真相。你可以透過獎勵方案及領導風格做到上述事項。畢竟，知識領導的工作並不光是要管理知識，而是要讓大家對解釋知識價值的實務和方法產生認同。**

五、獎勵分享

獎勵是企業在進行知識管理時不斷面臨的挑戰，有些專業人士不願意與他人共享知識。其實，要大家把自己所知道的開誠佈公地說出來，許多人都會感到困難。大家對希望獨占自己所擁有的知識。你可以為支持知識共享，設計出一個相當不錯的平台、很棒的設計和標準，但仍需要採用獎勵方案，讓所有員工受到激勵，願意採用你所設計的系統，記住，為了取得新知識，你還必須不斷更新知識庫。

組織在採用獎勵方案時也面臨相關的困境，只不過所面臨的困境跟企業文化關係較大。在建立知識共享的社群時，必須讓大家覺得有義務共享知識。

抱持這樣心態的組織，儘管大家願意分享，卻沒有任何誘因，讓大家這麼做。因此，只有在同事要求知識協助時，大家才會進行知識共享。就算有精心設計的知識庫系統，實際上並沒有人肯花時間，或是做出任何努力，正式的把知識儲存到這些系統中，讓更多人可以取得這些知識。並不是因為大家有隱藏知識的傾向，而是沒有什麼誘因，讓大家願意多花力氣這麼做。員工並不認為知識共享是他們的正式工作項目之一，所以也不覺得該這麼做。因此，雖然從文化及個人觀點來看，員工願意與別人共享知識，但是從正式立場來看，卻看不出大家在進行知識共享。

由於知識尋求者就是知識接受者，他獲得的獎勵就是在取得知識後能產出有利的功能，因此，知識尋求者當然渴望取得知識。但從另一方面來看，知識提供者通常認為知識共享對他們根本沒有什麼好處。對知識提供者來說，進行知識共享最大的好處不過是讓自己的專案更有生產力罷了。知識尋求者對知識的需求，根本就無法引誘知識提供者進行知識共享。且知識提供者甚至會選擇不分享，因為對知識擁有者來說，雖然知識會隨半衰期而漸減，但知識仍舊是一種力量。

組織要誘使知識提供者願意分享知識，就得從衡量標準和方法這兩個基本作法來看。

管理者或經營者知道，在企圖公開知識管理系統之前，得先小心規劃好知識的標準及方法。

六、度量標準：輸入與輸出

　　組織在度量知識共享時，如果採取壓迫手段，經常會受到相當大的批判。不過，在獎勵知識共享方面，度量標準的確扮演著相當重要的角色。

　　衡量知識的標準跟組織如何認定知識共享有關。組織得先把標準界定清楚，才能向組織內部所有成員說明，讓大家輕易了解知識共享的標準，如果不能做到這一點，試圖要採用任何方法進行知識共享，並不容易。換句話說，組織應把建立知識共享的標準，當做是人員於知識共享上成效認定的一個指南，接而向大家、甚至是反對知識共享者宣傳知識管理並順利進行。

　　首先，員工必須知道知識轉移或知識共享的構成要素。至少可以選用三種相當受歡迎的作法來作，而這三種作法中往往也只有一種能達到成效：

（一）輸入

　　如果組織已設計出用來擷取知識的正式知識庫，而且有流程記載每次輸入的事件，就能以系統輸入的次數，評量知識共享的程度。管理者或經營者通常會避開這種作法，因為這種作法並沒有考量到知識轉移的整個週期，也沒有把知識尋求者列入考量。因此，不過是冒著風險，獎勵那些無用的資訊輸入作業。使用者為了被當做是知識分享者，可能會輸入一些根本無實質貢獻的資訊到知識庫中。

（二）輸出

　　除了要強調知識的供應外，也該把焦點放在主動參與知識共享過程的使用者上。在這種輸出的方法中，那些能把既有知識重新定義，用在促銷新構想、新流程或新產品上的人，將可獲得獎勵。雖然這種方法有它的優點，但卻無法誘使員工把本身所知與他人分享，只是把別人曾分享出來的知識拿來再利用罷了。

（三）輸入／輸出循環

　　最有效的方法就是將焦點放在如何運用知識創造互動，以及經由合作達成知識共享循環。對知識系統有貢獻的使用者，不僅因為輸出，也因為其輸入的知識能為他人不斷利用而受到獎勵。在這種情境下，使用知識者當然要受到獎勵。因此，大家都清楚知道，不是只有知識提供者是重要的知識工作者，就連有創意的知識使用者也是重要的知識工

作者，在這種狀況下，通常就能產生新知識。

不管用哪一種方法，**特別重要的是，認清社群在進行知識共享的背景與關聯性。因為它將有助於建立互信，讓大家體認到知識就是力量，同時也能使社群建立一套知識共享的標竿，讓組織內部其他社群可以群起仿傚。**

不管用什麼樣的獎勵標準和獎勵方法，首先要把焦點放在「如何減少知識共享者及知識尋求者的負擔」，這意謂著，策略性應用可自動簡化知識分類的外部化工具，同時將知識提供者簡介檔案自動化，仲介知識提供者的內隱知識。這類工具最好還具有吸收的功能，也就是說能從知識提供者的例行作業中，吸收知識到系統中，而不是強迫知識提供者輸入知識到系統中。同樣的，如果發現知識的過程相當簡單易懂，員工也會樂於充份利用既有的知識。代理技術 (agent technology) 就能把輸入的搜尋條件，與相關知識來源做對應，提供相關知識給知識工作者和知識尋求者，利用這種技術就等於是以相當創新的方式，鼓勵大家積極利用應用系統中的既有知識。

管理者或經營者同時也必須盡力不讓大家做白工。如果對知識提供者來說，知識的擷取和分類是一項負擔，而且必須針對日後不會用到的知識進行分類整理，對知識提供者來說根本就是一種侮辱和傷害。所以，組織該儘可能地延後此類知識的擷取及分類作業，等到此類知識的需求確定後才進行前述作業。也就是說，對於這些知識來源，起初只需要做指標連接就好，當知識尋求者要對此知識做深入了解時，他們就可以追蹤知識來源，並且直接與知識提供者聯繫。

我們得了解，知識尋求者及提供者都需要有同儕或主管等人的支持。這些人必須負責激勵知識尋求者及提供者，參與使用知識管理系統，並確保系統的價值，在企業內部推動知識共享運動。不過，這個領導角色卻常也是產生挫折感的來源。因為知識原本就存在於顧客狀態、產品狀態、專案狀態及各項流程中。

如果要以較抽象的方式來管理知識，例如：以主管級階層來進行知識管理，就等於是把一個老舊且相當保守的模式，套用到知識管理流程上。在這種情況下，知識從其產生及擷取的地點轉移到他處，就變得相當重要。所以管理者或經營者在選用知識管理方法時，就必須領悟到千萬別以管理階層為名義，制定嚴苛的安全結構和規則，讓使用者在使用系統時覺得綁手綁腳。

Hansen & Oetinger (2001) 認爲大部分的公司在進行知識管理時，大多採用集中管理公司內部的知識，以及建構知識管理系統之方式，因此，建議另一種知識管理的方式，稱爲 T 型管理，也就是在保持個人原有的企業單位績效下（垂直部份），透過一種新的管理人員，整合企業的水平單位，使他們能夠自由的分享知識（水平部分）。T 型技能是指 T 的垂直線能深入且專業，T 的水平線之非專業部分能寬且廣，也就是他們能探索特殊知識領域及特殊產品的不同應用。具 T 型技能的人員對知識創作來說是非常具有價值性，因爲他們能整合不同的知識資產，有能力對學理及實際的知識去做結合，且能看到他們知識的分支與其他分支之間之互動關係，所以他們能經由不同的功能劃分其領域，

介紹傳統產業的數位創新轉型個案

新知識時代專欄

台灣中小企業公司很多，且大部分是傳統產業，今天介紹一個數位轉型成功的個案，這家公司是營造公司，該公司 2005 年員工不到 100 人，當時台灣有一萬家以上的大小營造公司，老闆認為不改革無法進步，絕對會失去競爭力，公司老闆就先訂出長期目標與願景。

第一個 10 年（2005-2014），願景是：「打造優質建物的實踐家」，並著重在數位轉型，列出三個重點：
1. 資訊系統與軟體升級。
2. 開授每位同仁需求的資訊課程。
3. 公司各種指標、評比、缺失、續案件等全部數據化。

來擴展他們的能耐，進而創造新的知識 (Iansiti, 1993)。

管理者或經營者必須充份應用既有的智慧，並將之擴散到企業環境中。知識流程得留在各事業體內。不過，這當然也得看組織在知識管理解決方案上，所採用的領導風格而定。

 ## 5-3 知識管理的策略運用

「站對山頭，勝過拳頭」，這是對策略具備「正確的開始，成功的一半」的最佳描述。對於知識在組織策略的運用，可以採取「策略性知識管理」 (strategic knowledge management) 的分析方法。

十年來公司結果得到很好的改善。老闆的決策繼續在 2015-2020 年，推動全面 E 化，包括：財會、人資、公文簽核等全部上線。在品質和口碑不斷提升，相對的品牌價值已大力提高，案件增加很多，全台灣接到的營造案達到近 300 件。

2020 年開始，又大膽嘗試導入人工智慧，讓機器人可以取代部分人力，如噴漆工作等。該公司人員已經成長到 500 人，營收近百億的中型營造公司。從上面個案，讓我們得知，即使是這類「傳統產業中的傳產」，一樣可以透過知識管理與創新的機會，創新突破現狀，找到自己的利基與差異化，來提升公司的競爭優勢。

參考資料：張彥文撰文。哈佛商業評論。2020 年 6 月號。第 66-67 頁。

Q&A 問題與討論

1. 介紹個案中的老闆，如何改善公司的競爭力？請加以說明之。

2. 該公司又於 2020 年開始推動哪些新的策略，來推動知識管理與創新的精神？

一、把知識管理融入策略管理過程中

如何在策略管理各階段中把知識管理融入，英國倫敦大學教授 Martin Whitehill (1999) 很有系統的呈現如表 5-3 所示。

表 5-3　知識管理在策略管理的運用

	管理階段	說　明
一、策略規劃	1.使命	遠景 (Vision) 或使命宣言 (mission statement)，例如聯合利華 (Unilever) 公司有一項：「發展、移轉全球知識給各地人民……」。
	2.目標	目標 (objective、targets) 是遠景的短期具體陳述，有關知識的目標也是日漸增多。
	3.SWOT 分析	根據知識地圖以發掘公司的優勢、劣勢，進而發展利基，此方式稱為知識本位策略 (knowledge-based strategies)，這是資源依賴理論的一部份。
	4.知識 BCG 分析	進行知識稽核 (knowledge audit)，以發掘自己知識不足 (knowledge deficiencies) 之處，尤其是指知識組合 (knowledge portfolio) 中的問號階段。
二、策略執行	1.溝通 2.文化變革	知識分享，如網際網路、實務社群。 這個最重要，資訊技術所占比重不高。
三、策略控制	1.短期 2.中長期	Kaplan & Norton (1986) 倡導的平衡計分卡中四大項：財務、客戶、（內部）企業流程、成長和學長

資料來源：Drew (1999), pp.132-134

（一）知識管理的功用

有句名言：**「知識支撐創新、創新增強優勢」**。美國俄亥俄大學教授 Gupta 等三人 (2000) 針對技術密集組織的研發主管所做的問卷調查，共有 68 家高研發績效、49 家低研發績效的組織。研究結果如下：

1. 兩類組織的績效差異不來自於對研發管理的認知，而在於「是不能也」，即表 5-4 中的「技能 / 知識」能力的差異。

2. 研發學習快的組織，化內部競爭為合作，當然績效會好。

表 5-4　高、低研發績效組織在知識能力的差異

知識相關能力	能力種類
一、具備有效研發管理所需技能／知識（依重要性排列）	
1.瞭解客戶需要	策略
2.監視市場發展	策略
3.管理多個研發專案	功能
4.加速新產品發展	策略
5.把技術商品化的能力	專案
6.跟其他功能部門一起工作	功能
7.捕捉和倚靠研發學習	專案
8.監視科學和技術發展	策略
9.衡量研發績效	專案
10.　實行全面品質管理	功能
11.　採取同步工程	專案
12.　確保智慧財產權	策略
13.　形成／參與策略聯盟	策略
二、研發學習	
新產品開發的組內學習	專案
新產品開發的組間學習	功能

資料來源：Drew (1999), pp.132-134

（二）組織能力層級

知識在組織的運用，可依組織層級來細分，換句話說，組織能力 (organizational capabilities) 可分為三種：

1. 策略能力 (strategic capabilities)

這是組織或事業部主管、策略幕僚所具備的能力。

2. 功能能力 (functional capabilities)

主要是指研發、製造部門所具備的能力。有些研發專家，例如英國的 Bone & Saxon (2000) 把技術視為功能能力；而技術能力 (technology capabilities) 包括三種成分：

(1) 人員及技能,由關係人分析 (stakeholder analysis) 可判斷關鍵技術人員的需求和期望。

(2) 機器和設備。

(3) 組織和事業流程。

3. 專案能力 (project capabilities)

這是指功能部門內專案小組所具備的兩種能力:議價投標 (bid pre-paration)、專案執行能力。其中,因現有技術 (existing known technologies) 滿足客戶需求的稱為「執行專案」(capital projects) 或資本專案 (product development projects),至於開發新技術的稱為「產品發展專案」。

(三)由知識地圖來看優勢劣勢

進行 **SWOT** 分析〈(優勢)**Strengths:組織或個體所擁有的長處與專才;(劣勢)Weaknesses:組織或個體所缺乏之短處與缺憾;(機會點)Opportunities:外部環境所提供的機會與未來發展;Threats(威脅點):外部環境所存在的威脅與未來生存壓力**〉時,有關知識能力的盤點稱為「知識稽核」(knowledge audit) 或技術能力分析 (technology capability)。存貨盤點表可以讓人一目了然的知道存貨現況,同樣的,把知識當成原物料進行盤點,所得到的結果稱為知識地圖 (knowledge map) 如圖 5-4 所示。

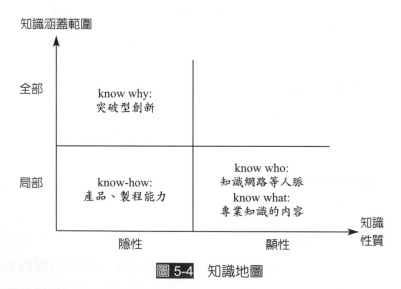

圖 5-4 知識地圖

資料來源:伍忠賢、王建彬,民 90,p.413

（四）知識能力組合

　　知識地圖上只能呈現某種知識能力的項目、存量，但還必須依技術壽命週期，採取伍忠賢與王建彬（民 90）所建議的 BCG 方式，如圖 5-5 所示，此稱為知識（投資）組合 (knowledge portfolio)。我們用晶圓代工廠為例，2000 年 11 月，大陸上海、北京都動工興建 8 吋晶圓廠，可見其技術門檻不高；反之，台積電、聯電等則力爭設立 12 吋晶圓廠；以及依通訊用途邁進，因此產品越作越小，0.1 微米便成為製程技術標竿，2001 年則朝 0.1 微米以下邁進。如果用時間來舉例，6 吋晶圓是「昨日」技術、8 吋晶圓是「今日」技術，12 吋則是「明日」技術；賺賠靠的今日技術，決勝負則取決於明日技術。

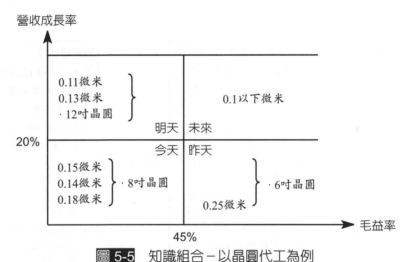

圖 5-5　知識組合－以晶圓代工為例

資料來源：伍忠賢、王建彬，民 90，p.414

（五）全面創新策略

　　美國技術前瞻公司總裁〈Lonald Mascitelli (1999)〉認為隱性知識本位策略 (tacit-based strategies) 的極致表現是「全面創新策略」，創新有兩個面向：

1. 量身訂做，至少跟客戶貼近。
2. 創新過程中全員皆參與，而且大都運用隱性知識，許多精密機械大都是少量多樣，可能一樣成品得經過 20 人，每個人又有 20 道工序，加起來便有 400 道工序，而且大都沒有藍圖（隱性知識成文化，後變成顯性知識），前後的銜接默契。最戲劇化的全面創新策略便是即興式爵士樂團演奏，沒有樂譜，樂手憑的只是對音樂的體會；球隊也是如此。因為以全員、隱性知識為本位，所以其他競爭者很難模仿，除非全面挖角或購併整個組織。

二、用策略來指引

1980 年來，有許多功能性管理皆冠上「策略」一詞，例如策略（性）人力資源管理、策略性行銷管理，甚至連財務管理中還有細分到策略預算。其實即表示不能自我設限，作好功能性管理必須以達成策略目標為依歸。以技術來說，便是策略（性）技術管理 (strategic technology management)，而策略是屬於組織層級。

伍忠賢與王建彬 (2001) 的分析架構，如圖 5-6 所示，主要靈感來自英國專家 Robert G .Couper (2000)，其中加入事業策略。此外，產品創新和技術策略所指的便是新產品過程、知識組合管理。

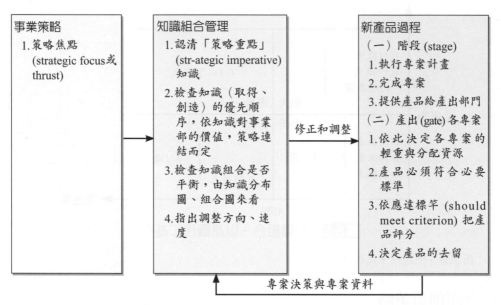

圖 5-6 策略指引的產品創新和技術策略

資料來源：伍忠賢、王建彬，2001，p.416

（一）知識組合管理

以事業部主管經常進行的知識組合檢查 (knowledge portfolio reviews)，作為知識組合管理 (knowledge portfolio management) 的開端，如圖 5-6 所示。

（二）新產品過程

英國組織採取 Stage-Gate TM 程序開發新產品，其中最主要的關鍵是畫出過程里程碑 (roadmap)，以免路走偏了。

（三）知識管理實踐的原則

　　知識管理實踐的原則，如工研院所提供資料，如圖 5-7 所示，要明確的訂定組織目標，培育文化－管理－實體層次，建立組織學習環境與方法。

　　知識原發於人，除了經由資訊網路外，也必須透過個人、廠商間的網路互動而得以擴散與運用，而人力資源是創新過程與知識經濟發展的關鍵因素，如何培養並善用大學研究所、研究機構、與海外人力資源，解決企業人力資源供需失衡問題，激發台灣的研發及創新能量，以及全力發展知識密集型產業、構建一個能適應知識經濟、全民共享福祉的新社會之意義，是提高國家競爭力的策略關鍵。

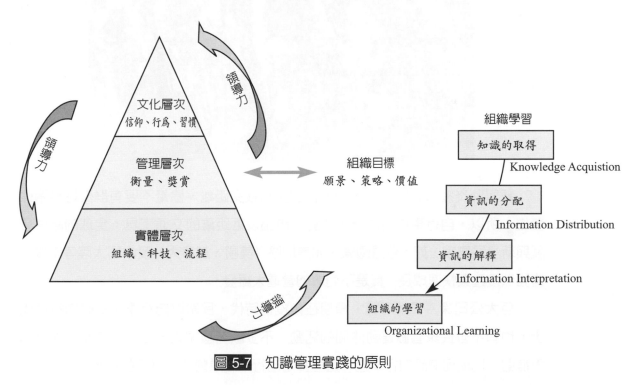

圖 5-7 知識管理實踐的原則

資料來源：IEK / ITRI 整理自 20010428 台科大盧希鵬教授講義和 20010410 太世科黃光彩總裁講義。

新知識時代專欄

為何在後疫情時代自行車業營運大爆發？

　　「巨大」與「美利達」為國內二大自行車產業的優質公司，訂單已經滿到 2021 年上半年，而美利達本季之營收也衝新高。另一家自行車大廠「桂盟公司」也同步受惠。

　　新冠肺炎疫情特別要求人類的行動要有社交距離，儘量不要有群聚感染事件發生，所以，自行車成為休閒、運動、市區及近距離的交通工具：全球的高度發展與新發展國家，如：歐盟國家、北美地區（美國、加拿大）及中國大陸等市場，皆強烈復甦與快速成長，真是不簡單的營運大爆發。

　　巨大公司深入了解市場，預期在後疫情時代，民眾以自行車、電動自行車代步，也有不少民眾喜歡運動休閒的活動。不少歐洲國家還推出刺激方案，提供購車補助，也積極增設自行車道，這些都是自行車產業營運大爆發的主因。

參考資料：邱馨儀撰文。經濟日報。2020-07-14，C6 版。

Q A 問題與討論

1. 請介紹「巨大」與「美利達」近來的營運狀況為何？又與後疫情之關係為何呢？
2. 國內自行車產業與知識管理創新有何關連性呢？請上網了解其原因。

新知識時代專欄

介紹新北市政府的知識創新精神
─「新、外、商」策略活動來協助餐飲業

新北市政府充分展現三創精神,由經發局規劃「新、外、商」的創意思維,幫忙新北市小型餐飲業與特色店家,進行數位轉型。這樣活動特別設計「新、外、商」創新合作關係,由「新」北市攜手「外」送平台與「商」家,共同將微型餐飲業拚零接觸經濟;並設計補助經費的誘因,真正協助在地者發展多元通路。

活動期間特別設計有:消費競賽,包括「外送消費王」及「外送消費滿額抽大獎」二項活動,即日起到 11 月 15 日,並於近日辦理新北業者招募說明會,盼望能透過外送平台及超商,達到數位轉型提升競爭力,讓商家業者能夠在後疫情時代,運用新銷售模式拓展宅經濟市場。

由此可見,大家多多應用「知識創新精神」,必可來嘉惠百姓,發展經濟。期待有興趣社會大眾,共襄盛舉,讓新北市的「新、外、商」活動可以發展成功,成為常態的消費新模式。

參考資料:徐谷楨撰稿,經濟日報。2020-08-15,A12 版(產業動態)。

Q A 問題與討論

1. 請介紹新北市的「新」、「外」、「商」活動之內涵。
2. 從知識創新來討論「新消費」模式之建立。

問題討論

一、是非題

1. ( ) 21 世紀的組織必須具備的特質是具有主導市場的能力、懂得智慧資產的管理、實現創意的能力與速度、深知顧客滿意度與管理。

2. ( ) 在瞬息萬變的經營環境，唯一的因應、控制之道就是「變」，也就是創新。

3. ( ) 策略創新包括降低成本的製程能力及行銷通路的能力。

4. ( ) 管理創新包括有服務及維修之創新。

5. ( ) 創新不是白日夢，逐夢踏實，有賴源源不斷的知識，而知識又來自於組織學習。

6. ( ) 產品改良之產品創新，其學習寬度為最寬，稱為多元學習。

7. ( ) 新產品之產品創新，其學習寬度為次寬，稱為區域學習。

8. ( ) 知識的「拉」方式比較偏重知識處理，可說把知識推出來運用。

9. ( ) 知識的「推」包括有篩選、儲存、上架啟用及移轉。

10. ( ) 善用知識流是知識管理整合之一。

11. ( ) 知識管理的策略運用中，只要重視策略執行即可。

12. ( ) 有關知識能力之盤點稱為「知識稽核」(Knowledge audit)。

二、選擇題

1. ( ) 知識管理實踐之原則，分有　(A) 文化層次　(B) 管理層次　(C) 實體層次　(D) 以上皆有。

2. ( ) 組織學習有下列幾個步驟　(A) 知識的取得　(B) 資訊的分配　(C) 資訊的解釋　(D) 以上皆是。

3. ( ) 知識管理在策略管理之運用，其下列哪一項不是策略規劃　(A) 使命　(B) 溝通　(C) 目標　(D) 知識的 SWOT 分析。

4. ( ) 下列哪一項不是知識管理整合之重要步驟　(A) 知識共享的結構　(B) 營造知識共享之文化　(C) 知識無價化　(D) 知識所有權

5. ( ) 知識拉的策略，下列哪一項不是其內涵： (A) 取得新資訊 (B) 取得新知識 (C) 知識上架啓用 (D) 進行研發工作。

6. ( ) 下列哪一項的敘述是錯誤的？ (A) 突破產品性是具有最寬的學習現象 (B) 新產品的學習寬度最窄的 (C) 產品改良其學習深度最深 (D) 突破產品性其學習深度最淺。

7. ( ) 營造知識共享的文化中，下列哪一項不是 (A) 打造社群 (B) 尋求共同的目的 (C) 進行無限服務 (D) 製造分享的氛圍。

8. ( ) 下列哪一項敘述是對的？ (A) 知識不是被管理，而是被啓發 (B) 知識會隨半衰期而漸減，因此知識不是一種力量了 (C) 公司同仁要對知識價值的實務和方法產生不認同 (D) 企業獎勵方案，最重要的承諾不是讓個人進步。

三、問答題

1. 知識管理如何幫助企業？如何導入？

2. 請說明知織管理與策略管理之關係。

3. 請說明知識管理之整合工作應如何進行？

4. 試說明知識管理與技術創新之關係。

5. 說明知識管理實踐之原則。

6. 請分析人工智慧與知識管理的關聯性。

NOTE

Chapter 6
創新基本概念

　　二十一世紀是資訊科技迅速發展、社會多元化的新時代，也促成知識經濟時代的來臨。為迎接知識經濟時代，傳統教學模式有必要徹底檢討改進，以培育具有判斷思考與創新能力的人才。**知識經濟時代的新教育，不論是創新、問題解決、判斷思考及運用資訊科技之能力，皆是未來國民的重要基礎能力。**

6-1 創新的重要性

　　教育部於民國九十一年公布「創造力教育白皮書」，定位創造力在教育改革的角色，全面推動創造力教育，宣示以創造力教育作為貫穿日後教育改革之重點。創造力教育白皮書以「創造力國度」為願景，重新詮釋 ROC 一詞為 Republic of Creativity，以「培養終身學習、勇於創造的生活態度」、「提供尊重差異、活潑快樂的學習環境」、「累積豐碩厚實、可親可近的知識資本」、「發展尊重智財、知識密集的產業形貌」及「形成創新多元、積極分享的文化氛圍」為五大願景。

新知識時代專欄

從鴻海走向 F3.0 談創新的重要

　　依據《經濟日報》報導，鴻海的經營策略 F3.0 之內容，特別增列八大營業項目及增加 3+3 的發展方向，茲介紹如下：

1. 擬新增的八個營業項目

(1) 資料處理服務

(2) 電器及電子產品修理業

(3) 機車及其零件製造業

(4) 生物技術服務業

(5) 研究發展服務業

(6) 醫療器材製造業

(7) 醫療器材批發業

(8) 醫療器材零售業

　　鴻海集團原為先進科技製造公司，也開始要走向民生用品醫療服務業，創新地重視「服務科學」的具體措施，非常值得學習知識管理的朋友，來思考未來三創，方向與學習的策略。

　　創造力教育之六個行動方案包括：「創意學子栽植列車」、「創意教師成長工程」、「創意學校總體營造」、「創意生活全民提案」、「創意智庫線上學習」及「創意學養持續紮根」，象徵著創造力教育時代的來臨。

　　面對未來全球化的競爭，創新是提昇競爭力的保證，而創新必須透過教育進行創造力的培養使教師與學生富有創造力；而讓學生有創造力必須使教師教學創新且有創意。

　　以創新為主體所學習的知識為知識的分析、知識的運用與創新的知識。全球首富比爾蓋茲所創立的微軟公司，就是持續的知識創新，從當初的 DOS 系統、DOS3.0 系統到 Windows 作業系統，以成就了他在現今的龍頭地位。

2. 介紹 3+3 的發展趨勢

　　第一個「3」是：「電動車、數位健康、機器人」等三大產業列為新的營業項目；而第二個「3」是指「人工智慧、半導體、新世代通訊技術」等新技術領域。同時為鞏固鴻海技術領先的地位，將於 2020 年中之後，成立鴻海研究院，分別有五大研究所，包括：人工智慧研究所、新世代通訊研究所、量子計算研究所、資通安全研究所及奈米半導體研究所等。依據鴻海高階主管的規劃，鴻海先進製程走過 45 年之後，順勢配合未來的創新需求，開始重視製造與服務業的整合發展，努力於未來科技的研發，厚植競爭力，實令人敬佩。

參考資料：經濟日報，2020-05-23，A3 版，蕭君暉報導。

Q A 問題與討論

1. 請介紹鴻海集團在 F3.0 之內容。

2. 學習知識管理的過程，要與創新科技密切結合。從此小個案，請你（妳）說明，對鴻海集團之創新規劃有何評論呢？

6-2 創新的意義

關於創新的定義，學者分別從不同層面加以界定，譬如資源基礎論認爲創新就是改變資源的產出，經濟學者則是將創新定義爲「改變資源所給與消費者的價值與滿足」。產業活動及演化論之觀點認爲不同產業所需的創新活動，和創新的程度，可將創新分成構造型、革命型、利基型和常規型 (Abernathy and Clark, 1985)，或者依照產業的發展歷史所重視創新構面的改變，可分成蛻變期、成長期和成熟期等三個構面 (Tushman and Nadler, 1986；Holt, 1988；Utterback, 1994)。

「創新」的定義有許多的說法，根據韋氏字典，創新的定義是：「一種新觀念、新方法或新設備：新奇的事。」

最早提出創新概念的是經濟學家熊彼得，他以經濟學角度將創新定義爲：「運用發明與發現，促使經濟發展的概念」(Schumpeter, 1932)。

Schumpeter (1934) 認爲：「凡是一種新組合的實現」皆可視爲一種創新。Drucker (1985) 認爲：「創新是創業精神的基本工具，它是一種賦予資源新的內涵以創造財富的作爲，任何改變現存資源、財富創造潛力的方式，都可稱之爲創新」。

Souder (1982) 認爲：「創新是一項高風險的意念，對支持的組織而言是新的，而且此組織相信它有高的潛在利潤，或是其它有利的商業影響」。

Tushman 和 Nadler (1986) 認爲創新是事業單位從事新的產品、服務或製程的製造；Van de Ven (1986) 從管理的角度對創新做了如下的定義：「創新走出人員發展和執行新的創意，以持續在機構環境下與其他人進行交易。」

Holt (1988) 認爲創新是一種運用知識或關鍵資訊而創造或引入有用的東西。

Gattiker (1990) 認爲創新活動是經由個人、群體及組織努力及活動所形成的產品或程序，該過程包含了用以創造和採用新的、有用事物之知識及相關資訊。

Damanpour (1991) 則認爲創新可能是一種新的產品或服務、一種新的製程技術、一種新的管理系統及結構或是一種組織成員的新計劃。

Watkins, Ellinger 和 Valentine (1999) 提出多元的創新定義：「採用某種新事物的一種改變的形式，而所謂的新事物可能是一種產品、服務、或是一項技術，或者也可以是新

管理或新的行政活動或是組織文化中其他部份的改變。」

Drucker (1993) 認為創新不只是一種過程，也是一種所有創新元素的組合，元素中主要包含了環境需求不一致、生產程序的需求、產業與市場的改變、人口統計組成分子的改變，以及消費者對產品或服務認知的改變。可見創新的來源不外乎來自外在環境、產業結構、內部生產程序之改變、消費者對產品認知之改變以及新概念的產生。

Souder (1988) 強調創新必須具備新奇且對企業獲利有較大潛力的活動。

賴士葆（民85）認為創新包括：1.結合二種（或以上）的現有事情，以較新穎方式產生；2.一種新的理念 (idea) 由觀念化至實現的一組活動；3.新設施的發明與執行；4.對於新科技的社會改革過程；5.對於一個新理念，由產生至採用的一連串事件；6.組織、群體或社會的新改變；7.對於既有形式而言，新的東西或事情；8.對於採行者而言，新的理念、實務或事項；9.使用者認知是新的。

蔡啟通（民86）認為創新是指組織內部產生或外部購得的設備、過程、及產品（技術層面）以及系統、政策、方案、及服務（管理層面）等之新活動。

Schon (1967) 認為創新是一種從模糊到具體的過程，他對創新的定義為：「把無法估計測量的不確定因素，轉換成可以量化的風險之過程」。此外，Holt (1983) 就知識創造的角度，定義創新為：「創造攸關新事物的相關知識與資訊的過程」。由以上定義可知，對創新的廣泛定義普遍以概念為主，認為創新是一種可帶來價值的概念或過程。

隨創新概念的普及，學者對創新的論述逐漸納入探討對象。對欲探討的對象而言，只要是新的概念、方法或過程，皆可視為創新。Higgins (1995) 認為創新是對個人、團體、組織、產業和社會產生極大的價值的發明過程。孫珣恆（民85）認為任何一個概念只要被一群人視為新的東西 就可稱之為創新。

Zaltman、Duncan 和 Holbek (1973) 認為在創意上、運作上或實體的加工方面，若認知到新的觀念皆可視為創新。Saren (1984) 認為創新是將新發現首次轉換成新產品、製程或服務的過程。Rothwell (1986) 將創新定義為：「引進一項新的製程或技術設備所需的技術、財務、管理、設計、生產和行銷的各個步驟。」Souder (1988) 則認為創新乃是對企業而言的一種新鮮、高風險的創意，且需具備高度利潤潛力。整體而言，企業在產品、製程或服務上的任何改變皆可視為一種創新。

Clayton M. Christensen (1997) 以科技角度說明創新。所謂科技是指組織將勞力、資本、物料與資訊轉化為具有附加價值的產品或服務。其涵蓋範圍除工程和製造部分外，尚包括行銷、投資與管理流程，創新可視為上述面向中任何一種科技的變革，並強調資訊與知識的概念，認為創新是指將知識轉換為實用商品的過程中，人、事、物以及相關部門的互動與資訊之回饋。因此創新可說是創造知識及科技知識擴散的主要來源。

Drucker（周文祥、慕心編譯，民 87）對創新的看法並非科技性的；他指出創新乃指「改變資源的生產」或「改變消費者得自資源的價值與滿足」，只要是使現存資源創造價值的方式有所改變，都可稱為「創新」。

施鴻志、解鴻年（民 82）認為，創新是一種新觀念的開始，經過產品的生產、最後到銷售的整體過程，包括發明、以及活動執行的許多階段，例如研究、發展、生產與行銷。

Senge (1994) 說道，當工程師產生一個新的構想在實驗室被證實為可行之時，是「發明」(invention)；而當此項發明能被消費者接受，以適當規模和切合實際的成本加以重複生產時，這是「創新」(innovation)。Afuah (1998) 對創新下了更明確的定義，認為創新是運用新的知識以提供消費者所需的新產品與新服務，而且創新是將發明予以商品化，任何創新若無法滿足消費者需求則稱不上創新（蔡明達，2000）。

而 Robbins (1996) 表示創新是一個新的意念 (ideal)，此意念可應用於加強產品、服務或程序。

Damanpour (1991) 表示創新是由組織內部產生或組織向外購得，而創新可由多項指標來審視，因此創新的活動可以是服務 (service)、程序 (process)、產品 (product)、方案 (program)、政策 (policy)、設備 (device) 等。Han et. al. (1998) 認為創新可分為技術創新與管理創新。

Drucker (1986) 指出創新並非科技性的用語，應是經濟性或社會性的名詞，意即創新必須對經濟與社會是有所助益；同時，他認為創新應由供給面與需求面定義之，就供給面而言，創新是對資源的產出物加以變化；就需求面而言，創新是將資源帶給顧客的滿足與價值加以改善提昇。Drucker (1986) 亦說，創新是可以透過學習、是可以經由訓練達成，亦可以付諸於行動的，如今世界的經濟型態已由管理型轉變成為創新型，而絕大多數的創新都是利用改變來達成。

Schumpeter (1954) 以經濟學的觀點論述，提出創新是經濟成長的核心，企業家是創新的推手，而其更進一步指出創新的五種形式：引進新產品、採用新生產方式、開發新市場、取得新原料與新組織的推行。而一但企業家發現創新帶來績效的成長之時，其他競爭者將群起效尤激發創新的群集 (clustering of innovations)。

Peter Drucker (1985) 認為創新是賦予資源創造財富的新能力，使資源變成真正的資源，他並且以完整和系統化的形式討論創新，反對創新是「靈機一動」的想法，認為創新是可以訓練、可以學習的。Chacke (1988) 認為創新是修正一項發明，使其符合現在或潛在的需求。Holt (1988) 認為運用知識或關鍵資訊而創造或引入有用的東西。Gattiker 和 Larwood (1990) 認為以新技術為基礎的產品或程序，經由個人、群體或組織的努力與活動形成，使資源的分配更有效率。Frankel (1990) 認為發明或發現一個概念化的成果，經改進或發展其具有的功能，進而推展到商業用途。Charles 和 Gareth (1998) 則認為一種由組織運用其技能與資源去建立新科技及產品的新方法或程序，而對客戶的需求可予以改變及提供較佳的回應。

Clark 和 Guy (1998) 認為透過人、事、物及相關部門的互動與資訊回饋，將知識轉換為實用商品的過程。Afuah (1998) 提出創新來源：1. 公司內部價值鏈功能；2. 外部價值鏈中的供應商、顧客、互補創新者；3. 大學、政府及私人實驗室；4. 競爭者與相關行業；5. 其他國家或地區。

蔡啟通（民 86）認為創新是指組織內部產生或外部購得的設備、過程及產品、系統、方案、服務等之新活動。

Wolfe (1994) 將創新區分為下列四種觀點：

1. 產品觀點：衡量其創新是以具體的產品為依據。

2. 過程觀點：著重從一系列的歷程或階段來評斷創新。

3. 產品及過程觀點：應以產品及過程的二種觀點來定義創新，應將結果及過程加以融合。

4. 多元觀點：不管是產品或過程觀點，指著重在『技術創新』層次，而忽略『管理創新』的層次，因而主張將『技術創新』（包含產品、過程及設備等）與『管理創新』（包含系統、政策、方案、服務等）同時納入創新的定義中。

另外，就 Afuah (1998) 歸結以往影響創新活動元素之研究文獻，發現有下列的觀點：

第一種觀點為傳統觀點，強調創新在組織與經濟上的涵義，亦即強調產品新的或改良的屬性或是新的技術、市場知識的產生以及能力的增進或改變；第二種觀點為創新價值鏈之觀點，著重創新對供應商的競爭力與能力、客戶、及互補性創新者的影響；第三種觀點為策略領導觀點，強調唯有公司最高管理階層體認到創新的重要性後，創新的策略性誘因才會發生，而高階主管對創新潛力的認知能力則取決於管理的經驗、對組織及產業

新知識時代專欄

介紹一位從廚師改變為生技公司的創業人

依據經濟日報 2020 年 6 月 7 日願景工程的隱形冠軍專欄報導，安美得公司開發水膠醫材，守護傷患。該公司創辦人王先生，大學剛畢業時，對餐飲有興趣，當過六年廚師，也當過主廚。後來發現餐廳老闆不重視廚師，因而毅然決定換跑道，投入成藥的銷售工作。

由於經常接觸醫師與病人，在 2008 年，因為一位癌友的啟發，點燃了王先生的創業路。王先生創意地想到，或許水膠可以用來貼在乳癌病人的傷口上呢？結果發現，的確可以用於傷口而不會疼痛，還可以包住傷口的臭味，這時給王先生對水膠材料大有信心，決定自己投資。但創業之初，相關不順，經過無數的困難，但王先生還堅持改善，最後研發出專利的「濕潤均衡技術」的水膠醫材。

的知覺與關心程度。

綜合以上學者的研究可知，創新的範圍涵蓋創意、方法、過程和技術，以新產品、新製程或新的服務來呈現，同時創新具備高風險的特徵。而創新的領域也非常寬廣，可以從許多不同的觀點來加以說明，如：管理與技術創新；產品與製程創新；跳躍式與漸進式創新等。

安美得公司的敷料產品佔國內婦產科類逾九成市場，也進一步切入骨科、神經外科、乳房外科等市場。王創辦人指出：「這些產品的研發 idea 都是來自於每一位客戶」。產品打樣出來，一定要請十位以上相關領域醫師提供寶貴意見。

王創辦人在創業之初，就決心要做品牌和創新，市場的佈局，要從 B2B 到 B2C。安美得公司王創辦人雖然沒有很多管理經驗，但非常有想法，把董事的名額全部讓給員工，員工就是董事，董事長要做很多事情，還要員工同意才可以。公司常申請各種研究計劃並參加各界創新創業比賽，常常有很好的殊榮。這些年來，可以說專利滿手，其競爭力堅強，安美得是知識管理與創新的好個案，值得大家學習。

參考資料：陳書璿報導隱形冠軍。經濟日報。2020-06-07，A5 版。

Q&A 問題與討論

1. 介紹本個案的創業人，如何應用知識管理與創新來創業呢？請加以說明之。

2. 新知識存在於每一位客戶中，你（妳）同意嗎？本個案公司之成功，對你（妳）的啟發有哪些呢？

6-3 創新的能力

在進一步說明創新的基本概念前，宜對創造力先有所認識。洪榮昭 (1998) 認為有創造力的人通常是：(1) 有較廣泛的興趣，以經驗豐富化為標的；(2) 具幽默感，才能「大肚能容天下事」；(3) 自信心較強，減少盲從行為；(4) 反應敏捷，切入時弊；(5) 對生涯障礙有挑戰勇氣，不怕工作輪調或豐富化；(6) 態度較直率坦白。

至於創造力的意義，可由表 6-1 各學者的見解一窺究竟。

表 6-1　創造力的意義

學　者	創造力的意義
Torrance(1974)	創造力是個體遇到困難問題時，在既有資料不足的情況下，提出猜測、假設、驗證，再經修正驗證後提出的結果。
Guilford (1977)	創造力與智力並非同義字，智慧分為心智運作 (intellectual operation)、材料 (content)、以及產品 (product) 三個變項 (parameters)，每一個變項由一些基本的要素組成。其中心智運作就是「主要的心智活動過程；也是個體對於原有的訊息所做的處理。」 心智運作的變項中包含了認知力、記憶、聚斂式思考、擴散式思考，以及評鑑力。創造力可由這些心智運作產生，尤其是擴散式思考 (divergent thinking) 包含了：流暢性 (fluency)、變通力 (flexibility)、原創性 (originality) 與周全性 (elaboration) 等要素 (Dembo，1994；郭有遹，1983)。
賈馥茗 (1979)	創造是利用思考的能力，經過探索的歷程，藉著敏覺、流暢與變通的特質，做出新穎與獨特的表現。個體或群體生生不息的轉變過程，以及智情意三者前所未有的表現即為創造。
Amabile (1983)	從「產品」的角度定義創造力，並提出創造力的成份 (componential model) 以做為社會心理領域研究創造力的理論基礎。根據 Amabile 的看法，所謂創造力的表現即經過專家評定為有創意的反應或工作的「產出」(product)。創意產品的誕生至少必須仰賴三個基本成份：領域相關的技能 (domain-relevant skills)、創造力相關的技能 (creativity-relevant skills)、和工作動機 (task motivation)。在創造歷程中，這三個成份會不斷地互動，進而影響個體的創意表現。

表 6-1 創造力的意義（續）

學 者	創造力的意義
張玉成 (1988)	創造思考是人類特具之心智能力，超越認知、記憶層次，是知、情、意共同作用的結果。在運作過程中，常須突破成規，超越習慣，以求新求變，冒險探究精神，去精思觀念或解決問題，其行爲表現出敏覺（敏）、流暢（多）、變通（變）、獨特（奇）、精進（美）等特質。它能在個人、家庭、學校、社會文化等環境支持或刺激條件下，針對某項特定目標，於連續的創造歷程中，以不同型式作品呈現出具有流暢、變通、獨特、開放、精進、冒險、好奇、想像、挑戰等創造特質（林幸台、王木榮，1994）。
Vernon (1989)	創造力是指一個人產生創新的構想，洞察力、組合、發明或藝術品的能力，而這些產出物被專家接受，並認爲具有科學、美學、社會或技術的價值。
鍾聖校 (1990)	創造是一種以不尋常的、獨特的想像力或眼光，有意向地將累積的知識和經驗，整體的大量反應，並以優異的技術，使創作品具有品質的活動。
Wakefield (1992)	創造思考係面對任何情況，以自己的方式去找出問題，並且解決問題的反應。
陳龍安 (1995)	創造力是指個體在支持的環境下結合敏覺、流暢、與變通、獨特、精進的特性，透過思考的歷程，對於事物產生分歧性的觀點，賦予事物獨特新穎的意義，其結果不但使自己滿足，也使別人滿足。
董奇 (1995)	「在一定目的和條件下，可能產生出某種新穎、獨特、具有社會或個人價值的產品的能力。」
俞國良 (1996)	創造力乃是根據一定目的和任務，運用一切已知信息，開展思維活動，產生出某種新穎、獨特、有社會或個人價值且具某種形式存在的思維成果或產品的智力品質。
Sternberg 和 Lubart (1911, 1996)	創造力可以資源 (resources)、能力 (abilities)、設計 (projects)、評鑑 (evaluation) 等四個層次來理解，其基本資源有六個：心智歷程、知識、智力風格、個性、動機、環境脈絡。
Robinson 和 Johnstone (1997)	創造力是去發現新關係的能力，能瞭解新概念的主軸，是從已有的兩個或兩個以上心中的概念組成新的概念，創造是集合：想法、產品、顏色、圖案、文字等的新組合體。
洪榮昭 (1998)	創造力強調的是「變」，「和別人不一樣的點子」就是創造力。創造力也是人類求生存的基本動力，由於不斷的變，人類文明才能不斷地創新。

表 6-1 創造力的意義（續）

學　者	創造力的意義
湯誌龍 (1999)	創造力是個體接受內外在需求的刺激，以既有的知識與經驗，經長時間持續性的思考之後，組合出個體本身前所未有的、多樣的、獨特的、實用的、且具有價值的靜態或動態的反應之能力。
沈淑蓉 (1999)	創造力是根據一定目標，運用已知訊息，產生出某種新穎、獨特、有社會或個人價值的產品之能力。是一種人類高層次心智的天賦潛能，是認知與情意的綜合表現；它在人、家庭、學校、社會文化等環境支持與刺激下，於連續的創造歷程中，以不同型式作品呈現出具有流暢、變通、獨特、開放、精進、冒險、好奇、想像、挑戰等創造特質。
葉玉珠 (2000)	「創造力」乃個體在特定的領域中，產生一適當並具有原創性與價值性的產品之歷程；此創造歷程涉及認知、情意及技能的統整與有效應用；即創意表現乃為個體的知識與經驗，意向（包括態度、傾向、動機）、技巧或策略與組織環境互動的結果。

綜合以上學者所述，所謂創造力即是個體在情境中，為了特定目的或解決困難，進行個體所擁有的知識、經驗與資源之統整，經過一段時間的醞釀之後，透過有形或無形的方式，所展現出來的能力即是創造力。

6-4 創新的類別

一般而言，創新類型分類觀點有下列幾個方向，第一個方向是依照產品創新程度來分類，譬如 Holt (1988) 則強調創新是關鍵成功要素，譬如知識資源的引入或核心競爭力的發揮，並且依照產品變化的程度將產品創新歸納為微變型創新、採用模仿型創新與產品的改良。第二個方向是強調影響創新的組織因素，譬如組織內部能量的發展、有良好的員工教育訓練、適合的組織文化都可間接影響創新能力的發揮。第三個方向則是強調生產程序和不同產品類型的創新，譬如產品創新與製程創新構面之比較。

Marquish 認為創新的型態有下列三種：

1. **突破性的創新 (radical innovation)**：隨發現新科學現象而產生，其影響可改變或創造整個產業，但卻很少發生。

2. **系統性的創新 (systems innovation)**：以新的方法將零組件組合在一起而產生新的功能，這需要較多年的時間與代價才能完成。

3. **漸近性的創新 (incremental innovation)**：對突破性創新與系統性創新進行埠斷技術改良與應用擴充，使現有產品進一步改善，更方便或更便宜。

Tushman 和 Nadler (1986) 將創新分為三種型態：

1. **微變型創新**：將標準的生產線加以延伸或是附加一些特性。

2. **綜合性創新**：以創造性的方式結合現有的技術，以創造出具特色的新產品。

3. **跳蛙型創新**：運用創意或發展新技術，以開發出新產品。

Holt (1988) 將創新分為五種型態：

1. **技術的創新能力**：透過知識的使用，以創造和執行新的技術，其結果為產品創新或製程創新。

2. **管理創新能力**：使用新的管理方法和系統。

3. **社會或組織創新能力**：運用新的人際互動型態。

4. **金融創新能力**：保障和運用資金的新方法。

5. **行銷創新能力**：產品及服務的新行銷方法。

Chacke (1988) 將創新分為三類：

1. **產品創新能力**：指創造出新的工業產品。

2. **製程創新能力**：創造出新的生產方式。

3. **組織創新能力**：採用新的組織結構或新的管理技術。

Henderson 和 Clark (1990) 以是否改變核心概念與組件之間連結關係，以及是否改變核心設計概念，將創新區分四項類型：

1. **漸進式創新**：針對現有產品的元件做些許改變，強化並擴充現有產品設計的功能，而產品架構及元件之間的連結並未改變。

2. **模組式創新**：針對現有產品的幾種元件及核心設計做顛覆性的創新改變，但產品架構及元件之間的連結並未改變。

3. **架構式創新：**產品元件及核心設計並未改變，但產品的架構則重新建構，且為配合新的架構，可能針對現有成份的大小及功能做強化，或針對附屬產品設計做改變，然每種元件的基本設計並未改變。

4. **突破式創新：**創造新的核心設計概念，並配合新的核心設計必須創造新的元件及新的架構連結，此類型創新會有新的主宰設計產生。

新知識時代專欄

從知識管理與創新精神談智慧工廠

知識管理與創新精神是結合創意與創新的整合表現，代表意義是具有創造力的科技表現，朝向更專業的服務，也是智慧化的趨勢。依據外電報導，智慧工廠將助攻全球經濟，智慧生產專家們皆認為，「工業 4.0」的重要推手是 5G 時代的來臨；也是驅動智慧工廠的新骨幹。經濟學家預測智慧工廠在 2023 年前，有望創造每年 2.2 兆美元的產值。

5G 網路在未來的發展，非常多元化，能支援 AR（擴增實境）遠端技術，讓員工與千里之外的專家共享視頻。當 5G 連網後有相當大的功能是「促使敏捷且靈活地生產」，同時運用自動倉儲、自動裝配、自動包裝及自動貨運車等，以解決智慧化生產的程序。

依據國際研究暨顧問機構的報告，在知識管理與創新精神之下，應用科技透過結合物聯網（IoT）、運算技術與人工智慧（AI），促進了生產成本下降，又跨入客製化的創新生產。從上面的介紹，在智慧化過程，知識管理與創新教育將成為全球科技力的推動重心。

參考資料：黃嘉洵編譯。經濟日報。2020-07-13，A6 國際版。

Q A 問題與討論

1. 請介紹智慧工廠與知識管理創新的關係。

2. 請上網查一下：AI 與 IoT 的內容與應用。

　　然而創新不一定是科技業的專利，也可以是人文或其他方面。以英國名作家 J.K Rowling 所創作的小說哈利波特為例，她的創作既不需資金成本、也不需土地成本，單就知識的創造，就可以讓哈利波特成為全球暢銷書，且翻拍成電影，單就版稅的收入就可以使她成為英國首富之一。

新知識時代專欄

談跨領域、創新與創業

　　我國行政院科技部特別重視推廣「學研攜手突破極限，共同激盪創新火花」，來培養大專院校研發團隊在：專利智財、商品化、產品市場定位及創新營運上之能力。

　　2020 年 8 月，科技部規劃的計劃名稱為「法人鏈結產學計劃，且命名為「Boot Camp 集訓活動，活動設計內容包括有：小組討論、分組演練與報告、成功經驗分享、WorkShop、Team Building 等多元化活動型式。本次活動有 15 所大學（臺大、交大、北醫、陽明、臺師大、海洋、臺科、北科、雲科、虎科、中原、台南、遠東、育達等）的不同領域團隊入選及 13 家法人共同參與。

　　透過本活動舉辦的目標為「協助團隊提升產業競爭力的能量，克服商品化難關，真正做到提升創新與創業的動能」。由此可知，政府努力推動的項目，正與社會各界推行的知識管理與創新不謀而合，期待有興趣的會員與社會人士，我們共襄盛舉，培養國內，到處充滿具有知識創新的新創事業的發展。

參考資料：楊聰橋撰稿，經濟日報。2020-08-15，A12 版（產業動態）。

Q A 問題與討論

1. 請分析「跨領域」與知識創新的關連性。
2. 請上網查閱科技部辦理本活動之目標與內涵。

問題討論

一、是非題

1. (　　) 知識經濟時代的新教育，不論是創新、問題解決，判斷思考及運用資訊科技之能力，皆是未來國民的重要基礎能力。

2. (　　) 韋氏字典中，創新之定義是：「一種新觀念、新方法或新設備；新奇的事。」

3. (　　) 綜合各學者對創新的範圍與陳述，僅在創意上之呈現而已。

4. (　　) 創造力強調的是「不變」，僅在品質上下功夫。

5. (　　) 突破性的創新是以新的方法將零組件組合在一起而產生新的功能，需要較多年的時間與代價才能完成。

6. (　　) 激發型創新是將標準的生產線加以延伸或是附加一些特性。

7. (　　) 突破式創新是指創造新的核心設計概念，並配合新的核心設計必須創造新的元件及新的架構連結。

8. (　　) 製程創新能力是指創造出新的生產方式。

9. (　　) 漸近性的創新是隨發現新科學現象而產生，其影響可改變或創造整個產業。

10. (　　) 杜克拉 (Drucker) 指出創新是「改變資源的生產」或「改變消費者得自資源的價值與滿足」，只要是使現存資源創造價值的方式或有所改變。

二、選擇題

1. (　　) 我國公布的「創造力教育白皮書」中，下列哪一個不在五大願景中　(A) 培育選手，參加各種世界級比賽　(B) 培養終身學習，勇於創造的生活態度　(C) 提供尊重差異、活潑快樂的學習環境　(D) 形成創新多元、積極分享的文化氛圍。

2. (　　) 下列哪一項不是創造力教育的行動方案　(A) 創意學子栽植列車　(B) 重視人力資源，以就業為主　(C) 創意學校總體營造　(D) 創意生活全民提案。

3. (　　) 下列敘述哪一項最正確？　(A) 凡是一種新組合的實現，皆可視為一種創新　(B) 創新是創業精神的基本工具　(C) 創新可能是一種新的產品或服務　(D) 以上皆是。

4. (　　　) 下列說明哪一項最正確？　(A) 引進一項新的製程或技術設備所需的技術、財務、管理、設計、生產和行銷的各個步驟　(B) 創新是一種新觀念的開始，經過產品的生產到銷售之整體過程　(C) 創新是一個新的意念 (ideal)，此意念可應用於加強產品、服務或程序。　(D) 以上皆是。

5. (　　　) 下列哪一項不是學者 Wolfe 提出的創新觀念　(A) 產品現實　(B) 原料精緻　(C) 過程觀點　(D) 多元觀點。

6. (　　　) 下列哪一項不是綜合性學者之創新觀念？　(A) 創新的範圍涵蓋創意、方法、過程與技術　(B) 以新產品、新製程或新的服務來呈現　(C) 不允許錯誤發生　(D) 創新有跳躍式與漸進式創新。

三、問答題

1. 試說明創造力的意義。
2. 試說明創新的意義。
3. 請說明創新的類別。
4. 請說明鴻海創新 F3.0 的內涵。

NOTE

Chapter 7
創新種類

知識管理的活動一般可分為資訊的知識化及知識的價值化。其中知識的資訊化較偏重於工具性、程序性和操作性，而知識的價值化則涉及思考和創新行動。換句話說，**只依靠數位科技的本身，是無法創新的，唯有透過人腦的知識進行創新活動，才是知識管理的最終目的**，管理不過只是為了確保效率的手段而已。知識創新可以從技術的創新、組織的創新、管理的創新、學習的創新等著手。

7-1 技術創新

一、技術的意義

　　「技術」是企業經營在考慮外界環境變動時必須面對的重要變數之一，影響層面可涵蓋至企業、產業與國家。亦即，透過技術的發展可促使企業界及時推出新產品、降低製造成本等；亦可透過技術的引進與發展，達到產業升級以及提升整個國家競爭力的境界。而技術的進步需靠不斷的創新才能達成（賴士葆，謝龍發，曾淑婉，陳松柏，民88）。

　　技術知識是知識資源的一部分，而且具有外顯、複雜等特性。譬如 Purser 和 Pasmore (1992) 將知識定義為「用以制定決策用之事實、模式、概念、意見及直覺的集合體」，也認為技術知識是知識的事實或模式的一部分。如果以策略資源角度而言，技術知識是外顯知識的一部分，如果以策略資源角度而言，是專屬性知識的一部分。技術創新是組織目前不管是由外部購得或由內部產生之現行的各項，如設備、製程、產品等受到組織成員肯定其貢獻度者稱之。

　　各學者對於技術的定義，茲列表說明如後，如表 7-1 所示。

表 7-1　技術的定義

學者／單位	技術的定義
Schon (1967)	技術是任何工具、技巧、產品、製程、設備或方法，藉由它能使人類的能力獲得伸展。
Baranson (1970)	技術包括產品設計、生產方法和執行此生產計畫所需的組織、管理體系。
Santikarn (1981)	技術是用以經營或改進現有產品和服務之生產及配銷所需的知識或方法，其中包括企業家的專業才能和專門技術在內。
Robock 和 Simonds (1983)	技術是使用及控制生產因素的知識、技巧和方法，可用於生產、分配及維護以因應社會和經濟上需求的財貨與勞務。

表 7-1 技術的定義（續）

學者／單位	技術的定義
Dewar & Dutton (1986)	廣義的技術係指吾人對不同企業活動的因果關係，及其與績效或產出關係的認識或瞭解。
Erdilerk (1986)	技術為製造最終產品、或生產中間投入、所累積的知識與專門技術。
Souder (1987)	技術可以不同程度的形體 (Embodiment) 如產品、製程、形式、樣式或概念存在，亦可以在應用、發展或基礎等階段存在。
Ribbins (1989)	技術是指將投入轉換成產出所需的資訊、設備、技巧與過程。
王勝宏 (1992)	除了傳統的生產技術外，舉凡人類精神智慧所生產之一切有系統的知識，均應包括在技術之內。
黃秉鈞 (1993)	技術包含了：系統產品設計、製造和生產，並與產品的上中下游研究相配合。
「聯合國工業發展組織」(United Nations Industrial Development Organization, 1973)	技術是指為了製造某項產品，建立一個企業所必須的知識、經驗和技巧。
「世界智慧財產權組織」(WIPO-World Intellectual Property Organization, 1997)	技術為有系統的知識，其目的是為了製造產品、改良製程或提供服務。
我國國家科學委員會(國科會，1994)	技術指將科學研究的成果應用於生產者，除實質的製造技術外，尚包括產品設計及相互配合之組織管理，是一種達到實用目的之知識、程序及技藝方法。
張盈盈 (2000)	技術是能有利於生產或製造新產品、增加產能、改善品質、降低成本或改進操作之製程及產品技術。

二、技術創新的意義

　　組織的技術創新活動包括產品、過程與設備的創新。茲將各學者對於技術創新的意義表列如 7-2 所示，並說明如後。

表 7-2　技術創新的意義

學者／單位	技術創新的意義
森谷正規 (1985)	技術創新不是技術發明，確切地說，它是通過技術進行的創新，技術本身不需發生革命性的改變，因技術的推廣而開闢了新的市場，刺激經濟的發展，創造足以迅速改變我們社會和生活方式的新經濟實力。
Oslo Manual (1997)	「技術創新」是指技術上的產品與製程創新（Technological Product and Process，簡稱 TPP）。
經濟合作與發展組織 (OECD, 1998)	發明首次被商業應用。
第三次歐盟創新調查 (Third Community Innovation Survey, 2000)	「技術創新」具有下列特性： 一、利用新技術提昇產品功能或服務效率。 二、拓展產品或服務的範圍。舉例來說：改變商品的原料材質、推出符合具有環保或生態概念的產品、晶片卡的使用、客戶資料卡系統、電話語音服務、電子銀行與電子保險、網路相關服務與電子商務（若只是提供訊息而沒有提供線上服務的話，則不屬於創新）等都是產品創新的例子。 「製程創新」具有下列特性： 一、使製程較為自動化或具有整合性。 二、使製程更具彈性。 三、改善產品品質。 四、增加工業安全或改善作業環境品質。 舉例來說：改善接受訂單方法、追蹤運送的貨物、結合通訊技術與運輸系統、使用條碼系統、資料的光學處理、專家系統、引進製程或設備所需的軟體、軟體工具的使用或開發、直接與新的或改良的製程相關的 ISO 認證等都是製程創新的案例。
Wyk (1998)	1. 技術是被創造出來的而不是天生的，技術必須先被投資，培養和發展，然後才能變成可被利用的資源。 2. 技術是種實體世界可被操弄運用的具體能力。 3. 技術往往需要以人造的工具作為能力的載具 (carrier)。 4. 技術能夠擴充人類的技術，包括藉工具的使用增進人類的技術或以能增加的工具取代人類原有的活動。

三、技術創新的類別

技術創新指的是有關於組織的產品或服務，以及生產產品或所提供服務所需的技術。茲將各學者對於技術創新的類別表列如 7-3 所示，並說明如後，又如圖 7-1 所示，是國家級創新體系。

表 7-3　技術創新的類別

學者	技術創新的類別
Abernathy (1978)	技術創新的型態有兩種：重大產品創新及改良式製程創新。前者是以產品績效最大化為導向，而後者則是以改善產品製程為導向，使得成本最小，生產力提高及品質水準提高。
Christensen (1997)	有「延續性創新」(sustaining innovation) 與「突破性創新」(disruptive innovation) 二種型態。延續性的創新，是利用主流市場顧客早已肯定的方式，提供更好的產品或服務。突破性的創新，則是以推出新產品或新服務的方式，創造出全新的市場。
Marquis (1969)	三種創新的型態：(1) 重大創新 (radical innovation)：導致整個工業有意義的改變或衝擊。(2) 改良式創新 (incremental inno-vation)：突破某關鍵的困難，使產品、製程或服務能獲得改善。(3) 系統創新 (system innovation)：需要整合不同的資源及專業人力去完成的觀念。
Thshman (1986)	漸進性創新稱之為 competence enhancing，劇變性創新稱之為 competence destroying，並認為兩種創新類型之差異在於新知識內涵的差異以及使用知識方式上的差異。
Abernathy 與 Clark (1985)	四種創新型態： 1. 架構式的創新 (architectural innovations)：指創新活動既不是以現有製造／技術為基礎，也不針對現有的市場／顧客。 2. 變革式的創新 (revolution innovations)：指創新活動既不是以現有製造／技術為基礎，但針對現有的市場／顧客。 3. 創造利基的創新 (niche creation innovations)：指創新活動是以現有製造／技術為基礎，但區隔現有的市場／顧客。 4. 規律性的創新 (regular innovations)：指創新活動是以現有的製造／技術為基礎，同時針對現有的市場／顧客。
Betz (1998)	四種創新模式： 1. 成長創新 (Incremental Innovation)：改善目前科技的功能，因此改善其性能、安全性品質和降低價格。亦即，成長革新可以保持某些工業的競爭力。

表 7-3　技術創新的類別（續）

學者	技術創新的類別
Betz (1998)	2. 基本創新 (Radical Innovation)：爲不連續的科技潛能，提供了一個嶄新的功能。新的功能對於新的商業風險和新的產業提供機會。因此，基本科技創新可能創造新產業。 3. 系統創新 (System Innovation)：爲一個基本創新，基於重新架構現存科技提供新的功能。因此，基本的系統科技創新也可能創新工業。 4. 次生代科技創新 (Next-GenerationTechnology，簡稱 NGT)：在一系統中成長創新有時也會有新科技時代的產生。 此一創新亦爲系統創新的一種，它是一個系統的創新，有一些人稱之爲次生代科技創新 (Next-GenerationTechnolo-gy)。次生代科技系統創新則改變了既存工業的優勢。

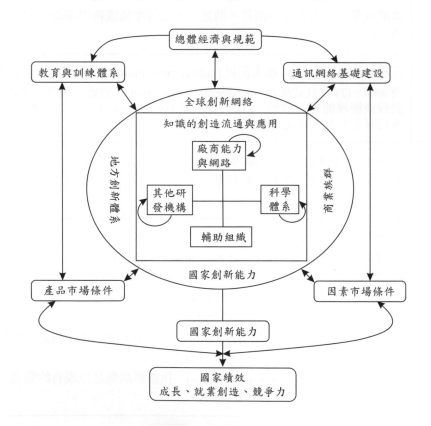

圖 7-1　國家創新體系

資料來源：劉孟俊 (2001)，美歐國家創新政策推動機制及成效分析，主要國家產經政策動態季刊，第 4 期，頁 25-44

從創新角度談行動影音的生態系統

知識管理與創新是科技改變的主因，例如：最近最流行的「行動影音」，完全是因為數位科技與行動網路的進步，讓我們享有各種先進媒體服務，使當代人可以輕易地享受生活的方便性。尤其是 Netflix 與 YouTube 等線上平台的發明與應用，完全讓「行動

影音」的創新，百分之百應用於全球影視產業之上。依據 2020/06/02 經濟日報 A13 版，中小企業輔導專家許婉琪總經理的介紹，指出在「行動影音」的生態系統，要具有三個重要關鍵層面：

1. 宜熟悉全球影視產業的運作規則，站在全球視野看市場，積極參與國際團隊的創意設計並加強學習。

2. 學習歐美籌募經費的方式，充沛金流，才能帶動影視產業的發展。

3. 「行動影音」方面的創意創新人才培訓，宜建議加強原創作品的產出，培養「行動影音」的生態人力資源系統，乃是影視內容產業的最重要課題。

同時，在學習知識管理與創新過程中，強化「行動影音」的專業知識，建立健全的知識管理系統，進而發展「行動影音」內容系統，活躍影音串流平台服務，找出最佳利基，創造有利商機，實為大家應該關注的焦點。

參考資料：許婉琪撰文介紹，2020-06-02 經濟日報，A13 版。

Q A 問題與討論

1. 請介紹行動影音生態系統之發展。

2. 分析知識創新對行動影音之影響為何？（同學可上網找相關資料，加以評析）

7-2 組織創新

一、組織的意義

組織理論發展已經將近百年歷史，關於組織的定義眾說紛紜。但幾乎所有牽涉社會的組織定義，都從「人群、活動、合作、目標」等來探討出發，強調組織是以某種結合方式形成整體獨特的面貌存在於社會當中，組織效能才得以發揮。

組織並非抽象名詞，它包含了人群結合的體系和人群活動的模式 (李長貴，民 68)。就系統概念而言，組織是一個複雜的系統，是結合人力、物質資源與工作而成的相互關連依存的系統。組織可區分下列兩種 (賀雲俠，民 76)：

1. 傳統的觀點

傳統的組織理論認為，組織是為了達成某一特定的共同目標，通過各部門的分工合作和層級、權力與責任的制度化，有計劃地協調一群人的活動。簡言之，組織的基本思想，包含以下幾個要點：

(1) 目標導向：組織成員趨向於共同了解的目標。

(2) 技術分工：組織成員應用知識與技術 。

(3) 社會活動：組織成員共同在團體中工作，協調活動的異性。

2. 現代的觀點

現代理論強調組織與外界環境的互動關係，將組織與環境 (environment) 看成一個開放性的社會技術系統。綜合其基本思想，可包含以下幾個要點：

(1) 開放的動態系統：組織藉由不斷地與外界環境進行物質、訊息和能源的交換，進而不斷地變化、改革與發展。

(2) 社會生物技術系統：不僅包括技術性的活動，也包括了管理、心理與社會等方面的互動。

(3) 整合的系統：組織中子系統的相互依存，也脫離不開與周遭環境的相互作用。

二、組織的型態

依據不同的標準，可以將組織分為許多種類。例如，依組織的目標不同組織的類型可分為 (Blau、Scott，1962)：

1. 互益組織 (Mutual-Benefit Association)：如政黨、工會、宗教團體、俱樂部等。

2. 企業組織 (Business Concerns)：如銀行、保險公司和工商企業團體等。

3. 服務組織 (Service Organizations)：如醫院、學校和社會工作團體等。

4. 公益組織 (Commonweal Organizations)：如政府各級單位、警察局、消防隊和研究機構等。

而就群體心理而言，人群組織常因組織的功能與發展的變化過程中，由正式關係衍生為非正式群體，所以對人的組織，性質上可區分為：

1. 正式組織：經過規劃、設計，為完成某一共同目標，正式組織起來，非自發性。

2. 非正式組織：人們在共同工作、活動過程中，由於共同的興趣、愛好和思想感想而自然形成的組織。

三、組織創新的意義

Wolfe（1994）曾就過去的研究加以歸納，他認為：「組織創新主要有三種不同的研究取向，每一種取向各有其關切的研究問題、模式及其資料蒐集方法」，三種研究取向分別是：「創新的擴散」之研究取向、「組織的創新能力」之研究取向以及「歷程理論」之研究取向。

除了上述的分類之外，組織創新之研究也可分成許多不同之觀點：產品觀點、過程觀點、產品及過程觀點、多元觀點：茲整理如表 7-4 所示。

表 7-4　組織創新研究之觀點

觀點	產品觀點	過程觀點	產品及過程觀點	多元觀點
組織創新的定義	以此觀點來定義組織創新，是以結果來論斷，所重視的是具體產品的產出。	「組織創新」可以是一種「過程」(process)。(Ama-bile，1988)	以「組織創新」是任何對事業單位而言是新的產品或程序的創造，也是一項複雜的問題解決過程，涉及的活動包括產品設計，產品創新功能，部門協調，公司資源、結構、策略的配合。(Doughert，1995)	以由多元的角度來檢視「組織創新」，技術創新（包括產品、過程及設備）與管理創新（包括系統、政策、服務及方案）都應該涵蓋在組織創新的意涵之中。
代表學者的定義	「組織創新」可以說是組織產生或設計新的產品，進而該產品可以獲獎或成功上市 (Burgess, 1989)。	Drucke (1986) 認為組織創新是一種「過程」，是一項有組織、有系統、且富有理性的工作。Amabile (1988) 提出的「組織創新」定義，就是一個包含五個階段的過程，其分別是： 1. 設定議程：敘述組織或部門的總任務及目標。 2. 設定步驟：擬定細項執行目標。 3. 產生創意 4. 創意施測與實施 5. 評估結果 　根據結果的成敗決定是否回到步驟設定的第二階段。	Tushman 和 Nadler (1986) 指出組織創新是對任何事業單位而言，是新的產品或是程序的創造。Lumpkin 和 Dess (1996) 則認為所謂「組織創新」，必須要能反應組織對新想法、新奇、實驗及創造性過程的經營、鼓勵與支持，同時能將結果轉化於組織具體的新產品、新服務或新技術上。	蔡啓通（民86）「組織創新」為組織在近三年內，由內在產生或由外部購得的技術產品或管理措施之創新廣度及深度。Kanter (1988) 則指出組織創新是新的構想、程序、產品或服務以的產生、接受與執行，包含產生創意、結盟創意、實現創意與遷移創意四個過程。包含新知識的轉化運用、資訊的連結、服務的改變與資源的再利用。

四、組織創新的種類

（一）創新的類型

Nonaka 和 Takeuchi (1995) 提出了組織知識創造的理論架構，他們認為知識的創造是經由隱性 (tacit) 與顯性 (explicit) 知識的交互作用與轉換而成。隱性知識通常難以言傳與公式化 (formalize)，通常是一種情境 (context-specific) 下的知識，有關特定技藝的經驗，例如游泳的平衡感。顯性知識相對的，容易以可傳遞的正規或系統化的公式來表達，例如如何操作飛機的起降。

Schumann (1994) 等人提出了創新矩陣 (innovation map) 的觀點，認為組織中的創新活動可依創新性質 (nature) 及創新類別 (class) 兩構面分成九類，兩個構面的內涵分別敘述如下：

1. 依性質分

(1) 產品創新 (product innovation)：提供給顧客完整且具體功能的產品或服務，如生產的產品、顧客能使用的產品等。

(2) 製程創新 (process innovation)：提供一套產品發展、製造的方法或程序，如產品的製造流程、運銷系統等。

(3) 程序創新 (procedure innovation)：為一套將產品或製程，整合融入組織運作的方法。

2. 依類別分

(1) 漸進式創新 (incremental innovation)：現有產品、製程、方法的漸進式改善，使得現有產品或功能有進一步的改善、更方便或更為便宜。

(2) 特性創新 (distinctive innovation)：對現有產品、製程、方法所做的顯著性的改善，功能的提供。

(3) 突破式創新 (breakthrough innovation)：具有技術或方式上的根本性差異，使功能績效明顯地優於傳統功能，甚至完全取代。

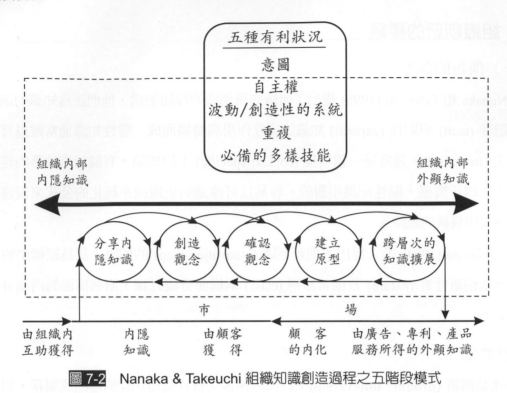

圖 7-2　Nanaka & Takeuchi 組織知識創造過程之五階段模式

資料來源：Nanaka & Takeuchi (1995), p.84。

　　根據國內學者蔡啓通（民 86）的歸類，「組織創新」的理論可分類爲：Becher 與 Whisler (1967)、Kanter (1988) 和 Amabile (1988) 主張之「過程之系統說」；Knight (1967)、Shepard (1967)、Damanpour 與 Evan (1984) 主張之「創新採用比率說」，Evan 與 Black (1967)、Knight (1967)、Kimberly 等學者 (1986) 和 Drazin (1990) 主張之「分類說」。此外，組織創新之研究也可分成許多不同之觀點：產品觀點、過程觀點、產品及過程觀點、多元觀點；產品觀點的學者是以產品觀點定義「組織創新」，認爲「組織創新」是指組織產生或設計新的產品 (Burgess,1989)，進而該產品可以獲取得獎或成功上市 (Blau & McKinley, 1979)。過程觀點認爲「組織創新」可以是一種「過程」 (process)。

　　Amabile (1988) 便是採取「過程」觀點的定義。產品及過程觀點則認爲「組織創新」是任何對事業單位而言是新的產品、或程序的創造，Dougherty 等人 (1995) 認爲「組織創新」是一項複雜的問題解決過程，涉及的活動包括產品設計，產品創新功能部門協調，公司資源、結構、策略的配合。多元觀點則採取多元 (multiple) 的觀點定義「組織創新」，

他們認為過去學者們對於「組織創新」持有的產品或過程觀點，大多著重在企業的「技術創新」層面，對於管理政策或措施等「管理創新」層面有所忽略。換言之，「技術創新」（包括產品、過程、設備）與「管理創新」（包括系統、政策、方案、服務），都是「組織創新」可能的展現。

Mole 和 Elliot (1987) 則將創新區分為：

1. 激進式創新 (radical innovations) 是在知識上精進而產出產品和製程。

2. 漸進式創新 (incremental innovation) 是指技術改進的連續流程。

Subrmanian 和 Nillakanta (1996) 採用知名的雙核心模式，組織創新可分成：

1. **技術創新**：指在作業成員間的創新，其影響組織的技術系統，在轉換物料或資訊為成品或服務的設備與方法，包括新產品或新服務中採用新觀念和在組織生產流程、作業中引進新要素。

2. **管理創新**：指管理成員間的創新，其影響組織內部成員及他們的社會行為，包含規範、角色、程序及成員間的溝通的架構。管理創新包括新管理系統、管理流程、同仁能力開發方案的引進，管理創新不直接提供新產品，但間接影響新產品的引進與生產新產品的流程。

Johne (1998) 有三種主要的創新形式，對企業發展有所貢獻。

1. **市場創新**：鑑別新市場和如何達到最佳的服務。

2. **產品創新**：鑑別新產品和如何達到最佳的開發。

3. **管理創新**：鑑別新的內部運作和如何達到最佳的執行。

總之，從創新的種類來看，首先在執行範圍上可分成管理性與技術性創新，管理性：包括管理流程、系統與市場的創新；技術性：則包括產品、生產流程的創新。其次，在執行上可分起始期與執行期，在創新改變速度上可分激進式和漸進式。

五、創新的模式

（一）**Hurley and Hult (1998)** 認為企業文化中若有高度的創新性，則會有較好的適應性與創新能力（創新後，被成功執行的數量）。提出兩段式創新模式

1. **創新性 (Innovativeness)**：對新觀念公開的概念，是屬公司文化的領域，文化的創新性是用來衡量公司是否具創新性質。

2. **創新能力 (The capacity to innovate)**：是組織成功採用和執行新觀念、流程、產品的能力。

（二）Schepers et al (1999) 創新流程

創意→觀念→選擇與預評估→事業計劃草稿 (draft business plan) →商業化與技術性評估→事業性評估與原型→實現→產品→市場滲透。

（三）Nonaka and Takeuchi (1995) 由內隱 (tacit) 到外顯知識 (articulated knowledge) 四階段的創新循環

1. 組織成員間內隱知識的分享。

2. 結合不同的個人及互補的知識，大家針對新的產品或新技術提供他們的觀念，這種聯結的關係是創新重要的部分。

3. 再修正到更明確時，知識就容易與既有的技術和方法結合，然後創造新的產品。

4. 又回到內隱的知識。因為組織重複生產大量產品，就非常熟悉新技術，生產的重要知識就變成內隱知識。當形成慣例，成員就能自行做事，如此更新的內隱知識又會創造出新的知識。

總而言之，典型的創新流程應有兩個基礎，設定的願景和創新性的企業文化。有九項步驟：1. 新觀念的學習；2. 選擇與預評估；3. 商業化與技術性評估；4. 事業性評估與原型發展；5. 實現過程；6. 具潛能產品；7. 市場滲透；8. 創造事業績效；9. 又進入新觀念的學習，另個創新循環的開始。

六、影響組織創新的因素

創新的觀念不僅包括技術與產品的改善，更包括新的產業環節或生產因素的改變，因此影響組織創新的因素日益複雜。關於學者對於影響組織的因素之研究，整理如表 7-5 所示：

表 7-5　影響組織創新的因素

學　者	影響組織創新的因素
Rothwell 與 Zegveld (1981)	政策法令會影響組織創新活動與績效。
吳秉恩 (1986)	從組織創新之有利與不利因素探討： 1. 不利因素：組織政策及管理實務的影響、組織的穩定性。 2. 有利因素：強化作用、目標及期限、長期努力、及自主的氣氛。
Sounder (1987)	許多因素會影響創新，這因素區分為條件因素、外部因素、專案目標、意見來源、技術型態、顧客態度、專案氣候與組織氣候。
Amabile (1988)	組織創新相關聯的三大分析構面是：激勵創新的方式 (motivation to innovate)、工作領域中的資源 (resources in the task domain) 及創新的管理技巧 (skill in innovation manage-ment)。
賴士葆 (1990)	1. 考慮大環境與產業環境的變化。 2. 配合技術與作業政策。 3. 相關部門的情況。 4. 有利的組織氣候。 5. 盡量採用量化的、客觀的績效評估指標。
Thamhain (1990)	三大類變數對創新績效的促成因素與障礙因素有顯著的影響： 1. 與任務相關的因素：清楚目標、方向與專案計劃、適當的技術方向與領導、自主性與專業話劇挑戰性工作環境、有經驗與合格的專案團隊人員、團隊投入與專案實施可見性。 2. 與人員相關因素：員工工作滿意度、相互信任與團隊精神、良好溝通、低度人員衝突與權力鬥爭、對創新失敗的較不具威脅性。 3. 與組織相關的因素：組織穩定度與工作保障、足夠資源、管理階層投入與支持、對成就適當報酬與認可、穩定目標與優先順序。

表 7-5　影響組織創新的因素（續）

學　者	影響組織創新的因素
余朝權 (1991)	企業可能基於下列因素而開發新產品：市場需要、競爭加劇、公司策略、技術進步。
Scott (1994)	領導、工作團體、創新的心理氣候與個人屬性會影響組織創新。
Elizabeth 與 Pinchot (1996)	五種角色可促使創新成功：創意者、創業者、支持者、團隊、氣候製造者。
Schneider、Gunnarson 與 Niles-Jolly (1997)	成功創新因素： 1. 高階承諾與財務支持；2. 高階管理確定創新有其市場；3. 創新受到全組織支持；4. 創新前能受到評估與研究。
蔡啓通 (1997)	影響組織創新的因素有組織結構、組織創新氣候、組織成員集體創造性、組織背景變項及組織環境。
韓志翔 (1998)	個人、組織、過程與環境因素乃影響創新的關鍵所在。
劉碧琴 (1998)	影響組織創新因素：1. 組織結構彈性化；2. 組織支持；3. 承受風險；4. 溝通協調良好；5. 適當激勵制度。
Rogers (1995)	個人或領導者特性、內在組織結構特性、外在組織特性爲影響組織創新的因素。
Schein (1996)	組織無法創新或擴散原因在組織內三種文化無法調配也缺乏調配的環境，此三種文化爲：1. 每個組織都會發展的內部文化 - 作業員文化；2. 組織不同功能部別中，驅動核心文化往前發展的文化工程師文化；3. 位於組織高層的文化 - 高層主管文化。
Tang, H. (1999)	影響組織創新力的九大因素：包括領導能力、任務特性、高階的支持、組織行爲、整合能力、專案規劃能力、執行能力、知識與技能以及資訊交流與溝通管道。

介紹創新問題之解決方法論—TRIZ

新知識時代專欄

TRIZ 的中文翻譯為：「萃思」，亦可解釋為「萃取思考」。「TRIZ」是俄文的縮寫，其原文是「Teoriya Resheniya Izobretatelskikh Zadatch, TRIZ」，乃俄國的專利局專家 Altshuller 所提出，在他在專利審查過程中，從經驗中察覺到創新過程

中都有一定的原理與原則。他從數十萬件進行大數據分析，將其歸納出一套系統性的 TRIZ 理論。

而 TRIZ 理論的邏輯重點是：「當提出一個創新設計以改善某一個特性時，將同時會產生另一個惡化特性，並將此現象稱為矛盾「Contradictions」，而俄國專家 Altshuller 提出 39 項工作參數，這 39 項工程參數既是改善參數，也是惡化參數。

我們在學習知識管理與創新的理念中，要大家在創意創新研發時，至少要有一組改善參數與惡化參數同時產生，而這種情況正似「作用力」與「反作用力」的理念。

所以 TRIZ 知識是 1946 年開始發展於俄國，應用在工程技術創新的改善效果，為一般研究單位所重視。近年 TRIZ 知識也正積極應用於管理的領域。TRIZ 知識可以讓研發人員、創意構思者發展出更多更具可行性的研發成果。

參考資料：李宗儒編著，「創業管理理論與實務」，第 35 至 37 頁。全華圖書出版公司。2014 年第一版。

Q A 問題與討論

1. 請說明「萃思」（TRIZ）由來與主要觀念之內容。

2. 學習知識管理過程中，以 TRIZ 之發現，你（妳）認為有何關連性？請加以說明。

7-3 管理創新

一、管理的意義

陳弘（民 92）指出所謂管理，乃一程序，經由此一程序，組織得以運用其資源，有效達成其既定目標。

許士軍（民 92）認為管理是一種人類在社會中的活動。具有一些特定的意義和性質。其目的為藉由群體合作來達到某種共同的任務和目標，亦即是群策群力、以竟事功。

林財丁（民 92）則認為管理是決定如何以最適當方式使用企業資源，以提供產品或服務之決策過程。

綜上所述可知，管理的意義乃在經由對人力與物力等資源作有效的運用，使目標得以在預期中完成的過程。

二、管理創新的意義

誠如管理大師杜拉克所言「不創新即滅亡！」(Innovate or Die)。

透過知識管理與創新之間的相輔相成而使企業持有競爭優勢，展現出從優秀到卓越之理想。

管理創新是指組織目前不管是由外部購得或由內部產生之現行的各項如規劃、組織、用人、領導、控制等受到組織成員肯定其貢獻度者稱之。

創新性管理技能包括在組織或部門層次之中任何有助於「組織創新」的技能，包括：設定目標、參與管理、合作管理、支持性的工作回饋方式、公平酬賞、決策分工、非正式的管理結構、專業經理人的任用、平權化系統、創造性的解決問題、避免內部競爭、避免過度時間壓力及肯定創意成果等。藉由這些創新管理技能之運用，讓成員在工作上擁有足夠自由度、自主性、挑戰性和有趣的工作內容，並建立清楚明確的整體性目標，形成多元技能與價值觀的工作團隊。

管理大師彼得・杜拉克說：「廿一世紀的經營課題，就在如何提高員工的生產力，而知識管理正是結合全體員工的知識與經驗，改造企業成為價值創造組織的關鍵要素」。唯有徹底落實知識管理，將「人才」轉變為「人財」，始能提高工作效率，使組織活性化，進而提升顧客滿意度，創造企業的新氣象。

三、創新的管理方式－知識管理

學者吳思華 (民 90) 認為知識管理是「在知識型企業中，建構一個有效的知識系統，讓組織的知識能夠有效的創造、流通與加值，進而不斷的產生創新性產品」。「企業有效運用知識資本，加速產品或服務的創新所建置的管理系統，包含知識創造、流通與加值三大機能」。

知識管理就是管理知識，包括 Know-How、Know-Why 與 Case-Why 的管理，而知識是策略性資源，管理與發展對企業有用的知識將成為企業永續經營的模式，其活動包括知識的清點、評估、監督、規劃、取得、學習、流通、整合、保護、創新等十項。如果以知識為基礎並透過虛擬化的方式，聰明複製並極大化，開創出新的成功模式，形成知識型企業共同的特色。

事實上，已有越來越多的企業利用知識管理來達到策略上的優勢，並發展出獨特專屬的專技 (Know How)，並快速複製 (Smart Copy)，成功的開拓市場，例如需要不斷訓練和分享知識以維持競爭優勢的專業服務公司(如 Arthur Andersen 等全球五大會計事務所)；透過產品創新、行銷速度的科技公司與其他組織（如 3M、微軟、台積電、聯電等）；透過品牌、專利優勢行銷全球的製藥公司與其他組織（如可口可樂、麥當勞、輝瑞）；透過更聰明、更快速的流程而降低成本和提高利潤的百貨、物流等產業（如 Wal-Mart、UPS、聯強國際等）（馬曉雲，民 90）。

知識管理應該是一個連續性、不斷發生的過程，例如 Gilbert 與 Gordey-Hayes(1996) 提出的知識移轉五階段模式就解釋了完整的知識移轉是一個不斷透過內部、外部的知識流通 (取得、溝通)，然後加以應用 (即知識創造的開始)，接著必須被組織接受、並同化到組織的核心日常生活中，其中的接受、同化，在組織實際的行動，就是知識的蓄積與擴散。

（一）知識創新管理的工作內涵

Earl 與 Scott (1999) 對於目前少數已經擁有知識執行長頭銜的公司進行調查，並將 CKO 的主要工作內容大致歸納為以下幾點，基本上可代表現階段企業對於知識管理工作內涵的認知：

1. 發展一個有利於組織知識發展的良好環境，包括各項配套的軟硬體設施 。

2. 扮演企業知識的守門員,適時引進組織所需要的各項知識,或促進組織與外部的知識交流。

3. 促進組織內知識的分享與交流,協助個人與單位之知識創新活動;

4. 指導組織知識創新的方向,自企業整體有系統的整合與發展知識,強化組織的核心技術能力。

5. 應用知識以提昇技術創新、產品與服務創新的績效以及組織整體對外的競爭力,擴大知識對於企業的貢獻。

6. 形成有利於知識創新的企業文化與價值觀,促進組織內部的知識流通與知識合作,提昇成員獲取知識的效率,提昇組織個體與整體的知識學習能力,增加組織整體知識的存量與價值。

(二) 有效推動知識創新管理的策略

Davenport, De Long 與 Beers (1999) 分析 24 家公司的 31 個知識管理專案,並將如何有效推動組織的知識管理,歸納爲以下八點:

1. 使組織知識呈現明顯的經濟效益產出或與企業利益、競爭優勢密切相關。

2. 發展有益於知識管理之良好的科技與組織基礎建設,包括有益知識流通的電腦網路與資訊軟體,能推動知識管理的部門或組織制度,如 CKO 制度。

3. 發展適中適用,兼具標準系統與彈性結構的組織知識庫。一個適當、具有可行性的組織知識結構,將有助於組織內各項與知識發展有關專案的推行。

4. 形成有利於知識流通、創新的知識型組織文化。

5. 對於組織之知識管理,給予明確的目的、明確的定義、與明確的用詞。知識管理不同於資訊管理,必須對於所要推動的專案目的、知識的定義,要能夠在組織內進行明確的溝通與建立成員共識。

6. 組織對於成員參與支持知識管理有關的活動,應建立有效的激勵機制。如何讓大家願意支持知識管理、參與分享知識,激勵機制將是有必要的。激勵的方式包括物質與精神,但都必須要直接有效,尤其是針對所謂的知識份子。

7. 組織內擁有許多有助於知識流通的管道,在知識流動過程中也能帶來知識增值的效果。

8. 高層主管的支持,包括在口頭、行動、與資源上的公開支持。高層主管不盡然需要對知識管理活動有直接的參與,但在態度上的支持與認同將是必要的。

從知識管理角度談會計事務所的創新蛻變

在經濟日報的「企業生日快樂」專欄中，很難得介紹了服務業的成功案例，尤其是在會計事務所的創新做法，值得我們正要發展服務業的知識管理創新之際，本文特別將該個案的知識管理運作與創新，來介紹老招牌的公司—「資誠會計師事務所」。

資誠五十年的成長、創意、創新與蛻變與成功方程式可以分享如下：

1. **經營策略之布局為「強化在地經營」**：原先在初創十年左右以服務外商公司為主，但在十多年後資誠出現重大轉折，調整為輔導本土客戶上市櫃，決定買下外資持股，奠定在地化經營策略。

2. **主動出擊傾聽客戶聲音，貼心服務**：在近十年來，隨著經濟成長放緩，所以服務業更要主動與客戶互動、傾聽與貼心的服務，分析客戶的需求，甚至打動客戶人心，以創新知識與分享知識為前提，為協助客戶永續發展而服務，其範圍包括：智能風險管理、人資管理、創新諮詢及不動產買賣等專業。

3. **善用科技並加速數位轉型**：資誠會計師事務所在 2019 年配合全球聯盟，提出「新時代、新技能」計劃，要提升聯盟所有同仁的數位時能力；先找出 100 名數位種子，提供數位工具訓練，讓他們自行提案，利用數位工具改善工作遇到的問題。

過去同仁皆為「撈」資料、查核資料，要完整呈現動輒數小時到半天，自從活用數位工具，只要幾分鐘後就能找齊資料，標示出缺漏項目。

目前，資誠會計師事務所周所長，是理工出身，帶領資誠走向知識管理與數位化，加強創新，讓全體同仁不斷接受新的「創意」與「創新」，應用雲端服務與普惠服務；並應用知識管理原理，將「know how」轉化成為科技數位，真正擴大資誠事務所的客戶基礎能力，提升服務、共享效能。

參考資料：程士華撰文。經濟日報。2020-07-11，A11 產業版。

Q A 問題與討論

1. 請介紹本個案中，如何應用科技的知識管理與創新來提升競爭力呢？
2. 數位化與知識管理創新有密切關係，請加以分析。

教學創新

一、教學的意義

教學是學校教育活動的核心，教學的改進也是教育改革與教育發展的原動力。缺乏教師的「教」與學生的「學」的教學活動，則教育改革與教育發展即失丟了主體性。因此教學活動要發揮其成效，才能促進教育的改革與教育的發展，達成教育的目的。

「教學」其不是一個單純的概念，而是一個複合的概念，其涉及了繁複的概念與活動的歷程。由字面之意涵，包括了教師（或施教者）的教與學生（或學習者）的學，以及兩者之間互動的歷程與活動，亦即教師、學生共同分享探究成果的歷程 (Burbles,1993)，此歷程是多樣態的歷程（歐陽教，民 75）。

何謂教學？林生傳（民 79）提出六種意涵：(一) 教學是教育的主要活動藉以達成教育的目的與理想。(二) 教學是施教者與受教者進行的互動歷程，此歷程朝向達成教育的目的與理想。(三) 教學是經由多樣態、複雜的、一連串的互動行為所構成的，而非單一的互動行為而已。(四) 教學是一種策略，經由設計與選擇，利用技術或技巧以達成其目的的一種策略行動。(五) 教學是一種合邏輯的行動，是有次序地，合理地進行教學。(六) 教學是一種制度的行為，因為教育是一種社會制度，教學是在班級社會體系中進行，所以教學必須具有社會制度上的功能。

吳明清（民 87）也認為教學的意函與特徵有：(一) 教學是師生的互動歷程。(二) 教學是良善意圖的活動。(三) 教學是引導學習的任務。(四) 教學是多元複雜的內容。(五) 教學是匠心獨具的表現。(六) 教學是相互了解的溝通。(七) 教學是促進成長的結果。

歐陽教（民 75）則認為，教學是施教者以適當的方法增進受教者學習到有認知意義或有價值的目的活動；並認為教學有三大規準：(一) 目的性 (purposiveness)：任何一種教學活動，都是有意向、有計畫與有目的的活動。(二) 釋明性 (indicative-ness)：教材教法應具傳道、授業、解惑的功能。(三) 覺知性 (Perceptiveness)：教學要顧及學生的認知能力與學習意願。

二、教學創新的意義

（一）教學創新的重要性

教學創新行為是指「教師自己發想或改自他人的一些新的構想，不只鼓勵他人參與，而且會有計畫的推動並且尋求支持的資源，並將創新教學行為注入教學情境的每一步驟」（陳淑惠，民 85；林珈夙，民 86；林偉文，民 91）。

教師的創新行為可以表現在教學的各個層面：教學目標、教學歷程、課程設計、學習評量、教室環境佈置，甚至是班級氣氛、人際互動等。

（二）教學創新的意義及目的

根據 ERIC Thesaurus 的定義，「教學創新」(instructional innovation) 是指「引進新教學觀念、方法或工具」(introduction of new teaching ideas, methods, or evices)；而「創意教學」(creative teaching) 是「發展並運用新奇的、原創的或發明的教學方法」(Development and use of novel, original, or inventive teachingmethodds)（引自林偉文，民 91）。

狹義地來說，教學創新比較偏向是運用他人或自己已發展出的新教學觀念、方法或工具，而創意教學則較偏向指運用自己發展出能激發學習興趣的教學方法或工具；廣義地來說，教學創新與創意教學在意義上有許多相同之處，因此可以將創意教學視同為教學創新。

林奕民（民 91）認為教學創新是教師有開放的胸襟，並具備反省的教學能力，能運用反省、質疑、解構與重建的思維，引導學生正確地學習，培養學生批判思考及創造能力；教師也能運用其本身所體驗的德行涵養與正面積極的特質，對學生產生潛移默化的作用，進而建立學生良好的品德與積極的人生觀。

教學創新乃是教師在教學過程中，採用多元化活潑的教學方式和多樣化的教學內容，以激發學生內在的學習興趣，培養學生主動學習的態度和提昇學生學習能力（吳清山，民 91）。亦即是教師構思、設計並運用新奇的教學取向、方法或活動以適應學生的心智發展、引起學習動機，並幫助學生有意義地學習、更有效達成教育目標。換言之，是教師會自己想出或修改自他人的一些新的構想，不僅鼓勵他人參與，而且會有計畫的推動並且尋求資源的支援，更將其注入教學情境的每一步驟中。也就是教師在教學情境中，

可以靈活地、彈性地且能激起學生學習動機的教學方式。

　　教學創新其理念之內涵為：1. 教學方法及內容活潑、多元化；2. 教師與學生皆能主動參與；3. 運用資訊科技相關資源；4. 班級互動氣氛民主、開放；5. 瞭解學生學習動機及需求；6. 能使學生有問題解決的技巧和能力（吳清山，民 91）。其行為表現可以在教學的各個層面如：教學目標、教學歷程、課程設計、學習評量、教室環境佈置、班級經營及師生互動等。因此教學創新是教師有創意，並且展現生動活潑的教學方式，使學生學習有興趣，進而提昇教師的教學效果。

　　王秋猛（民 93）綜合學者的看法指出，教學創新是指教師在教學前的準備、教學過程中及教學評量時具有創意，能省思、設計並運用新的、多元化的教學方法或活動，瞭解學生個別差異，激發學生學習動機與興趣，提昇學生學習效果。

　　綜上所述，我們可以知道教學創新的目的，於學生方面在於 1. 培養學生獨立分析、思考與判斷的能力；2. 激發學生學習興趣與動機；3. 開發學生發揮創意、問題解決的潛能；4. 提昇學生學習能力。於教師方面在於 1. 提昇教學品質與效果；2. 教學內容及方法豐富且多樣化；3. 教學評量多元化；4. 達成教育目標及理想。（引自王秋猛，民 93）

三、教學創新的方式與原則

（一）教學創新的方式

　　教師的教學方法是影響學生學習的重要因素之一。在現今教育改革的潮流下，教師欲實施教學創新，必須具備創新教學的知識及能力、豐富的教學理念、熟練的教學原則及方法，才能達到教學創新。

　　茲將各學者對於教學創新的方式列表說明如後。

表 7-6　教學創新的方式

學　者	教學創新的方式
吳清山（民 91）	進行方式為：1. 瞭解學生學習的需求；2. 營造班級良好的學習氣氛；3. 善用現代資訊科技的技術；4. 活潑多樣化教學的方法；5. 使用彈性、多元化評量的方式；6. 運用可以產生創意方法；7. 鼓勵學生分組討論學習；8. 使用正確的發問技巧；9. 鼓勵學生勇於嘗試學習。

表 7-6　教學創新的方式（續）

學　者	教學創新的方式
許文光 (民 91)	教師進行教學創新時，要能激發學生的求知慾望，教導學生如何學習，使學生能主動學習、師生之間能互相學習，師生之間是啓發者、引導者、鼓舞者、諮詢者的關係，且教師能自我省思。
林奕民 (民 91)	教師教學創新的方式是 1. 營造有利於教學創新的教學情境；2. 激發學生好奇心，啓迪其批判思考及解決問題能力；3. 善用現代教師專業權威，建立良好師生關係；4. 教師的專業成長是提昇教學品質的泉源。
王秋猛 (民 93)	教學創新不只是在教學方法及教學內容的創新，而是在教師與學生皆能運用「新」的心態來經營教學與學習之間的互動。

（二）教學創新的基本原則

單文經（民 91）所歸納，教學創新的基本原則如下：

1. 班級氣氛良好

教師以身作則，營造積極、正向、溫暖及和諧的班級氣氛，教師無論在教學內容或是進行班級活動設計時，皆以學生爲主要考慮的依據，且鼓勵學生提出問題。

2. 學習機會豐富

教師能有效運用班級教學的時間來進行與課程有關的教學或活動，幫助學生理解並活用課程，以達成教學目標。

3. 課程安排妥善

班級的各項教學或活動，教師能依據課程綱要與教學目的妥善地安排教學的課程，以有系統化、連貫性的方式整理，使教授的內容能相互聯結，能使學生更有意義地學習。

4. 學習重點明確

教師在開始教學時，就先提示學習目標與學習策略，讓學生瞭解其重要性，並且有充分的準備。

5. 學習內容紮實

教師進行教學時，其教學內容要充實、要完整地說明、條理要清晰，且讓學生有足夠的時間理解內容，使學生能夠易懂易記。

6. 智慧化的教學對話

教師提出具有引導思考、反思、有意義且較統整的問題，激勵學生作較深入的探討及推測，教師除了給予回饋之外，更鼓勵同學之間相互評析，師生之間相互溝通，一起成長。

7. 練習應用充分

充分且足夠練習的機會，可以使學生所學習的技能或知識更熟練且不易忘記。教師能應用在各種不同的教學或活動中，使學生能常常加以複習，並提供即時改正與回饋，讓學生能夠多方面的應用。

8. 提供鷹架支持

教師在教學活動進行時能夠適時提供引導與回饋給學生，且在教學活動進行後能引導學生進行反省思考，讓學生能夠積極學習。

9. 教導學習策略

教師直接教學或示範學習策略（如複習、推敲、組織、理解監控、情意監控等），使學生能理解各種學習策略的用法，讓學生能隨時且自行調整學習策略，並能自動自發、有效地學習。

10. 協同合作學習

教師讓學生以小組合作的方式來進行學習，同學間相互協助並增進對課程理解與精熟，使得學生學習的效果與學習成就大為提昇。

11. 評量以目標為本

教師利用正式或非正式的評量方式，來作為評量學生學習成果進步情況的依據，並把評量視為教學活動中的一部份，不斷地針對課程目標、教材、教學計畫等對評量方式進行檢討與改進。

12. 教師適度期望

教師依教學目標及學生之個別差異，給予學生個別之適切學習進步期望，教師的期望能夠激發學生力求進步。

四、影響教學創新的因素

教師教學創新在實際教學環境運用或實施時，仍具有相當程度的困難與限制，吳明崇（民 91）指出影響教師教學創新的因素包含教師的背景、教師參與進修成長與環境等三項因素，茲將各項因素說明如下：

（一）教師的背景因素

又稱資質傾向因素，是內在條件。包含：

1. 教師的能力：指教師先前、先備的基礎，如耐心、愛心、同理心、想像力。

2. 教師的發展：指教師面對改變或創新的接受性、抗壓性、再生性等。

3. 教師的動機：指教師自我的概念、動力及意願等。

（二）教師參與進修成長因素

又稱專業成長因素，是在職教育條件。包含：

1. 教師專業進修的時間：指教師參與研習、進修及創新研發的時間多寡。

2. 教師提出教學方案的品質：教師創新教學方案的品質包括了學習心理和課程實施二個層面的考量與設計。

（三）環境因素

又稱外顯性因素，是外在條件。包含：

1. 親師互動環境：指家長與教師之間的配合程度及信任度等。

2. 運用教學媒體：指教師運用教學媒體的能力提昇班上學生學習士氣。

3. 校內同儕團體的特性：指同儕間是否能相互學習、互相交換心得的機會，甚至是激勵團體的支持。

4. 大眾傳播的影響：指社會價值對教師的影響。

新知識時代專欄

迎接 5G 加上 AI 的時代

大家都知道，5G 是現在最夯的話題，看到 5G 的發展趨勢，包括各式軟體與硬體設施正如火如荼的展開，來造福人類，讓我們的訊息傳遞更快又便捷。

而 AI（人工智慧）的技術也正加速成長，目前有實用的 AI 應用軟體開發成功，各行各業的應用程序上，正加強規範與學習，相信在 AI 的應用下，一定可以開啓人類新生活。

5G 加上 AI，不僅帶領消費者走向智慧生活，助長農業、工廠、娛樂、醫療、金融及零售等各行各業，皆可走向智慧產業，對各機關推動落實智慧化服務。

參考資料：黃晶琳撰，經濟日報。2020-08-24，A1 版。

Q A 問題與討論

1. 請上網查閱「5G」+「AI」時代之特性。

2. 你（妳）認為「知識創新」對 5G 及 AI 時代的貢獻為何？

問題討論

一、是非題

1. (　　) 只依數位科技的本身，是無法創新的，唯有透過人腦的知識進行創新活動，才是知識管理的最終目的。

2. (　　) 組織的技術創新活動包括產品、過程與設備的創新。

3. (　　) 變革式的創新，其活動是以現有製造技術為基礎，且針對現有的市場顧客。

4. (　　) 學者 Betz 指出次生代科技創新是在一系統中成長，創新有時也將有新科技時代之產生。

5. (　　) 利用新技術提升產品功能或服務效率，不是技術創新。

6. (　　) 組織的創新能力不是組織創新研究之方向。

7. (　　) 杜拉克 (Drucker) 認為組織創新是一種「過程」，也是一項有組織、有系統且富有理性的工作。

8. (　　) 程序創新為一套將產品或製程、整合融入組織運作的方法。

9. (　　) 學者 Nonaka 及 Takeuchi 提出組織知識創造理論架構，重點僅在隱性 (tacit) 知識，而不在顯性 (explicit) 知識。

10. (　　) 學者 Mole 及 Elliot 將創新區分為激進式創新及漸進式創新。

二、選擇題

1. (　　) 影響組織創新的因素有　(A) 領導、工作團體、創新的心理氣候　(B) 組織創新氣候　(C) 組織結構彈性化　(D) 以上皆是。

2. (　　) 不創新即滅亡 (innovate or Die) 是學者　(A) 彼得聖吉　(B) 彼得杜拉克　(C) 吳思華　(D) 許士軍　所言。

3. (　　) 知識管理就是管理知識，包括　(A) Know-How　(B) Know-why　(C) Case-why　(D) 以上皆要　的管理。

4. (　　) 有關知識管理，下列哪一項敘述有誤　(A) 是一個連積性、不斷發生的過程　(B) 不可以促進組織內的知識的分享與交流　(C) 有利知識創新的企業文化　(D) 可以提升服務創新的績效。

5. (　　) 有效推動知識創新管理之策略，下列敘述哪一項有誤？　(A) 與組織的競爭優勢無關　(B) 要能夠在組織內進行明確的溝通與共識　(C) 在知識流動過程中也能帶來知識增值的效果　(D) 獲得高層主管之支持與認同。

6. (　　) 學者 Nonaka & Takeuchi 認為組織知識創造過程宜有　(A) 分享內隱知識　(B) 創造觀念　(C) 確認觀念　(D) 以上皆是。

7. (　　) 國家級創新體系包括有　(A) 總體經濟與規範　(B) 國家創新能力內容規劃　(C) 網路基礎建設與教育訓練體系　(D) 以上皆要。

三、問答題

1. 試說明 Benz 四種創新模式。
2. 試說明聯合國工業發展組織對技術的定義。
3. 何謂延續性創新與突破性創新，試舉例說明之。
4. 組織創新的意義為何？
5. 教學創新的方式有哪些？試舉例說明之。
6. 請介紹 5G+AI 的時代之內涵。

Chapter 8
創新策略

　　知識管理的本質既然是知識的資訊化和知識的價值化，而知識的價值化則要靠創新的行動，在知識經濟時代，要有創新行動的組織才會有旺盛的活力。知識創新的策略可從個人的行動研究開始，形成團隊的學習，進而到全組織的學習，如此才能創造組織中最大的創新空間，組織才有可能邁向知識創新之路。

8-1 行動研究

一、行動研究的起源與發展

「行動研究」一詞，可以追溯到 1946 年美國社會心理學家勒溫 (Kurt Lewin) 在「行動研究與少數民族問題」一文中，討論行動研究在社會科學的重要性，特別強調行動研究是解決社會問題的重要方法。在 1940 年和 1950 年代曾廣泛被使用，到了 1960 年代，由於「量化研究」的興起，「研究」注重於實驗法和統計的考驗，「行動」和「研究」產生分離，使得「行動研究」有衰退的現象。直到 1990 年代，「行動研究」才有增加的現象。行動研究於第二次世界大戰前後在美國發源，初期在教育領域中，主要是應用在課程研究。其後歷經興衰，直到八〇年代以後，在美、澳的教育行動研究運動融入了省思的因素，強調教師自省、自我發展 (陳惠邦，1998)，爾後教師即研究者 (teacher-as-researcher) 的理念已成師資培育的重點培育方式 (Baird, Fensham, Gunston, & White, 1991；Shymansky & Kyle, 1991；Tayplor, 1993)。行動研究進行方式是一循環不已的模式，過程中包含四個典型的步驟：策畫 (planning)、行動 (acting)、觀察 (observing)、和反省 (reflecting)，這四個步驟（郭重吉、江武雄，1995）。這個研究模式的特性，讓研究成果成為教學實務的直接參考，且能由身歷其境的教師自行解決自己面臨的問題，並讓教師獲得學習與成長的機會 (Berlin & White, 1991；Johnson, 1993；Bennett, 1993)。

二、行動研究的定義

行動研究有社群本位 (community-base) (Stringer, 1996)、合作型 (collaboration) (Hitchcock & Hughes, 1994)、批判型 (crital) (Kincheloe, 1995) 和參與型 (participatory) (Torres, 1995) 等類型，其意涵互異，各論者觀點也不盡相同 (Bryant，1996)。綜合論述：行動研究係實務工作者結合其他人員的參與或協助，基於合作、平等、反省和批判等精神，使用質性或量化研究方法，以改善實務運作為目的之系統性持續探究和興革歷程。

上述定義顯示行動研究有八項要點值得重視，分述如下：

1. 講求實務工作者和有關人員的參與合作，並慎思選擇合適的參與者。

2. 具場地本位研究特性，強調民主參與、平等對話、反省批判等研究態度，建立合作共識、承諾和遵行研究倫理。

3. 應考量完成目的和實際需要，選用合宜的質性或量化研究方法或技術。

4. 研究設計應以可改善 (improvement) 實務工作為重心，配合適度協助經費、人力等資源和調整行政組織或運作方式。

5. 研究程序具系統性，但可彈性調整，以確保研究品質和便於建立實行模式。

6. 問題多具複雜脈絡，需要進行長期和階段性規劃，以累積經驗、培養人才、創造環境和持續強化改善成效。

7. 強調自我導向的探究和深層剖析，不僅探討議題表面的現象，也觸及深層結構和意義的批判，不僅要成長自我的專業知能和變革理念，也應省思和解放自我的知識觀、價值觀、意識型態等。

8. 具革新 (change) 和政治性，研究歷程和結果運用涉及人員、制度、環境等層面的改變，宜注意因利益衝突、資源分配等所可能引發的紛爭和傷害。

綜合言之，行動研究具有行動實踐、持續興革、系統循環、民主參與、團隊合作、平等對話、批判反省、理念解放、場地本位等特性，不宜輕忽。

三、行動研究的特性

「教師即研究者」(teacher as researcher) 的理念日受重視 (Stenhouse, 1993)。行動研究是行動者對其自我、對自我所處之社會位置、情境、社會環境結構、對自己在某一社會情境下的行動、以及對自己行動所產生之影響所進行的自主研究。任何人都可以進行行動研究，但是這並不意謂每一個人進行的研究都是行動研究。

實際上絕大部分的研究因為是研究別人的行為，或是從其他人的社會位置進行的研究，是研究但不一定是行動研究。研究者對其他行動者或其他行動者之行動進行研究，也可能是行動研究，如果其他行動者不僅只於是被研究的對象，也是平等參與研究問題的形成、參與研究資料搜集與資料解釋的協同研究者，則該研究也可以算是行動研究。通常這一類的行動研究特別稱之為參與式研究 (participatory research) (Park, 1992) 或合作行動研究（甄曉蘭，1995）。

此外行動研究還以許多其他的名稱出現，如參與式行動研究 (participatory action

research) (Whyte, 1991) 社區行動研究 (community-based action research) (Stringer, 1999) 實務工作者之研究 (practitioner research) (Fuller and Petch, 1995) 等。吳明隆（民 90）指出教育行動研究是改善教育實務與教育理論之間關係的工具，縮短教育實際工作與教育學術理論間的距離，它能促進教師專業成長，促發教育品質的提昇。使教師扮演的角色，不僅是課程的設計者，也是研究者更是行動者。

葉連祺（民 92）參酌論述 (Bassey, 1996；Gall, Gall & Borg, 1999) 列出行動研究與正式研究的差異表 8-1：

表 8-1　行動研究和正式研究之比較

	行動研究	正式研究
研究人員	1. 實務工作者擔任，學者專家提供協助。 2. 注重人員民主參與和合作協商。	學術研究者為主，其他人員協助施測或提供資料。
研究者知能	基本程度或有限研究知能，經驗少或無。	具相當程度研究知能，經驗多。
研究目的	1. 提升實務運作品質。 2. 獲得促進實務運作的知能。	1. 發展或檢驗理論，解釋或預測事件。 2. 產生可普遍應用的知能。
研究問題	為改進實務問題，因實務中察覺或實務需要而衍生。	和驗證或發展理論有關，多衍生自文獻閱覽或省思。
文獻探討	多閱覽可用的二手資料，以概括了解。	廣泛閱覽一手資料，以全盤了解。
選擇樣本	立意取樣周遭可得樣本。	抽樣具代表性樣本。
研究設計	1. 程序多自創，可適度彈性修改。 2. 收集、解釋、實施等步驟常循環進行。 3. 較不關注控制情境和減少誤差。	1. 嚴謹設計，控制干擾無關變項。 2. 依原訂線性步驟實施。 3. 重視信度和效度。
資料蒐集	以簡易可用技術，立意收集資料。	採具信效度的測量技術，可能進行前導性研究或預試工具。
資料分析	採簡單分析，多呈現原始資料，注重實用顯著性，較多主觀看法說明，批評者協助檢驗結果。	分析技術複雜，呈現分析後資料，多強調統計顯著性、推理一致性或事件深層意義詮釋或洞察。
結果應用	1. 強調實用顯著性和影響實務的程度。 2. 多提出改進實務的可用資訊。	1. 注重結果的意義、理論的顯著性和可複製性。 2. 多提出研究和應用的建議。
報告形式	依實際需要而定，無統一格式。	強調合乎嚴謹學術論述的規範。

四、行動研究的目的

「行動研究」的目的，主要在於解決眼前具體問題的方法；而不是在於建立一套有系統的理論，遂為教育工作者所重視，透過此種方法的運用，可以幫助學校提昇行政效率、強化教師進修效果、增強班級經營效能、增進學生輔導管理成效、協助課程修訂、激勵教材教法革新等方面，對於整體教育效能的提昇，是有其實質的功能。

行動研究因為社會實踐的需要產生，當行動者也就是研究者時，行動研究自然會是在真實的社會實踐場域中進行的研究，而研究也就與社會實踐成為一體之兩面了。生產知識的研究工作在一般研究類型中，是研究專家或學者們壟斷獨佔的專業領域，研究者和實踐的行動者是割裂的，研究者生產知識、發展理論，而實踐的行動者學習接受理論指導。行動者一方面依靠自己的實務智慧彌補理論與實務的落差，一方面被動提供資料協助研究者發展與更新理論。

在行動研究裡，研究（者）即是實踐（者）、實踐（者）即是研究（者）。研究者是在其專業角色的社會實踐中進行研究，是為了更有效的專業實踐而做研究，而不是為了研究而觀察其他行動者投入社會實踐中進行行動研究。

行動研究的重要功能之一是改善實務工作（胡夢鯨，民 77；Fuller & Petch, 1995）。要推展行動研究，更重要的原因是行動研究是發展中的一種知識生產的新典範 (Hall, 1992)，它同時包含研究、自主教育、和促進社會公平正義的社會實踐行動。Argyris, Putnam 和 Smith 也指出在行動科學中，研究者同時也是教育者及介入者（夏林清，民 89）。總之，行動研究不只是改善實務工作品質的研究，還是一個自土的研究過程，做行動研究的實務工作者能將自己從知識生產之霸權中解放。

Elliott (1991) 曾經針對行動研究的定義，提出了他的看法－"行動研究是一種社會情境的研究，是以改善社會情境中行動品質的角度來進行研究的研究取向"。就教師們在學校的教學過程而言，這個定義明確地指出了教師應該從事行動研究的基本理由－因為要改善學校情境中教師教學與學生學習的品質。由此可知，所謂的行動研究，應該是教師們在教學實務中去發現問題，分析問題，研究問題進而解決問題的一種建設性歷程；透過行動研究，教師可以針對實務工作，如課程安排，教學設計，學生學習等主題進行研究調查；甚至也可以就與學生的關係或是與行政單位間的關係進行研究調查，只要某

個特定主題是教師自己期望能有所改善或發展的部份。換言之，讓教師們自己針對教學實務動手做研究，使得「教師就是研究者」的現象普遍化，就是推動行動研究的主要目標。

　　雖然「行動研究」最大弱點在於不夠嚴謹和科學化；但是用在教育上具有下列的優點：

1. 能廣泛用之教育各層次（從班級、學校到教育行政機關）和各領域（從行政、課程、教學到輔導均可）。

2. 能夠幫助實務工作者確定問題及其解決之道。

3. 能夠增進實務工作者專業成長，使其更具有能力。

4. 提供教育合作研究的空間，增進同事間良好關係。

五、行動研究的程序

　　「行動研究」不必講究嚴謹的研究設計；也不必採用高深的統計方法，一般教育實際工作者有能力加以運用，其主要研究過程，大約如下：1. 確定研究問題及其重點；2. 與相關人士討論初步研究計畫；3. 參考相關文獻；4. 決定研究方式（問題調查、觀察記錄、文件分析、訪談…等）；5. 進行資料蒐集；6. 進行資料結果分析與解釋；7. 提出改進建議研究報告 Altrichter 描繪行動研究的歷程，如同 8-1 所示，可供參照。

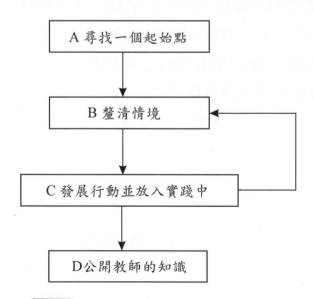

圖 8-1 Altrichter 等人之行動研究歷程圖

資料來源：夏林清、中華民國基層教師協會譯（民 87）。頁 9。

新知識時代專欄

我們與機器人（一）

依據經濟日報 2020 年 6 月 7 日機器人專欄報導，國內機器人的研發成果已經進入到另一個階段了，這也是應用知識管理與創新的思維與設計，使得機器人的操作更簡易，應用更廣泛。

依據國家實驗研究院科技政策研究與資訊中心（STPI）的專家分析，就以工業機器人為例，它是一種可自動控制，可透過程序更新改變行為的裝置。應用在三軸或更多軸上機器人的動作控制，來協助工廠執行工業自動化任務。依據國際機器人聯合會（IFR）之調查，全世界已經有工業機器人達到 2440 萬台，近十年，每年以 23% 的速度成長。

一般來說，工業協作機器人通常會與人類勞動者同處於一個工作空間工作，工業機器人與人類相處的人機協作階段，分有五個步驟：

1. 人機互動。

2. 分享工作區。

3. 流程分工。

4. 共同執行。

5. 合力完成工作。

而目前工業協作機器人與人類分工合作以第二項（分享工作區）、第三項（流程分工）最多。但隨著科技進步，如人工智慧（AI）研發成果豐碩，應用廣泛，結合物聯網與大數據等技術，再加上機器人的周邊與支持技術發展，讓今日的機器人，更聰明、更數位化、更智慧型等特色，促使工廠更好應用它，達到智慧化工廠時代，這些進步與發展都是人類不斷求新求變，完全是知識管理與創新教育的發揮。

我們相信，在機器人數量與智慧漸增之際，機器人與人類合作，將成為伙伴關係，各行各業使用日漸頻繁，致使未來工廠生產，不僅是人類，也是智慧機器人共同形塑生產任務與成果的時代。而這些進步實況，是大家可以預見的事實。知識管理與創新教育就是要有，新的創意思維與知識，有創新的產品發展及創業人的精神，這些可稱，是我們人類與機器人合作的大未來。

參考資料：王宣智撰文，國家實驗研究院科技政策與資訊中心研究員。經濟日報。2020-06-07，A12 版。

Q A 問題與討論

1. 請介紹本個案中，機器人的發展過程。

2. 機器人的發展與知識管理創新有關連性，請加以討論。

8-2 團隊學習

一、團隊的定義

在對於「團隊學習」的內涵探討前，需先瞭解團隊的意義，以下即就「團隊的意義」先做討論：

1. **Shonk (1982) 對團隊的定義是：**「團隊是包含兩人或兩人以上，必須協調一致，以完成共同的任務」，此項定義以協調占首位，因為這是完成工作所必須的；其次，是團隊成員必須為共同任務或目標而工作。這兩點決定團隊是否存在，而另外還包括－相互依賴對方的協助、共同制定政策、排定達成目標所需努力之優先順序、共享資源等要素。

2. **Quick (1992) 則認為團隊最顯著的特徵是：**「團隊成員都將團隊目標列為最高的優先地位，團隊成員則是各自擁有其專業的技能，相互支持對方，很自然的合作，能清楚及公開的與其他成員溝通（楊俊雄，民 83）。

3. **美國 TRACOM 管理顧問公司的定義：**「團隊一詞是指一個能夠互助合作的團體，其成員能表現出休戚與共的感覺，具有以共同成就為榮的意識，並能有效的運用個別成員的才能，創造高水準的績效（黃嘉嘉，民 88）。」

4. **Robert B. Maddux 則認為團隊有諸多要件：**（文林譯，民 82）

   (1)團隊成員相互依賴，且相互支援以達成團隊目標。

   (2)團隊成員對工作本身與所屬單位能產生一種歸屬感。

   (3)成員能在相互信任的氣氛下工作，也能公開表達想法、意見。

   (4)成員能公開而誠懇的溝通。

   (5)成員瞭解衝突的發生是互動時的正常現象，他們會建設性的解決衝突。

   (6)成員們參與任何會影響團隊的決定。

5. **Katzenbach 與 Smith (1993) 團隊的具體定義：**「團隊具有互補才能，認同於一共同目標，設定績效標準，而相互信任以達成目標的一小群個人的組合。」

綜合以上專家學者對於團隊的論述可以歸納出：

團隊是兩個以上的一群人，他們有共同的目標，且將此目標視為優先的地位。他們各有才能，彼此互相協調、相互依賴對方的協助，並且能夠互相學習、共享資源，彼此能夠誠懇公開的溝通，對與所屬的單位有隸屬感，共同創造高水準的績效。

二、團隊學習的定義

在現代組織中，學習的基本單位是團隊而不是個人，除非團隊能夠學習，否則組織也無法學習。團隊的學習，是一個團隊的所有成員攤出心中的假設，進而引起思考的能力（吳清山，民86）。當團隊成員真正在學習的時候，不僅團隊整體能產出出色的成果，成員的學習成長速度也比其他學習方式快。所謂「三個臭皮匠，勝過一個諸葛亮」，發揮集思廣益的效果，正是團隊學習的最好比喻（黃清海，民88）。

Watkins 與 Marsick（1993）認為，學習型組織是一種不斷學習與轉化的組織，而學習是一種策略性且與實際工作相結合的過程，從成員個人、工作團隊到組織全體，學習結果將引起知識信念與行為的改變，強化組織創新與成長的能力。由此可知，在組織內，學習的基本單位是團隊而非個人，團隊的學習才能促進整個組織的成長。

現今社會處於一個快速發展劇烈變動複雜性高的狀態下，團隊組織的形成逐漸受到了重視，自這個知識快速變動的時代，許多事情無法以個人之力完成，唯有依賴成員組成團隊，集合團隊中每個人的能力與特質，發揮團隊的力量來完成，因此集合眾人的智慧與能力的團隊形式在許多組織中形成。

Peter M. Senge 在《第五項修鍊：學習型組織的藝術與實務》中指出，當一個團體能整體搭配時，就更能匯聚出共同的方向，調和個別的力量（郭進隆譯，民83）。因此如何建立一個提供教師繼續進修、反省批判、不斷自我超越，並能激發集體洞見、工作熱誠和組織承諾，塑造共同願景的團隊組織，並來幫助教師專業成長與學校發展本位特色，已經是現代教育環境必然的趨勢與改革（林新發，民87）。

團隊學習 (team learning) 係指團隊成員共同相互的學習。集體智慧高於個人,當眞正的團隊學習時,不僅團隊整體產出出色的成果,個人的成長也會比別人快。

團隊學習有三個面向:(一)團體面對複雜議題時,要學習如何萃取出高於個人智力的團隊智力;(二)需具有創新性而又協調一致的行動;(三)不可忽視團隊成員在其他團隊中所扮演的角色與影響。因此團隊學習是發展團體力量,使團體力量超乎個人力量加總的技術。如何做到團隊學習,Senge (1990) 指出:要善用「深度對話」(dialogue)、討論與練習。任何團隊的學習過程都要透過不斷地練習與演出。總之,精熟團隊學習是建立學習型組織的關鍵步驟。

黃清海(民 87)指出團隊學習是藉由團隊成員瞭解彼此的感覺和想法,透過完整的學習型組織的學習方式,提升團隊思考和共同創造的能力。當團隊成員眞正在學習的時候,不僅團隊整體能產生出色的成果,個別成員所採的學習方式其成長速度也比其他方式快。

朱有鈺(民 91)認爲團隊學習的目的在於集結個人的知識與經驗,交換並激發個人的想法,得學習達到事半功倍的效果,並且使個人的思考範圍跨越個人障礙,進而對整體環境作整體通盤的考量,超越個人思考的限制與藩籬,以創造出優於個人思考及個人行動的績效。

張吉成(民 89)指出跨部門或層級等職務分工,因功能性或非功能性任務需要而形成的團體,團體成員基於組織願景與目標,以團隊爲基本運作單位,進行學習活動。

陳淑娟(民 90)認爲團體成員共同與相互學習,是發展團隊整體搭配能力與實現共同目標能力的過程,其核心概念爲「團體的集體智慧高於個人智慧」、「當團隊眞正學習時,不僅團隊整體呈現出色的成果,個別成員成長的速度也比其他的學習方式更快。」

綜合上述各家對於團隊學習的定義,可將團隊學習歸納爲,團隊中的成員彼此有共同的目標,他們能夠相互協調、相互學習,透過互動的歷程交換彼此的專業經驗與知識,進而激發彼此的思考,超越個人的思考範圍,而對整體團隊作通盤的考量,一方面,個人在過程中獲得的成長,且其速度也比其他的學習方式更快,一方面創造出優於個人的團隊的績效。

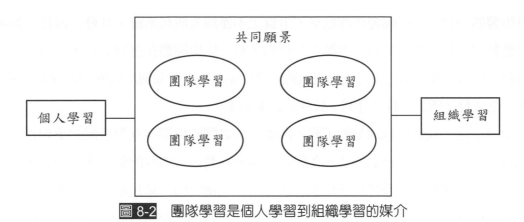

圖 8-2 團隊學習是個人學習到組織學習的媒介

資料來源：張吉成（民 89）。頁 79。

三、團隊學習的三個面向

Peter M.Senge（1993）指出，團隊學習是工具也是媒介，其效益在於促進組織成員的個人學習，進而形成組織學習。團隊學習就是指發展與整合團隊成員的能力，並實現共同目標的過程。

Peter M.Senge（1993）在第五項修練中指出，團隊學習有三個面向需要顧及。「團隊學習」是發展團隊整體搭配與實現共同目標能力的過程。它是建立在發展「共同願景」和「自我超越」的基礎上。因為，有效能的團隊是由有效能的個人所組成的，但是只有共同願景和才能還不夠，真正重要的是要知道如何一起共同學習，團隊運作的良窳會關係到團隊學習的成效。

首先，當需要深思複雜的議題時，團隊必須學習如何萃取出高於個人智力的團隊智力，但組織中常有一些強大的抵銷力量和磨損力量，造成團隊的智慧傾向小於個人的才智。這樣的磨損力量通常來自於團隊中每個成員們所發展出來的能量，因為團隊中的成員常常砥礪自我，期望不斷的激發個人的能量，卻忽略了這些能量必須能做到集體搭配；一旦個人的能量不斷增強，團隊整體搭配的情況不佳時，將會造成能量的混亂，使整個團隊的管理更加困難。

倪士峰（民 90）指出在瞭解了影響團隊學習的三個面向之後，可以發現此三個面向，對於團隊學習所造成之影響。在團隊系統中的個人系統裡，每個人皆有屬於個人的才智，一旦推進到成員系統中，成員在團體中經過互動的討論之後，是否能夠匯集眾人的智慧，使團體智慧高於個人智慧，便取決於是否能夠化解成員間不同的聲音，一種會阻礙團隊

成員學習的力量；而團隊運作的默契，事實上不僅涉及成員系統，且會一直往上推展到團體整體的系統，因為成員在團體中的行為，將反應出團體在發展過程中的特定動力。而團體運作的默契，則必須是成員在團體整體的系統中，考量屬於該團體的運作方式下，培養其他成員在團體歷程中達到一致性的行動規準。

根據上述，我們可以深刻的了解，團隊成員之間的協調與互相搭配的重要性，在團隊中的每個成員各有自己的才智，在經過討論與互動後，如何能整合眾人的智慧，集結團隊的力量，便在於是否能將成員不同甚至是相互衝突的力量化解，團隊中的成員彼此會培養一種默契，讓整個團隊的成員朝同一個方向目標一起學習，產出於高於個人智慧的團隊力量的智慧。

四、影響團隊學習成效的因素

團隊學習的目標，也是每位團隊成員的共同目標。經由事先預設好的學習機制，透過團隊學習的過程，團員之間相互的扶持、經驗分享。就個人而言，達成提昇個人生涯發展的目的，就團隊而言，朝向團隊學習目標前進。

Reynolds (1994) 指出為確保團隊學習運作的成功，引導者需要有明確的組織目標與信念，以作為團隊學習欲達成目標方向的重要引導（張吉成，民 89）。團隊的領導者需要事前詳細規劃、決定最理想的運作型式、對組織成員的背景瞭解並作最佳組合的選擇，同時亦不可忽視組織成員個別的文化背景因素等（呂瑞香，民 91）。

就引導者而言，身為一個團隊的引導者，在事前，他需要有明確的目標與想法，依據團隊成員的整體狀況、團隊的目標等，事先決定此團隊學習的方式或策略，對於此團隊學習的細節例如規則、程序、角色等身為引導者也需事前規劃。就團隊成員而言，成員的文化背景、對於團隊目標的預期、團員事前與學習主題相關的經驗、以前曾經參與團隊工作的經驗、團隊工作中的優勢迷思、團員的個人狀況，這些背景經驗和團隊學習過程中所發生的事件相互影響，以及前述引導者的目標與信念，就成為影響這團隊學習的重要因素。

綜合專家學者的看法，呂瑞香（民 91）歸納出影響團隊學習的文化因素如下：

（一）團隊「深度會談」、「討論」的氣氛

建立以「深度會談」破除成見與偏見，積極促進成員展開深度匯談，不吝公開經驗，並找出問題的成因，共同解決問題的氣氛，有助於團隊學習。

（二）坦誠的溝通

組織中不良的溝通是學習與品質提昇的主要障礙，加強溝通與合作，將使成員客觀而開放地思考，讓每個人都能夠從開放的溝通中獲益，組織無法有效的、開放的溝通，是無法獲得高績效，而面對面互動溝通，是團隊學習的重要特質。如果教師缺乏合作學習精神，將使個人主義和孤立保守的心態，阻礙學習的發生而無法共同研究，共同解決教育問題。

（三）創造資訊分享的環境

學習的發生在知識的傳達、分享、轉化，個人所產生的資訊為成員所共享時，可成為組織的共享知識，因此消除資訊不足、學習資源分配不當等學習障礙可促進團隊學習。

（四）建立系統思考能力

系統思考能有效幫助管理個人及他人，同時促進團隊合作，讓所有團隊以一個整體的系統方式運作；管理者必須拋開權威型態，以資訊、服務、情感交流與組織間互動連結，以建構組織與外界的網路促進團隊學習。

（五）建立自我批判省思的團隊學習文化

透過「自我揭露」、「兼顧探詢與辯護」的團隊學習，察覺和檢驗自己信奉的理論和實用理論的差距，以進行反思與學習。

（六）善用衝突，並避免習慣性防衛

習慣性防衛是一道隱形牆，它會造成捨本逐末、阻礙團隊學習、玩政治遊戲。善用衝突或攤開衝突，使衝突成為創造性張力，可讓成員想法自由交流，促進團隊學習。

（七）鼓勵成員成為建構持續學習的終身學習者

就學校而言，透過團隊學習推動終身學習可以提昇學校學術聲望，提昇學校競爭力，建立永續學習的良好環境，使學校師生樂在學習，滿足自我成長與自我實現的需求。

綜合上述，組織建立「深度會談」、「溝通」的氣氛，成員之間能「坦然的溝通」，彼此資訊分享的暢通，建立系統思考的能力，能善用衝突避免習慣性的防衛，成員們都有終身學習的觀念，在此為文化背景的氛圍下，對於團隊學習具有正面的支持力。

新知識時代專欄

我們與機器人（二）

我國是製造業強國，在機器人的應用是世界名列前矛的國家。依據最近一期的 IFR 調查資料顯示，我國新裝的工業機器人數量位居全球第六。一般裝設的工業機器人主要為組裝與協助搬運二種。

依據 IFR 預測，我國在 2022 年之前，每年有10至15%的幅度快速成長，這種情況就是知識管理與創新工程的精神表現。多年來，我國機器人的大量採用，大大提升國內製造業的競爭力。

但隨著時代進步，我國機器人的廣泛使用，也使國內就業機會受到壓縮；就業市場受到不小的衝擊。國內製造業應用機器人，另一個值得提出的建議為未來智慧製造環境，更強調為「彈性化生產及客製化服務」的技術。多年來，國內製造業使用的機器人，大多是大量生產及標準化為主的自動化生產模式。

展望未來，智慧化機器人的應用重點是：能與人類相互配合的「人機協作」型機器人之發展。此項是可以預見的事實，盼望在各行各業知識管理與創新教育的深耕計劃中，可以讓國內產業各界人士，在創意與創新的步伐上，加快腳步，向前邁進。

參考資料：陳怡如撰文，國家實驗研究院科技政策與資訊中心研究員。經濟日報。2020-06-07，A12版。

Q&A 問題與討論

1. 未來智慧化製造環境與機器人有何關連性呢？請加以說明。
2. 「人機協作」與知識管理創新，有哪些互動與關鍵因素呢？請上網找資料，加以分析之。

介紹遠距教學與會議設施的優質設計

2020 年是全球受到嚴重的肺炎疫情影響,各企業各機構的運用,少不了遠距數位設備的支援,而這些精緻的數位設備,成為重要的支持設施;此設備包括有電腦(或智慧型手機,得內建攝影機及麥克風)、穩定的軟體、網路(較優品質的連線)及高階的硬體設備等。

這些基本的數位化設施必須要求有:穩定傳輸高品質的影像和聲音。在此介紹有一種產品是:思科系統的智能會議設備,能提供與會者彷彿面對開會的臨場感,它可以在螢幕上看到真人大小的影像;此系統採用指向性麥克風,又可以優化音質,讓與會者(或學習學生)的所有人都會覺得是在同一個空間中開會或學習。這些設備的設計思維是創意與巧思的作品,就是知識創新精神的象徵與表現。

參考資料:彼得・賽克(Peter Zec)撰稿,經濟日報。2020-08-21,B5 版經營管理。

Q A 問題與討論

1. 介紹優質數位化教學設計,應注意哪些事項?

2. 常思考到知識創新應用於遠距數位教學時,其優點有哪些呢?

8-3 組織學習

邁入新的世紀將是一個以知識為主導的年代,知識不僅將成為新經濟時代重要的資源,而且也是企業內部個人或組織本身積極追求的標的,而知識力量的產生則往往必須透過組織學習的途徑。近年來學者已將學習視為企業內部能否持續成長與增進核心競爭力之關鍵 (Nevis, etal.,1995;Gherardi and Nicolini, 2000)。

Fulmer (1994) 指出在競爭激烈、變動快速的環境之下,組織學習已成為生存的必要條件。未來最成功的組織將是利用學習建構而成的「學習型組織」,是一種靈活、有彈性並透過不斷學習以創造恆久競爭優勢的組織 (Senge,1994)。由於企業環境日漸複雜而趨向多元化,使得組織必須運用學習來因應環境所帶來的快速變遷,Huber (1996) 也認為正因為環境迅速變動,科技、技術與知識急遽增加,所以組織更需要學習。Nonaka (1995) 更表示倘若組織不能取得最新技術、市場情報來進行學習終將失去競爭優勢。

19 世紀初,當 Taylor 首先提出以組織為學習系統,並以教導與學習的互動方式來增進工作效率之時,以悄然開啟組織學習的概念。而隨著時代的變遷、科技的進步與社會結構的轉變,組織學習的意涵終究產生巨大的變化。

一、組織學習的定義

自 1950 年代以來組織學習因研究者探討重點的不同,也衍生出許多的概念與面貌,導致定義相當分歧(蔡明達,民 89)。

在眾多組織學習理論的發展中,以 Argyris 和 Schon 兩人在 1978 年所著「組織學習:行動理論的觀點」 (Administrational Learning:A Theory of Action Perspective) 一書最有系統、最具代表性,是組織學習理論的重要奠基者,Argyris 和 Schon (1978) 認為學習不僅是得到新的洞察力或新觀念,學習是一種「行動過程」。其對組織學習之定義為:「當組織實際成果與預期結果有差距時,組織會對此種誤失進行集體探究、主動偵察與矯正過程,此過程即是組織學習」。組織學習的過程是「發現存在的差距、發展解決方案、實施方案行動、並將所得之經驗內化到組織規範」等四階段。組織學習是來自個人、團

隊到組織整體的學習過程，其雖以個人為學習的開端，但若無法推展到集體的學習則充其量僅停留於個人學習或團隊學習罷了，稱不上是組織學習。

Ducan 和 Weiss (1979) 視組織學習為組織內部的一種過程，一種有關組織如何將行動和產出間的特定關係發展成為組織知識的過程。此過程須藉由公開溝通與資訊交流等過程以形成共識。

Shrivastava (1983) 綜合許多學者的觀點，認為組織學習是一種調適、一種資訊處理型態，是組織內經驗的制度化。

Levitt and March (1988) 認為組織學習的主題應包括組織如何從直接經驗中學習、如何從他人經驗中學習、及組織如何從詮釋經驗中發展觀念架構與典範。

Stata (1989) 認為，組織學習是組織透過分享見解、知識和心智模式來學習，且以過去的知識和經驗為基礎，有助於組織因應外界環境的變動。Dodgeson (1993) 以學習程序的觀點認為「組織學習是企業在其文化環境下建構活動的知識及例行性事務，運用組織的人力與技能，以調整及發展組織效率」。

盧偉斯（民 85）認為組織學習是一種循環的組織過程，為了促進長期效能與生存發展，而在回應環境變化的實踐過程中，對其根本信念、態度行為、及結構安排所為之各種調整活動；這些調整活動藉由正式與非正式的人際互動關係來實現，即環境的變動和組織的學習互為因果關係，將組織學習視為管理精進的過程，藉以提昇組織學習的能力，塑造鼓舞學習的組織文化，增強個人學習本能，更新人力資源管理策略，改造組織設計與溝通方式，加強處理資訊的能力與領導作為，由組織設計、策略管理、資訊溝通、和人力資源發展等構面所發展之構想。

蔡進雄（民 86）認為，組織學習主要是打破以往組織既有僵化結構模式，以適應當前速變環境狀況的歷程及情況，此即為組織學習，而藉此所塑造及形成的實體則為學習型組織。江志正（民 89）認為組織學習是一種以組織為主體的學習歷程，從結構的觀點而言，當組織為因應內、外環境的變革而進行重新結構時，即可視為學習的發生。

林文寶（民 90）對於組織學習採取重視學習過程之觀點，「認為組織學習是因應環

境透過組織內部機制的調整過程，而此過程是組織內的共同學習方法或程序，進而達成特定的目標。」

組織學習的意義為何？各研究者提出各種不同的看法，彙整如下：

Fiol and Lyles (1985) 說組織學習是經由更豐富的知識與理解，進而改良做事方法的過程。Levitt and March (1988) 認為行為是組織學習重要的成分，組織是經由推論學習，由過去到成為慣例，慣例指導著行為。每一次學習，行為慣例就改變一次。「慣例」是指過去學習所得，並編撰成為永久的訓示。Senge (1990) 組織學習 (organization learning) 是個體學習過程的結合，並且能過不斷增進創造未來的能力。Huber (1991) 認為組織學習是有潛在影響行為的新知識或是新看法。Weick (1991) 認為個人和組織學習在基本上是不同的，組織內學習 (learning in organizations) 是在組織環境內，個人頭腦的學習；被組織學習 (learning by organizations) 是把組織視同學習的代理人來學習，而非個人頭腦所學。

Swieringa 和 Wierdsma (1992) 強調組織學習是明顯的組織行為改變。

Shaw 和 Perkins (1992) 聲稱組織學習是組織從本身經驗與他人經驗中得到啟發，並修改為可行方式的一種能力。Argyris (1993) 說組織學習是偵測和校正的流程。Snyder et al (1998) 整合兩者的觀念，認為個體在組織中學習，但此學習不一定促成組織的學習。Chait (1998) 是指在經驗上，組織去維持或改進績效的內部學習能力或過程。

Klimecki 和 Lassleben (1998) 認為組織學習是自資料處理過程中得到組織知識的改變，並促使組織找到新的方法，在新的環境下能成功生存。且組織知識 (Organizational knowledge) 是在組織成員中分享，並指導組織的行為者；資料處理 (Information processing) 是指組織學習時，對看到的落差進行溝通處理，尤其是環境與組織間的明顯落差；組織學習 (Organizational Learning) 必須提升「問題－解決」的總能力，以促使組織在動盪的環境中能生存。Mulholland 等人 (2001) 認為組織學習是工作人員在其工作背景下，藉由經驗而逐漸學習的一個過程，其呈現在工作實務與跟同事的合作上。

Schwandt 和 Marquardt (2001) 認為組織學習是必須有個人的學習，但是將其作為組織學習的條件是不夠綜合多數學者的觀點，組織學習是由個體學習開始，但是並非是個人學習的總加成，這樣並沒有因有組織而產生綜效。組織是以擬人化的方式來學習，雖

沒有大腦,但有認知和記憶,其用來發展與分享組織知識的過程,就是組織學習。如組織訂定標準程序來規範組織成員的行為,其已考量個體的不同,再整合成制度程序,最後由組織成員遵行。

Argyris 和 Schon (1978) 表示組織學習是當組織的實際成果與預期結果產生落差時,組織對此落差進行偵測與修正的過程。而 Shrivastava (1983) 認為組織學習是一種調適、一種資訊處理型態,也是組織應用理論 (theory-in-use),亦是組織將內部經驗制度化的程序;Stata (1989) 表示組織學習是在過去經驗與知識的基礎上,將成員的見解、知識與心智模式和組織成員共享。Garvin (1993) 則表示一個具有組織學習能力的學習型組織,熟悉於創造、蒐集與傳遞知識,並藉由知識來修正組織行為,並將組織的新知與見解付諸行動加以反應。Senge (1994) 認為組織學習是組織成員持續不間斷的提昇自身能力,以達成組織理想目標。Sinkula (1994) 指出組織學習是個人將知識傳遞給組織的過程,使組織中的其他成員能加以利用。而 Huber (1994) 以行為觀點出發探究組織學習,發現組織必須經由獲取、傳遞、解析等資訊處理行動來使得組織的潛在行為得以改變,即為組織學習。

二、組織學習能力

楊國安(民 90)認為,組織學習的重點放在「組織學習能力」的焦點上,一個組織的基本學習能力,包括經由特別管理方法以創造新意 (generating ideas),並能跨越組織的不同界線,將具有實質影響的有用新意予以推廣應用;將重點放在「能力」上,強調主管的實際作為。在組織中,「學習」代表將個人學習所得的知識應用於他人、其他單位及不同功能組織學習能力的構成要件,包括:

(一) 創造有用的新意

組織學習最基本的問題是要了解可以從那裡獲得新意。在各學習方式中,以實驗學習及提昇能力最能增加組織的創新能力與獨特性。

(二) 推廣、應用有用的新意

僅僅擁有新構想是不足以稱之為學習型組織,推廣是很重要的步驟。推廣、應用有用的新意的首要任務是:建造一個跨越界線的機制。

三、組織學習之程序

組織學習的程序有許多不同分法，Shrivastava(1983) 首先對組織學習相關研究加以彙整，將組織學習以四大觀點探究：

（一）適應性學習

組織為因應環境變化，隨時調整組織目標與市場焦點。

（二）共享假設

組織利用分享假設 (組織使命、目標顧客或策略) 來制定應用理論，且組織利用學習來修正假設，進而改變應用理論。

（三）知識基礎之發展

透過學習的程序，以了解行動與結果間的關係。

（四）制式化經驗之效應

利用組織學習曲線之效用並將其擴展至管理決策上。

蔡明達 (2000) 認為 Shrivastava 觀點下的組織學習概念為一種組織程序，組織成員透過學習將知識、信念和假設 (組織使命、目標顧客或策略) 與組織成員共享，進而影響組織的心智模式、價值觀與組織行為；而組織學習的成果亦為組織全體成員所共享，並整合為組織程序中的應用理論；此外，組織學習乃建構在組織機制之中，包含正式或非正式的溝通；最後，組織學習之經驗被轉化為記憶；因此，無論組織為何種學習皆由過去經驗與記憶中堆砌而成。

Shrivastava (1983) 的組織學習觀點似乎圍繞在組織程序中，而程序末端的組織記憶不僅是組織學習的儲存地，亦是組織展開學習對記憶蒐取的起點。此觀點已逐漸描繪出組織學習的資訊處理程序。

而 Huber (1991) 更明確的以知識 (knowledge)、資訊 (information) 的觀點探究組織學習，認為組織學習可分為四個程序：

（一）知識的蒐集 (knowledge acquisition)

組織中的個人經由天賦或自身經驗、委託學習、或移植、搜尋來取得知識，意即組

織可藉由觀察與研究來獲取資訊，同樣也可透過由新成員的加入以帶入新觀念，或進行合資引進外部知識。

（二）資訊的擴散 (information distribution)

其作用在於促進資訊的共享，並建構出互通的資訊系統及管理程序 ，將不同來源的資訊與組織中成員共同分享，並因而獲致新資訊。

（三）資訊的解析 (information interpretation)

將所獲得資訊加以解讀，而當組織成員產生不同認知與理解之時，便會使組織成員展開學習、溝通，進而發展出組織對資訊的共識，並賦予意義。

（四）組織記憶 (organizational memory)

將所獲得之知識、所解析的知識以慣例、檔案或標準作業程序加以儲存、記憶，或運用資訊系統儲存與分析，以供未來使用。組織學習是透過組織對內或外蒐集情報，經由傳遞、分享，再加以解析與轉化，而成為組織內化的記憶，進而成為組織資訊的來源。

Argyris 和 Schon (1978) 強調知識力量的產生會透過成員的記憶、計劃和資源分配等活動而達成。並且定義組織學習為「組織內部的成員完成探究知識的行為，並產生學習有關產品或製程的知識」。Fiol and Lyles(1985) 也曾定義組織學習是一種透過較適當的知識及解決方式以改善組織行動的過程，Helleloid 和 Simonin (1994) 則從組織學習之觀點，強調有效的學習以吸收知識進而產生力量，必須有賴四個程序，分別為知識取得、處理、儲存和擷取，而組織中的知識或資訊是透過有效的組織學習程序，以創造與強化核心競爭力。簡言之，組織的行動以及吸收相關知識的過程都包含在組織學習和知識能量的範疇內。另外當組織擴大乃至分化為各個系統時，每個系統或單位都會各自擁有一套行動問題解決之規範 (norm) 及策略。如果以製茶工廠為例，所謂規範可能是工廠的生產程序和茶的品質，策略就是致力品種改良方法之提出，或採取獎勵措施以獲取良好的成果。

Morgan (1986) 曾經提出滿足下列四個條件時，組織才能有效的學習。第一個條件為組織必須有能力去知覺、監視環境中重要的事物；第二個條件為組織必須將有關的資訊連結到營運的規範上；第三個條件為組織必須能察覺不同規範間的差異；第四個條件是組織必須能有控制機制與回饋使得實際績效與目標有所比較作修正。

Tsang (1997) 歸納組織學習之不同觀點，譬如：有的學者以認知的觀點強調組織學習是透過團體的集體行為來獲得、維持或改變多數人了解之定義；而有的學者則是以實際行為之觀點（換言之，強調行為改變或效果）認為組織學習是透過較佳的知識和了解來改善行動或行為的過程。

Huber (1991) 所提出組織學習的四大構面，分別為：

（一）知識的取得 (Knowledge Acquisition)

知識的取得常經由彙整片段的資訊來產生。

（二）資訊的分配 (Information Distribution)

資訊的分配是組織學習的基礎。

（三）資訊的解讀 (Information Interpretation)

賦予資訊意義的過程，藉此解釋事件發生的緣由，並發展出共同的理解及概念架構。

（四）組織記憶 (Organization Memory)

知識的儲存並提供未來使用的方式。

Nonaka 和 Takeuchi (1995) 主張組織應營造一種適於知識創造之「條件」，此條件具有以下五個特性：

1. 讓組織成員有自發的意圖。

2. 給組織成員一個具變化、挑戰性，而不太安逸穩定的環境。

3. 給組織成員創新的自主性。

4. 給組織成員有充裕豐足的資源。

5. 給組織成員多樣化的環境來刺激創新。

從以往相關文獻對組織學習的觀點可知，組織學習理論可分成內容面和程序面之觀點。內容面的觀點強調組織學習類型之探討，譬如 Argyris 和 Schon (1978) 將組織學習區分為一階學習與二階學習。一階學習是指增進組織能力以達成已知之目標，經常與企業常規及行為之學習有相關，屬漸近式之改變。二階學習則為雙迴路學習，必須重新評估目標的本質及企業經營之價值觀和宗旨，常涉及組織文化之改變，換言之，即學習應

如何學習。程序面之觀點則強調學習活動內容的規劃與系統性的學習過程，譬如：Senge (1990) 在其論著中強調組織欲獲取外在資源則除了調整組織學習活動，使組織的輸入、產出與環境回應間能維持一個均衡狀態之外，組織成員的學習方法是有效凝聚知識能量的步驟。

　　近年來學者對於組織學習之研究，呈現多元化之觀點，未有定論，譬如就近年來探討組織學習的文獻而言，有兩派不同之觀點，一派以系統動力學之觀點強調學習乃發生在個體的心智或組織的系統結構中，另一派則以社會學之觀點強調學習和知識主要是透過人與人之間的對話和互動 (Edmondson, 1999；Gherardi and Nicolini, 2000)，換言之，前者強調系統內結構元素中的自行處理訊息或調整組織行為的主流認知，後者則強調學習者乃是在特定的社會文化和現實環境中透過人際互動學習認知的社會人。

　　組織學習是一種持續性的過程而非結果，可以用來發展新觀點、創造共同合作的新方法與流程和組織架構，也同時可以協助組織成員創造新知識、分享經驗與持續改善工作績效，而且學習的焦點在於組織而非個人，個人的學習必須與他人分享，再經評價與整合之後才能成為組織學習。因此組織學習對企業帶來的效益大於個人學習的總合。由於組織學習必須由個人發生，由工作中累積經驗與知識，所以組織學習既可以是一種溝通模式的學習，也可以是專業領域的學習。

新知識時代專欄

我們與機器人（三）

　　我們與機器人的互動關係，是各種產業必有的東西，而機器人也是人類不可或缺的夥伴，本文將介紹服務型機器人的特色。本型可分為三種：

1. 專業型機器人。

2. 個人／居家型機器人。

3. 休閒娛樂型機器人。

　　依據國際機器人聯盟（IFR）2019 年的資料，第二種個人／居家型的服務機器人銷售量最高，約 2210 萬台，年增 35%。其特色是商品價格下降很多，一般消費者接受度高；如掃地機器人與割草機器人，顧客很容易學習與使用。而第三種的休閒娛樂性質的機器人的應用量次之，主要市場以歐美國家為大宗。反觀第一種的專業型機器人數量較少，主要在工廠或賣場使用，但其單價高，市場定位在製造業及大賣場，截至 2019 年約有 36 萬台，價值高達 126 億美元；又專業型機器人，也廣泛應用於無人搬運車系統（AGV），市場佔有率 41%，年增 57%。

　　近年來，受到工業 4.0 影響，潛力無窮；此種機器人，除了在各自動化廠域之外，目前也擴大應用在離岸風場高風險性的工作環境中。近年資訊科技與半導體技術的進步，配合 AI 與物聯網遠端技術，促使各種新型的服務機器人漸漸崛起。在強化創新知識的提升，貢獻良多。從上述的資料，「我們與機器人」是密切程度可見一斑。在機器人時代與知識管理創新來臨，誠盼社會先進，大家來一起來接受與應用之。

參考資料：葉芳瑜撰文，國家實驗研究院科技政策與資訊中心研究員。經濟日報。2020-06-07，A12 版。

Q A 問題與討論

1. 請介紹服務用機器人之特色有哪些呢？

2. 近年來，國內推動工業 4.0 的智慧製造，請問與知識管理創新的關連性為何？

新知識時代專欄

介紹新思維的新創企業

新創企業經營上，更加要重視新思維的心法，新的心法就是公司成敗的關鍵，依據許會計師的建議，包括有四大心法：分別介紹如下。

1. 得「意」忘「形」：新創公司的創業家要特別注意公司的業務本質、意涵與目標。例如以數位轉型為倒，公司不只是電腦化或 AI 智慧系統應用等表面形式，應思考公司在管理、思維及人才三個重要關鍵要素的轉型策略和方向是否有效且正確。

2. 得「不」償「失」：新創公司在多變經營環境下，失敗總是難以避免，要深度體認能從「失敗中學習」不再重蹈覆轍的教訓，不浪費任何因失敗所付出的代價，就是「得不償失」之意涵，也是邁向成功之道。

3. 得「寸」進「尺」：新創公司就是「新的創業環境」，創業者應培養風險辨認之敏感度與解讀市場資訊能力，對於各議題應有追根究底的精神，就事論事並進一步「得寸進尺」地要求員工提出合理分析與說明。

4. 得「天」獨「後」：新創公司是否成功，會受到「先天」之優勢所影響，但「後天」的努力卻更加重要。新創公司在詭譎多變的市場環境下，不能夠單依靠先天的競爭優勢，更應要在後天不斷的精進，方能使新創公司立於不敗之地。

在高度知識經濟時代的知識管理與創新訓練之下，上述的四大心法，的確是新創公司的法寶，請大家參考應用。

參考資料：許晉銘撰文。經濟日報。2020-07-10，A14 版。

Q A 問題與討論

1. 請介紹本個案新思維的四大心法。

2. 請分析知識管理與創新對新創企業之影響有哪些呢？

問題討論

一、是非題

1. (　　) 知識經濟時代，要有創新行動的組織才會有旺盛的活力。

2. (　　) 知識創新的策略不要從個人的行動研究開始，也可以形成團隊的學習。

3. (　　) 團隊是包含兩個人或兩個人以上，必須協調一致，以完成共同的任務。

4. (　　) 學習型組織是一種不斷學習與轉化的組織。

5. (　　) 學者彼得聖吉指出，團隊學習是工具也是媒介，其效益在於促進組織成員的個人學習，進而形成組織學習。

6. (　　) 坦誠的溝通並不是團隊學習的文化因素。

7. (　　) 建立自我批判省思的團隊學習文化，有助於團隊學習。

8. (　　) 近年來學者已將學習視爲企業內部能否持續成長與增進核心競爭力之關鍵。

9. (　　) 組織學習的重點宜放在「組織學習能力」的焦點上。

10. (　　) 組織爲因應環境變化，只要重視組織之財務能力即可。

11. (　　) 組織記憶是指組織透過知識力量的產生會透過成員的記憶、計畫和資源分配等活動而達成。

二、選擇題

1. (　　) 良好之組織記憶環境，組織宜有下列特性　(A) 組織成員有開發的意圖　(B) 給組織成員一個具有變化、挑戰性之環境　(C) 給組織成員創新的自主性　(D) 以上皆是。

2. (　　) 學者 Huber 提出組織學習的四大構面，下面哪一項不是　(A) 知識的損失　(B) 知識的取得　(C) 資訊的分配　(D) 資訊的解讀。

3. (　　) 下列哪一項不是影響團隊學習的文化因素　(A) 團隊常有討論的氣氛　(B) 坦誠的溝通　(C) 申請專利　(D) 創造資訊分享的環境。

4. (　　) 彼得聖吉認爲團隊學習宜注意哪些面向　(A) 共同願景　(B) 自我超越　(C) 團隊共同學習　(D) 以上皆是。

5. (　　) 下列哪一項敘述有誤　(A) 團隊是成長能公開而誠懇的溝通　(B) 團隊具有互補才能認同於一共同目標　(C) 團隊學習並不是企業創新的策略　(D) 團隊學習可創造出優於個人的團隊績效。

6. (　　) 下列哪一項敘述有誤？　(A) 組織學習不用因應環境透過組織內部機制的調整過程　(B) 組織學習是一種以組織主體的學習歷程　(C) 組織學習是偵測和校正的流程　(D) 組織學習是明顯的組織行為改變。

三、問答題

1. 試說明行動研究的特性為何。

2. 何謂組織學習？試舉例說明之。

3. 試說明團隊學習有哪些面向？

4. 請介紹機器人的創新應用。

NOTE

半導體製造業

Chapter **A-1**

世界級 IC 晶圓代工公司

－台灣積體電路製造股份有限公司

公司簡介

　　台積電成立於 1987 年，1994 年股票掛牌上市，總部與研發中心設於新竹科學工業園區。提供半導體產業領先的製程技術、元件資料庫、智財權與其他最先進的代工技術，是全球第一家以最先進製程技術提供專業積體電路製造服務，即一般所謂「晶圓代工」公司。

　　台積電是第一家「純粹」晶圓代工公司，不與客戶競爭、不設計或生產自有品牌產品。藉由持續的製程改善與製程創新（目前精度已到 28 奈米），不斷累積精進的代工專業知識。其於 2000 ～ 2013 年皆名列台灣最賺錢的企業與台灣模範型民營企業。專家學者們多認為「台積電是台灣唯一做好知識管理的企業」，而其內部具有一套非常嚴密的製程，不斷研究更新其流程，這正是台積電知識管理的一個良好典範。

　　1988 年至 1990 年間，筆者有幸在工研院材料所參與薄膜技術研究，當時總覺得在院區裡，怎麼會有一家實驗工廠，其名稱為台灣 oooo 公司；過不久，台積電在董事長卓越領導下，成功地展現 IC 晶圓代工之專業與實力，成功為台灣高科技產業之提升與擴大，立下最大的功勞。

　　在 1993 年左右，筆者正研究 IC 產業人才培育相關問題，有幸地到台積電請教設備處副處長，獲得好多有用資料及回饋，不巧家中遇到小偷，結果資料遺失，必須再與副處長請教，正逢副處長不在，負責秘書小姐因多次連絡之關係，有點熟識，秘書小姐立即回應，他馬上在電腦找看看；結果本人剛放下電話筒，傳真機即響起，所需要參考的資料，就如神力般地傳進來，讓本人驚喜萬分，為何台積電有這麼高的知識管理績效呢？又為何台積電有這麼優秀的幕僚人員來協助主管們處理知識管理呢？多年來，就讓筆者深深的體會與敬佩它。

　　從上述二則事例，我們不難看出：台積電具有雄厚的成長潛力，是從知識管理做起的。

A-1-1 推動知識管理動機與目的

台積電創立於 1987 年，英特爾來台灣準備找工廠代工生產晶圓，到台積電發現有兩百多個缺點，就說台積電不能當英特爾的代工廠。半年後，台積電努力將缺點降為幾十，再半年後，只剩下四個位數之缺點。這是非常大的突破與改善。

台積電藉由持續的製程改善與製程創新，不斷累積精進的代工專業知識，良率已達到 97%，有了良好品質之後，亦加強速度，將送貨到交貨時間由 10 週降到 4 週，提高競爭力。台積電公司於 2020 年成為世界首家提供 5 奈米製程技術，台積電公司透過「學習型組織」之學習，將各種先進製程、特殊製程及先進封裝，已經為近 500 個客戶生產滿761 種的不同產品。台積電的知識管理是從組織內的經驗開始、將知識獲得之程序分有：記錄、分類、儲存、擴散以及更新過程，加以台積電之各級管理人員體會到要有效管理組織內各種專業知識，不能像過去只將經營的目光放在有效管理資金、設備、產品、人員等。面對如此快速的成長，台積電需要更有效率的知識管理與及時性的作法，來帶領公司朝向願景前進。誠如：落實知識管理的需求方面。

如何做好知識管理是台積電維繫競爭力的關鍵。為了使專業知識與專家意見均能有效保留在組織內部，需運用適當的網路資訊技術以協助知識管理的落實。

一、知識管理部門

為推動廠內知識管理的進行，台積電特成立「技術委員會」負責軟、硬體及技術上的研發。在組織文化上更鼓勵內部人員保持學習的活力並隨時分享與記錄。以便做到組織內的經驗傳承，知識可以透過：有效記錄、分類、儲存、擴散以及更新等過程。

台積電知識管理有關部門可說明如下：

（一）技術委員會

廠務、照相區、爐管區等八個技術委員會。台積電每個工廠的相關人員都加入相關委員會先做資訊交流及溝通。大家共同討論出哪種機台最好用，日後擴建新廠就採用大家共同確認之最好機台。

（二）標竿學習 （bench marking）

台積電每人每天要由工作中、書本中挖掘出最好的工作方式以及相關專業知識。台

積電人最感覺痛快的是，可以隨時把學到的新技術用在工作當中。台積電人常說：「上司很容易接受新技術，也一直 push 我們要這樣做」台積電人常以學習到之新知，大家分享，共同成長，上至董事長，下至每位單位主管，皆以分享新知為最佳學習態度。

　　「台積電就是要做到多方面之溝通，且無怨言：（more communication, no complain）」。技術人員在工廠操作這個機器達到最好的效能時，一定記錄下來，供台積電別的工廠學習。在跨部門的溝通也十分積極。資訊部門更是時時去滿足生產部門的需求，作最佳的知識傳播。

（三）聰明複製

　　台積電是用中央檔案的概念來做聰明複製 （smart copy） 建設新廠的執行策略。亦可稱是複製主管 （copy executive） 來確保其他廠的員工是否做到正確的複製（copy）。

　　台積電內部有實施的教戰手冊，只要工廠一建好，機器一搬進來，就會有教戰手冊指導新技術員很快就可以上機生產。各尺寸之晶圓的機台本身也有教戰手冊。教戰手冊會提醒技術員上機時可能會碰到什麼困難，要預先避免犯錯。藉此手冊必須紀錄什麼時候會出問題，出問題要如何解決，把既有經驗傳承下去，便不會因為有人離開而讓經驗中斷。

（四）IT 扮演重要角色

　　在儲存、分享方面，台積電資訊科技部門人員扮演很重要的支援角色。在台積電內部，每個部門的人都有他的上下游客戶。所以即使他身在 IT 部門工作，也不要過度以技術者的角度來看事情，而是應該以如何讓使用者用得愉快的觀點來看待。由於跟建廠有關的知識可以儲存、擴散，台積電三廠、四廠、五廠等自動化程度已超過 95％，有的幾乎已達到 97％、98％左右，可以自動化就自動化，充分讓知識管理發揮到最大效益。

（五）實現虛擬工廠 （virtual fab） 與數位學習 (e-learning)

　　資訊科技也積極讓整個台積電製程透明化，讓客戶可以透過網際網路，將台積電的工廠當成自家後院的工廠。遠在歐、美的台積電客戶（已無晶圓廠的 IC 設計工廠）可以透過網際網路，直接連接在新竹的生產工廠，即時瞭解他們向台積電下單的晶片當下在

哪一個生產站，是否卡住不動，良率如何等。客戶一發現他向台積電下單生產的晶片在某一個生產站卡住很久，就會打電話或透過電腦向新竹的台積電詢問。也就是說，客戶隨時可以掌握他下單的貨號進度。任何一個客戶只要透過電腦直接向台積電敲訂單，台積電的電腦系統就會自動確認、回覆客戶，並預計敲定的貨多久可以出貨。客戶也可把對台積電的抱怨直接打入電腦，透過網際網路登錄台積電的資料庫，任何人也無法將這些資料殺掉。這種網際網路的即時與便利，讓遠在歐美的客戶覺得台積電在新竹的工廠就好像在隔壁，不用自己設晶圓製造廠，讓台積電代工就好了。讓客戶覺得用台積電的工廠，服務更順暢、製程更透明，生產更有時效、品質更能保證。

（六）知識擴散與傳播

藉由討論、分享，將每個人的工作經驗以電腦編碼儲存，使得台積電的新人很快就可以踏著前人努力過的汗水前進。台積電在新人剛進來時都會指派一個資深工作者帶領，就像母雞帶小雞、師傅帶徒弟一樣。以工廠為例，通常老人會花兩天的時間，告訴新人該如何使用機器，並安排上課。同時新人也要花很多時間閱讀編碼儲存的知識。

（七）知識更新

台積電的信念是「改善是永無止境的」，每個月台積電營運的最高主管會定期與四個技術委員會溫習舊知與新學。所以一個委員會常有機會與最高營運主管會面。

（八）績效管理與發展 （Performance Management and Development）

這套制度最讓台積電人不安的是，過去主管績效評估的分佈只要有1%的不好即可，現在要有五％的不好；過去只要有 5% 的特優，現在要有 10% 的特優—也就是要凸顯績效特優與不好的人。台積電之績效管理就是要每年把 5% 的人找出來，不是要裁掉他，而是要幫助他、提升他。藉由這種新制度，把危機意識植入每一位台積電同仁心中。因為公司每年都會挑出 5% 表現不好的人。

嚴謹的文化、嚴格的制度使得沒有打卡等嚴格瑣碎管理的台積電，內部卻自然有一種自己不努力工作、學習就會被淘汰的企業文化。台積電人力資源部門下就有一個學習發展部，不斷為台積電人安排各種訓練課程。在新竹科學園區的台積電大樓內，有一個樓層就是台積電專屬的訓練中心。

台積電的工廠作業員也有學習再進修的機會。台積電的作業員下班後到附近科技大學上課。為了方便他們去進修，公司會派九人座小巴士送作業員去上學。台積電的工程師也有碩士學分班可進修。譬如台積電與英國的 Lister 有碩士學分班的合作方案，一年有兩個禮拜要去英國上課。有的台積電人還自己通勤到台大上課。相對照之下，台積電人人作風驃悍，不怕衝突文化。一名教授形容每週三董事長召開副總會議時，會議室所在的決策樓可謂是草木皆兵。董事長開會時「很酷」；台積電各廠內的會議，也有開會大小聲的狀況。據一名離職者當初就是受不了老是在開會時與主管吵架而離職，如今卻十分懷念這種對事不對人的文化。

台積電的所有人都在學習，學習變成不可避免的任務，組織與個人一定要跟著成長，讓組織與個人不斷提升。想想未來需要什麼？如果你不能提供，你就是一個輸家。台積電人資部認為人才要不斷教育訓練，讓他覺得工作愉快，有前景，並讓每個人都深深有危機意識。當公司在成長，你若不能成長，會使你的存在成為公司的麻煩，而影響公司進步的能力。

導入知識管理計畫與策略

1. 台積電同步導入「企業入口網站」與「知識管理」兩大專案以解決「溝通成本日益升高」、「落實知識管理的需求」的問題。
2. 專案的導入分二個階段進行。

表 A1-1　專案導入二階段

專案導入說明		
第一階段	說明	由 HP 擔任 SI 工作，整合 BroadVision 平台，意藍部分產品與其他廠商產品。
	專案重點	以「企業入口網站」專案為主力。
	導入產品	個人行事曆、訊息溝通中心、討論區、待辦事項。
第二階段	說明	由 A-1 公司與各重點廠商直接協調，意藍科技直接提供產品供 A-1 公司檢驗與導入。
	專案重點	同步進行「企業入口網站」與「知識管理」兩項專案。
	導入產品	群組行事曆、資源管理、具權限控制的討論區。

3. 台積電為達成節省成本、提高良率的前提下，公司組織的 Fab MIS 知識管理部門自行
   發展即時生產知識系統，並尋求一個具有資料分類、客戶端權限管控及高度開放性的
   強大即時傳訊引擎 （Real-time Message Delivering Engine），以作為此系統的核心平
   台，以便縮短系統建置的時程。並增加購買以下二套作業系統：

   (1) ICE iPush R Communication Server。

   (2) iPush R Client API for Windows DLL。

   在歷經市場調查與實際測試，比較過國內、外各廠商所提供的各種 Communication
Platform 與 Message Queue 產品之後，Fab MIS 人員決定採用 ICE iPushR Communication
Server，來做為即時生產知識系統的核心平台，其原因有：

   (1) 與一般的 Message Queue 產品相比，iPushR Server 所能處理的客戶端同時連結數，
       遠遠高過數十倍，甚至是數百倍，具有很強之作業效率與經濟效益。

   (2) 可讓管理階層人員，以及關注不同生產資訊類別的工程師們，可以依 iPushR
       Server 的權限管控，做到資訊的個人化傳遞。

   (3) 契合 MIS 面對未來各種資訊設備連結時的擴充性需求，如 Wireless LAN、GPRS
       與 PDA、PocketPC 之結合。

4. 導入過程

1998 年 1 月	台積電的企業資源規劃系統上線，公司內部的資訊骨幹正式奠基。
1998 年 5 月	台積電推出 TSMC Direct，正式把內部資訊開放，提供給重量級客戶，客戶利用密碼進入，查詢晶片生產進度。
1999 年 1 月	台積電的良率管理系統上線，產品良率可以直接在線上查詢。
1999 年 7 月	台積電推出 TSMC Online 網站，針對一般客戶，提供產品進度。
1999 年 11 月	台積電的人力資源管理系統上線，員工資料更新和加薪都可以在線上完成。
1999 年 12 月	台積電的採購系統上線，開始透過網路下單向供應商訂貨。
2000 年 8 月	台積電推出 2.0 版 TSMC Online，架在一對一行銷平台上。
2000 年 11 月	台積電會計部門完成當月帳目一天關帳，這部份牽涉工廠、業務、財務和會計部門的共同配合，相當複雜，前後花費 1 年時間。

A-1-3 知識管理執行方法與預期目標

台積電將 e 化工作分成三大方向：工廠自動化（manufacturing execution system, MES）、商業營運系統（business operation system, BOS）、以及全面訂單管理（total order management, TOM）。

分成這三部份的基本邏輯，是工廠運作必須先自動化，對於生產線進度的資訊要即時而透明，提供給公司內部，便於做接單、排程、應收和應付帳款管理。工廠內的資訊也要提供給客戶，讓他們感覺就像自己的工廠。

一、資訊部門針對作業流程設計

商業營運系統針對台積電各部門作業流程，包含會計、財務、人事和採購，這項工作是要強化公司體質。全面訂單管理是針對客戶關係，讓客戶和台積電交易的每一環節，從設計、下單到查詢進度及出貨，都能享有便捷服務。

稱雄晶圓代工業的台積電，就像當年橫跨歐、亞兩洲訓練有素的蒙古軍隊，一旦目標定義清楚，大軍馬上就開始行動。有一百多位資訊部同仁，很快就兵分三路，開始擬定戰術，分進合擊。

資訊部門的同仁，密集地與各部門同仁討論，了解他們的需求，並規劃組織再造。一方面精簡作業程序，一方面設計新的工作方法，將部門內的作業，拆解定義成一個一個的工作流程（workflow）。以會計處為例，在當月帳目「一天關帳」的要求下，原本關帳需要 150 道程序，目前精簡為 100 道。

二、明確的工作流程

作業被定義成明確的工作流程後，後續再轉化寫成電腦程式就容易。台積電每一個資訊專案中，皆區分出三種負責人：事業擁有者（business owner）、資料擁有者（data owner）和系統擁有者（system owner）。

事業擁有者通常是該部門主管，負責定義「要做哪些事」；資料擁有者指的是輸入及使用該 e 化專案所產生資料的人，負責定義「誰擁有以及如何使用資料」；系統擁有者是負責撰寫及維護程式的人，也就是資訊人員，負責定義「用那些解決方案完成工作」。

每一個專案討論完後，一定要定出藍圖（標準規範），標示出要完成的工作內容和進度，然後該部門主管及資訊部門主管共同簽字，便付諸行動。原始提案的同仁，大多是各部門主管，但也有資訊部門人員主動提出。在規劃 e 化專案時，不能全交由資訊人員來主導，一開始就要把使用者拉進來，「e 化會改變使用者的工作習慣，他們才是主角，資訊人員的角色是在旁提供工具。」

平時，各個專案的成員每天開會，檢討進度和工作內容；每個星期，資訊長會和各專案主管開會，協調衝突並確認工作重點；每個月，資訊長會參加公司一級主管會議，協調各部門間因 e 化產生的衝突。根據台積電資訊人員的經驗，把問題定義的廣，就容易取得共識，在執行上的空間也大。

三、e 化要求標準高

台積電設定 e 化的標準相當高，要求能做到像全球第一大半導體公司英特爾那樣，甚至更好。台積電的資訊人員，除了在內部了解其他部門流程，也花很多時間研究外界現有的解決方案，甚至由主管領軍，到國外 e 化有成的公司見習，像同屬半導體業的德州儀器 （Texas Instru-ment）、電腦業的昇陽 （Sun Microsystems） 和網路業的思科（Cisco） 等。

為了節省時間並確保效果，台積電堅持只要市場上有現成軟體，就不自己開發。也因此，各種知名的 e 化軟體公司，像做企業資源規劃的思愛普（SAP）、做供應鏈管理的 extricity、串聯各種不同軟體的 web-Methods、做一對一行銷的宏道 （BroadVision）、專長人力資源管理的人民軟體 （Peoplesoft） 和開發銷售自動化的 Siebel，都可以在台積電找到。

在國內外電子商務研討會活動上，經常會碰到台積電的資訊部門人員，聊起各式新的 e 化軟體，他們如數家珍，還會分析比較。

在新竹科學園區的台積電二廠辦公室裡，每天川流不息的訪客，來自國內外各地，他們當中大部份是客戶，把生意交給台積電。接待櫃檯登記簿上的名字，也有不少來自顧問公司和軟體公司，要來爭取台積電的 e 化生意。

四、審慎尋找適合軟體

台積電儘量選擇每個領域的龍頭公司，因為這些公司較不容易倒閉，造成軟體後續

的升級和維護問題。台積電挑選軟體的標準，考量它是帶來「漸進式」（incremental）的進步，還是「跳躍式」（quantum）的進步，台積電要的是帶來跳躍式進步的產品。萬一沒有，台積電寧可等，或者和軟體公司共同開發。

五、與同業競爭激烈

過去，競爭對手同業對手公開說明，喊出「公元 2000 年超越台積電」，果眞在 2000 年初，同業對手正式五合一後，實力大增，又引起外界對雙雄之爭的期待。但不到半年，台積電公開反擊就扳回一城，以購其他半導體二家公司，持續拉大與同業對手的差距。

由此，台積電必須加速 e 化腳步，把骨架先建好。過去三年來，由內到外，台積電做了一次大翻修，可算是國內採用最多 e 化軟體的公司。

六、積極發展電子商務

早期，著重工廠自動化，現在重心是放在發展電子商務；「e 化不能是門面，而是把各項系統連結起來，發揮完整功能。」

爲了順利進行電子商務，台積電在原有的工廠自動化、商業營運系統和全面訂單管理等三大方向外，又加了二個方向：資訊科技基礎建設（IT infrastructure）和策略式資訊科技（strategic IT）。

資訊科技基礎建設，主要是規劃台積電整體的資訊架構，包含因應未來的高成長、以及廠區的分散，設計出台積電所需的網路設施和資料中心等。台積電目前在台灣和美西各有一個資料中心，因應兩邊的業務需求。

策略式資訊科技，主要是評估資訊科技長期走向，參與制定業界相關標準，因爲這些標準有利半導體業的流程規格化。台灣目前有台積電等五家半導體公司參加美國的 RosettaNet 組織，制定半導體業流程。

在全面 e 化精神帶動下，台積電的員工，也發揮類似台塑企業流程合理化的精神，找出日常工作中的流程死角，加以改善。

七、建立客戶及企業入口網站

台積電 e 化的下一步，是分別建立客戶和企業入口網站。在客戶入口網站上，將量

身訂做提供個別客戶所需的資訊和服務，建立和客戶一對一的關係，雙方一起開發生意，並且把經驗和知識累積在網站上，成為共同的資產。

在企業網站上，台積電定義它為員工的虛擬工作場所，舉凡各種表單、文件、採購文具和各種學習資訊等，員工都可以上網取得，並且依據個人權限和所需，由系統自動設定，同樣是達到一對一管理。目前台積電有上千位員工已試用這個入口網站，這也是台積電未來進行知識管理的基礎。

一張一張的訂單，從世界各地客戶那一端，進到台積電的業務部門，然後轉成一筆一筆的資料，排進工廠生產線，使得一台一台的設備，開始調整參數，準備生產客戶指定的產品。接下來，一片一片的晶圓，從倉庫運出來，送進工廠，開始一連串製做光罩、蝕刻和清洗等過程。當中的每一環節，都負載了客戶的期待，以及台積電的承諾。把這一長串有形的過程，轉為透明而即時的資訊流，是滿足雙方需求的關鍵。這就是知識管理整合資訊流之成果，也是台積電在知識管理成效的驕傲。

至於促成這一切發生的資訊人員，他們的績效究竟該如何評估？企業進行 e 化的投資，又該怎麼計算投資報酬率？「最直接而重要的指標，就是客戶滿意度。你的付出是否對客戶產生價值，讓他完成過去無法完成的事，這才是 e 化重點。」

A-1-4 知識管理與競爭優勢

一、企業智庫中心建立

對近五萬名員工的台積電人而言，他們的共同樂譜就是累積二十多年的知識檔案，並且這些知識可以不斷傳承給新人，新人可以站在台積電既有基礎上，繼續成長，而不是由零開始。這不像坊間一些流動率高的企業，經驗跟著人走，人走了，知識又由零開始。

二、虛擬晶圓廠的服務

台積電專注本業的信念一直沒改變，虛擬晶圓廠是以網際網路為基礎所建構的服務，它的前提是建立在網際網路的普及以及 IC 產業間緊密的策略聯盟關係，特別適合台灣的垂直分工模式；虛擬晶圓廠是以台積電的專業晶圓代工供應鏈所屬位置所發展出來的模

式，台積電與其策略聯盟夥伴透過彼此的企業外部網路 （extranet） 成為不同企業接觸的入口 （entry），再透過個別公司內部的網路 （intranet） 交換合作的資訊，有助於 IC 產業間彼此策略聯盟的合作並注重進度控制與資訊交流。

台積電的客戶可以藉由網際網路的平台連結至台積電的網站，得到客戶委託台積電代工的產品進度與生產現況，優點是迅速、便利、透明化，現今國際企業盛行的全球運籌管理模式也是透過終端機與全球各地的客戶接觸，台積電重視客戶互動，提出讓客戶把台積電視為自己的晶圓工廠一樣，可以隨時掌握到台積電的技術與進度，台積電並導入全面訂單管理（TOM）系統，做為與客戶的互動平台，台積電希望客戶把虛擬晶圓廠當作寶貝，因為虛擬晶圓廠要比客戶自己建廠更好。

三、台積電的經營理念

董事長為台積電提出的願景是—成為世界級企業。

世界級不只是規模或獲利，還要包括成為一家國際性的公司，國外股東樂意投資，注重透明化、公司治理與商業道德，最大的目標為創造股東權益，也就是市場價值。在面對不景氣時，董事長認為信心來自長期耕耘，台積電唯有專注，有目標與重點，才能超越別人，近年台積電在董事長的帶領下，不以專業晶圓代工龍頭自滿，而是以成為世界級的晶圓代工企業自許，成為一家真正的國際型全球化的企業。同時董事長特別期許台積電的員工，能建立下列各項觀念與願景，來提供競爭優勢之保證：

1. 堅持高度職業道德。
2. 專注於「專業積體電路製造服務」本業。
3. 放眼世界市場，國際化經營。
4. 注意長期策略，追求永續經營。
5. 客戶是台積電的夥伴。
6. 品質是台積電工作與服務的原則。
7. 鼓勵在各方面的創新，確保高度企業活力。
8. 營造具挑戰性、有樂趣的工作環境。
9. 建立開放型管理模式。
10. 兼顧員工福利與股東權益，盡力回饋社會。

A-1-5 結論

　　由台積電的實例得知，推動知識管理是企業經營成功的保證，唯有讓公司在知識經濟時代推動知識管理與創新之策略及作法中，可使全體員工皆能擁有正確的觀念，以一步一腳印的修行定力，落實地來創造「知識價值」。我們皆知道知識管理是將知識有效的整合、運用；重點在於提供更迅速、更方便、更有系統的架構，讓知識可以更快速的傳播並加以正確運用及創造團體知識，真正達到產業創新與變革，增加企業利潤，讓企業得以永續經營。

參考文獻

1. 莊素玉、張玉文著，張忠謀與台積的知識管理，天下遠見出版。
2. 台積電網站：http://www.tsmc.com/。

 問題討論

1. 試簡述台積電的知識管理計劃和策略導入過程。
2. 台積電如何執行運用知識管理達到競爭上的優勢？
3. 您對於台積電的各項知識管理執行方法有何心得？
4. 台積電成為當今台灣最具有競爭力之公司，請說明其重要成功因素。

NOTE

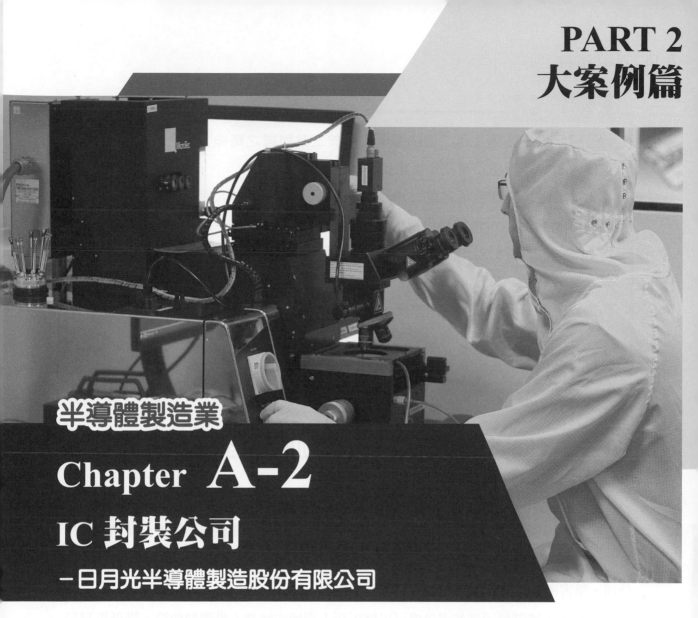

半導體製造業

Chapter A-2

IC 封裝公司

－日月光半導體製造股份有限公司

公司簡介

　　日月光是張先生等二位歸國學人基於工業報國之精神，配合政府發展高科技政策，以現金及專門技術集資於 1984 年創建。

　　事業經營範圍包括各型 IC 製造、組合、加工、測試及銷售等。經全體經營團隊十年努力，推動積極架構完整的半導體製造及客戶服務範疇策略，邁入 21 世紀，日月光已經擁有最完整的服務能力，有：前段工程測試、晶圓偵測、晶片封裝、成品測試及設計製造服務。從過去名不見經傳的小廠，躍升為世界排名第二的國際封裝大廠，並向世界封裝第一大廠快速逼近。

　　日月光展望未來，將在現有的良好基礎上，持續擴大競爭優勢，成為業界最具提供客戶一元化服務的 IC 專業封裝代工廠商。

A-2-1　知識管理導入計畫之動機與目的

　　「策略決定成敗，管理決定盈虧」是日月光經營團隊的座右銘。日月光認為知識管理在台灣半導體產業實施雖然普遍，但一直未有本土化的知識管理推動實務架構，故在推動知識管理（Knowledge Management，簡稱 KM）計畫之前，共訪談了七家著名科技公司，學習國內推動知識管理的標竿廠商的心得。

　　其次，領導階層認為知識管理可以縮短新人訓練或轉調人員學習曲線，降低重複犯錯的機率，有效提升企業內部解決問題的能力，及加快產品產出及提升研發速度，進而依靠知識管理與創新策略，即是保存並發展企業的核心能力之最佳良方。

A-2-2　知識管理執行方法與預期目標

一、日月光知識管理執行方法與企業核心能力之作法與預期目標可說明如下

1. **知識管理執行方法與企業核心能力**：透過有效的突破性思考日月光得以有效管理及發展知識管理，其修正的企業策略與競爭力，以定位企業的核心能力，如圖 A2-1 所示，

其中，包括了產品、製造、研發、管理及銷售等知識地圖。

2. **日月光的核心能力**：發展成企業所需要的知識地圖，知識地圖的目的是為求「發展」企業的核心能力，並非為了管理企業的能力。透過知識地圖可以告訴日月光，其核心能力知識分布之情況。

3. **公司的知識地圖**：當明確之後，就要開始促動組織型學習的文化，將組織促動成學習型組織，建立學習社群組織的學習氣氛。

4. **有關內部知識資料庫的建立**：當這些文件的質與量足以影響到企業的競爭力時，即可以顯現知識管理的功能。

5. **公司重視內部知識的再應用**：是知識管理最重要的一環，亦可說如何將個人知識及內隱知識，發展成為企業核心知識。在這個階段可以將知識系統與企業的日常管理活動結合，每一個知識利用的循環，皆可以針對原有知識之回饋管道，如此才能站在「巨人的肩膀上」並改善原有的知識，知識再應用的實務的作法如圖 A2-1 所示。

6. **日月光特別重視內部知識的建立及再應用**：是其創造活力與生生不息之源頭，讓企業隨時保持高度的競爭力優勢，這就是日月光的知識管理特色。

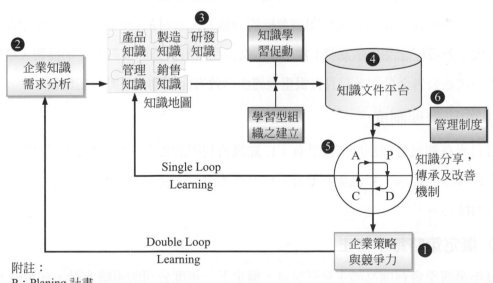

附註：
P：Planing 計畫
D：Doing 執行
C：Check 檢討
A：Action 回饋，再行動

圖 A2-1 日月光定位企業之核心能力（其中包括了知識管理之知識地圖）

二、知識累積、擴散、傳承創新與應用

（一）知識累積

知識的累積開始一定使於大量的資料，經過研究消化後，整理出有系統有層次的分析報告，最後才會成為屬於日月光內部的知識。

（二）分析工作程序、工作內容盤點及工作知識需求分析

日月光分析工程部門的工作程序、部門工作內容盤點及工作知識需求分析，在此階段，分析公司在日常管理所需要的知識及工作所需要的技能，進而累積知識，並結合公司策略設計所需的知識文件並加以標準化。

（三）重要知識文件經由標準化將可擴散至多位員工

對客戶價值最高及對製程管理最實用的文件予以標準化。日月光工程處挑選了三種文件，如：(1) 專案結案報告、(2) 異常管理報告及、(3) 在職訓練教材文件等文件為擴散知識之重點。

（四）將標準化的文件以獎勵方式傳承創新

公司重現激勵制度及考核制度。將知識管理推動是以獎勵每個月定期公告文件產出及文件品質排行榜（由所有文件閱讀者給的分數），當月最優的前十名則由高階主管在主管月會上頒發紀念品以示嘉獎；當季產出文件品質最優良的前三名，則提報人事獎勵，記小功一次並公告全公司，日月光很重視經由績效方面獎勵而鼓勵員工創新。

（五）知識管理制度

日月光在知識管理制度的設計有：1. 知識再利用的要求、2. 在職訓練制度對文件評價及文件產出的要求、3. 激勵制度及考核制度的設計。這三方面的設計是公司在知識管理應用的核心。

（六）擬定策略每季修正

每年第四季會召開高階主管研討會，擬定下一年度公司的策略方針。在策略方針擬定後，日月光的知識管理中心將此方針與現有的知識管理的文件方向加以驗證；若是偏離公司策略，則於每季高階主管檢討會議中提出，再由技術經理加以修正知識文件的政策及方向。

A-2-3 推動知識管理宜注意之相關因素

公司為了落實知識管理，管理中心相當重視以下四項重點，期能務實地推行知識管理工作，說明如下：

1. 知識再利用之內容。

2. 訓練制度上要求認證前需要閱讀相關的文件，閱讀完畢須對該文件評分及提出該文件優缺點的建議，並將此視為文件的閱讀紀錄。

3. 每週一一次的知識分享會議上，分享這些產出的知識，知識分享會議是日月光的社群活動機制，也是學習型組織之落實，現依製程的主要流程分成 15 個社群。（即 15 個學習型組織）

4. 設置激勵制度及考核制度。

又公司推行知識管理多年之經驗，認為成功關鍵因素不外十二點因素：

1. 取得重要幹部的支持及共識。

2. 確保文件已標準化及知識管理制度完善。

3. 確認使用者的需求功能及知識管理系統應具備的功能。

4. 資訊系統初步完成後，需召集使用者並培育種子人員，來學習知識管理的資訊系統。

5. 知識管理資訊系統運行前須先試用。

6. 開放使用知識管理資訊系統，並隨時了解使用情形，即時回饋。

7. 重視文件及重點資料庫的挑選。

8. 公告文件數量及品質排行榜。

9. 修正知識管理資訊系統。

10. 知識管理與日常管理制度宜密切結合，才能發揮綜效功能。

11. 將知識文件納入績效考核的設計。

12. 資訊系統的文件宜進行分類及儲存、擴散。

同樣地日月光在推行知識管理過程亦有的瓶頸及待克服問題，說明如下：1. 員工向心力不足時，易導致知識管理成效打折。2. 高階主管的意志力不堅，知識管理未獲重視。

3. 文件及重點資料庫的挑選欠缺周延,應用價值不高。4. 知識管理與日常管理制度結合未掛鉤,無法讓知識管理成為企業文化一部分。5. 知識文件納入績效考核的設計欠周延,有做與沒做,區別性不高,激勵效果不彰。6. 資訊系統的文件分類欠周延,且有不當之現象,無法表現其知識價值及功能性定位。

A-2-4 結論

日月光在執行知識管理工作多年,管理制度中設置了單環路循環改善機制、雙環路循環改善機制等兩個改善機制。單環路循環改善機制,可以有效針對組織內的文件去蕪存菁;雙環路循環改善機制,則將企業核心競爭力與策略作一有效比對,用以檢驗知識管理方向與企業核心競爭力是否有偏差,及是否能跟隨修正的新策略進行突破性學習,進而發展有效之學習型組織推動。

除了這兩個改善機制,並將知識管理文件的產出、改善,及再利用與場內實務應用及訓練體系有效地連結,且在考核體系查核分享及訓練的績效。藉由高階主管定期的審查知識文件的品質及件數,以推動組織內部知識不斷地創造、儲存、流通、擴散及傳承創新,讓日月光成為永續創新的世界級封裝大廠。

 問題討論

1. 日月光公司成為最著名之封裝測試公司之原因為何?
2. 日月光公司知識管理之特色有哪些?

交通運輸製造業

Chapter **B-1**

汽車產業模範級公司

－中華汽車股份有限公司

公司簡介

中華汽車公司設立於 1967 年 6 月 13 日（組織見圖 B1-2），總資本額為新台幣 55.36 億元整；共有楊梅、新竹及幼獅三處工廠，在 1970 年與三菱自動車工業株式會社簽訂技術合作合約，1995 年已第五次續約。

公司願景：

新便利、新動力、承載幸福、傳遞感動，致力成為最值得倚賴的多元移動夥伴。

公司經營理念：

中華汽車秉持 HITS（Harmony、Innovation、Top、Sustainability）之經營理念，在和諧中不斷創新以求卓越，因應時代趨勢跨足綠能產業，為員工、企業、社會三方創造價值，永續經營，回饋社會。

另外，公司各部門組織圖說明如下：

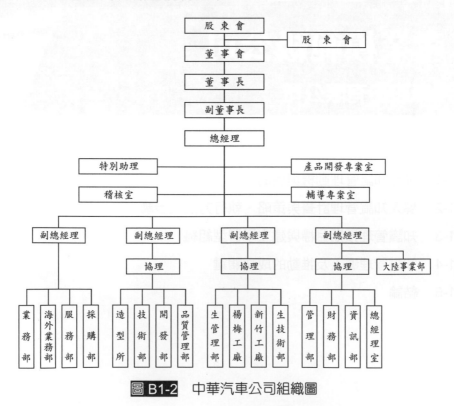

圖 B1-2 中華汽車公司組織圖

B-1-1 推動知識管理動機與目的

　　中華汽車公司對整個知識管理專案的需求是逐漸形成而且越來越明確。誠如：技術部負責車輛技術的開發，一直以來都有知識管理的需求，想將成功的經驗與技術妥善整理保存，但卻苦無適當的工具；而資訊部本身則有資訊整合的需求，希望發展一個整合性的工作管理系統可供企業作長遠的使用；中華汽車公司管理人員也意識到整個產業環境的變化，因此著手研究知識管理的導入可行性。

　　經過充分的研究與溝通，推動部門的幹部對於推廣知識管理的必要性已經有了相當的共識，於是開始尋求高階主管的支持。在各種宣導場合皆有深入研究與共識凝聚，並進行廠商探訪與成功案例參觀，中華汽車公司對於自己所需要的知識管理已經逐漸成形。同時在近幾年之導入期（2001 年）到整合期（2002 年），至推廣期（2003 ～ 2005 年）已逐漸達到預期效益，到 2006 ～ 2014 年時期已有更成熟之效益。

　　中華汽車公司導入知識管理之動機目的與願景，相當明確，可分三部分說明：

一、導入知識管理的緣由

　　中華汽車公司期望上千員工的經驗與智慧，皆能有效地傳承，並能針對關鍵成功經驗確實掌握；其次，是厚植公司之永續經營競爭力，尤其是國際化競爭優勢提升。全球化風潮下，充分發揮知識管理功能，對全球化競爭相當重要，而知識管理正是達成此願景的策略方法之一；人才永遠皆是企業的命根，為因應人員快速流動，知識流及其累積更顯重要。因此，面對人力補充與銜接，執行知識管理策略是一大有效處方簽。

二、知識管理策略的調整

　　中華汽車公司自 2001 年起，開始決心來推動知識管理策略，推行的前五年是初創期，目標在重現知識管理基礎能力建構。2006 年起，主要考量在知識管理之真正應用功能，如強化企業自主研發實力，建構及提升橋樑的能力（How to bridge），及培養工程師及管理師的競爭能力等。

三、中華汽車公司知識管理之願景

依據知識管理的組織構想，改寫知識管理願景之一為「提升工程師及管理的競爭力」，而其主軸目標，就是提升知識應用價值，加速工作問題解決與提升團隊工作效率。例如，具備下列認知：企業核心知識的累積、個人與團隊學習之促進、日常工作問題的解決與專業性管理效率的提升。

中華汽車公司的知識管理專案負責人是由技術部門協理擔任知識長（Chief Knowledge officer），帶領知識專業、資訊系統、變革促動及整合推廣小組等成員共同推動此一專案。整個知識發展專案組織約有二十多人，均為各單位的主管同仁兼任參與推動，目前並無專職人員。

B-1-2 導入知識管理計畫與策略、執行方法及步驟

一、導入知識管理計畫

（一）中華汽車公司的三次大躍進，必須再轉型，並展現特色

1. 民國七十五年已成為商用車霸主為目標，當時中華汽車公司一年獲利不過二、三億，銷售量為兩萬輛左右，董事長說服日本三菱汽車共同開發引擎，也與裕隆汽車工程中心聯手開發車身與底盤全新，改造商用車威利，民國七十七年國人自行研發設計的第一款商用車—中華威利由楊梅生產線緩緩駛出。

2. 民國八十一年是從商用車轉進轎車，也是生產轉行銷的第一戰，利用國際大導演侯孝賢拍出 LANCER 與家庭成長的故事，在民國八十三年讓中華汽車公司產能突破十萬輛，取代福特汽車坐上全車系國產車總銷售輛第一名的寶座，成為年產量十萬輛的大汽車廠。

3. 預計在民國九十四年成為年產量五十萬輛以上的亞太地區模範車場，營業額從五百億成長到一千億，台灣及大陸的市場都達到十二萬到十五萬輛的規模。近年來，正逢大陸市場總量已擴大到千萬輛來計，因此，中華汽車公司更利用本次千載難逢的機會，不僅擴大製造規模，更與大陸內地之行銷通路結合，邁向百萬輛之規模。

（二）汽車產業之特色

在企業競合的年代企業光靠自己的效率與能力已經不夠，唯有建立自己在世界產業分工體系中的特色，並與全球具不同競爭特色的企業合作，才能在未來的貿易體系中，保有自己企業的主權與競爭力，其可達到效率提升，且依市場導向創造附加價值及總體成本優勢，成為邁向國際化的優質企業。

目前汽車業面臨的環境因素包括：

1. **全球車廠策略重組。**
2. **韓國汽車進逼。**
3. **日本車廠由技術掌握轉向策略分工合作。**
4. **大陸市場具潛力。**

表 B1-1　汽車產業之特色

商業面	製造面	技術面
資本與技術密集 設廠規模大且具量產效益 產品精密度高 投資回收慢	資本與技術密集產銷關聯效果大 屬綜合性工業 帶動相關工業發展 各國均有保護措施	產品須具安全性及可靠性及其規範
國際化分工 經由國際分工進行產銷活動	中衛體系明顯 零組件由衛星工廠提供	兼具社會成本 產品合乎政府所訂環保及耗能標準

（三）導入知識管理計畫的架構說明

中華汽車公司的知識管理說明如圖 B1-3 所示。

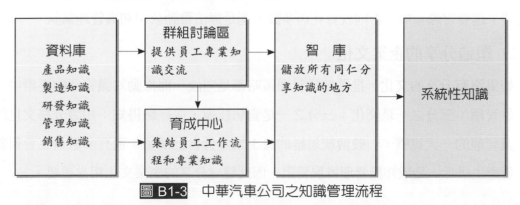

圖 B1-3　中華汽車公司之知識管理流程

育成中心由於沒有建立明確的收錄標準，出現員工認知上的問題，但知識管理結合工作管理的目標不變，現在包括工作流程和專業知識，都改放智庫的暫存區，經由公司的知識長審核，會比之前直接存放育成中心內，更有效率和品質，在知識分享的機制建立後，下一步就是知識優質化累積更多系統性知識，而系統性知識正是中華汽車公司知識管理的終極目標，兩千年導入知識管理的原因就是為了留存許多寶貴的銷售經驗知識，必須應用才能創造價值。

中華汽車公司在大陸投資了東南汽車公司，因應東南汽車在大陸快速發展，生產線由單班制改為雙班制生產時間延長，看似簡單，卻讓中華汽車公司前前後後動員約兩百位工程師前往指導，包括員工排班、差勤保全、物料零件供應、設備交接等都是寶貴經驗，必須讓這些寶貴經驗經由系統設計成更人性化、更易擷取應用知識，目前計畫增設典範知識與文件推薦的功能，首要的考量就是讓知識管理加強，在介面更友善，與員工使用起來容易，增加企業組織知識加總的成效。

從圖 B1-3 得知全公司有產品知識、製造知識、研發知識、管理知識及銷售知識等，經過群組討論區及育成中心二大方式進行知識交流，唯有在這二個區域內，能有績效評估機制，以防員工有交差了事的心態，造成事倍功半，宜加強防範。

二、導入知識管理的策略

中華汽車公司是國內汽車產業模範生，對知識管理擬定之策略思維相當周全及用心，重點可說明如下：

（一）高層主管的支持

如同企業導入任何 e 化流程，高層領導人的支持，永遠是成敗的關鍵，老闆不能只說支持，還要實際參與；否則就算花再多錢，還是無法帶動公司知識管理氣氛。

（二）塑造分享的企業文化

如果沒有分享的文化，推動知識管理策略都是空談，而推動知識管理的要素中三分之一是管理；三分之一是文化；三分之一是資訊技術，從經驗得知：知識分享文化的確是知識管理的一大挑戰，一般傳統思維的員工怕降低自己價值，還有多數員工會對額外工作量產生排斥，造成知識管理推展受阻，因此建立分享的企業文化相當重要。

（三）表揚知識管理的貢獻和應用者

中華汽車公司最新辦法：將在每季辦一場部門間的知識分享發表會，會中有知識貢獻獎及知識推動獎辦法，得獎者有行政獎勵外，也有實質獎勵，如獎金、獎品等，藉由表揚和獎項設定，讓全體員工共同推廣分享文化的養成和提醒知識應用的重要性。

（四）一步一腳印

企業導入知識管理之成效，通常不易立竿見影，必須持續支持各項 KM 作法。因而知識管理的效益，一般不會馬上降低營運成本，必須有長期經營推動的心理準備，中華汽車公司要求同仁養成一步一腳印的應用知識精神永續努力下去。

（五）從核心部門先著手

中華汽車公司參考幾家知識管理導入廠商中，可以發現一個現象，在導入知識管理時，幾乎都從研發部門著手，主要是：該部門通常為公司第一手資料的接受者，且為避免重複犯錯，讓公司同仁之學習曲線縮短以提高知識管理績效。

（六）建立流暢的知識管理平台

完美的企業知識管理必須仰仗完備的資訊系統平台，大到整體架構，小到如何獎勵的知識貢獻點數計分，專注在企業知識管理系統廠商經驗，特別表示：企業知識管理最起碼要能夠支持知識分享和知識累積的功能。

企業管理大師彼得杜拉克說，二十世紀的企業最有價值的資產是生產設備；二十一世紀最有價值的資產將是組織內的知識工作和他們的生產力，而善用知識管理，正是企業創造新價值的成功關鍵。

三、推動知識管理之執行方法與步驟

中華汽車公司一直是國內最具代表性的優良企業，不僅在汽車的製造與銷售上常踞國內的冠軍寶座，對於企業 e 化與知識管理 （KM） 的推動亦是國內企業競相學習的標竿。其執行方法與步驟說明如下：

（一）研究溝通以凝聚共識

中華汽車公司對整個知識管理專案的需求是逐漸形成而且越來越明確的，從部門到

總經理室均意識到整個產業環境的變化，在經過中階幹部充分的研究與溝通，推動部門的幹部對於推廣知識管理的必要性有了相當的共識後，於是開始尋求高階主管的支持。

（二）廠商探訪與成功案例參觀

中華汽車公司知識發展專案組織，在 2000 年上半年內部的深入研究與共識凝聚後，下半年進行廠商探訪與成功案例參觀。

（三）選定配合之軟體技術廠商

執行上中華汽車公司設立了知識發展專案組織，這是一個內部的跨部門組織，分為知識專業小組、資訊系統小組與變革促動小組，並結合 AA 的專業顧問團隊以及意藍科技的技術團隊，共同進行整體知識管理系統的規劃、推廣與建置，在先導期以技術部為試點切入。

中華汽車公司在幾家可提供 Web Solution 服務的廠商中作挑選。而意藍科技會雀屏中選的主要原因有幾個：

1. 意藍的技術上採 Java Solution 以及 Web Solution，具有良好跨平台能力與擴充性。
2. 意藍的產品較易與其他公司的產品進行整合，意藍在工作流程（workflow）便可展現較優異的整合性。
3. 意藍的產品多已成型，不需再從頭開發，對於整體專案的時程進度控制有很大幫助。
4. 意藍的機動性強，配合度高，雙方行動力相當，可長期配合。

表 B1-2　中華汽車公司推動知識管理各階段作法一覽表

時程	階段	部門	人數	方法
2001 年～2002 年	第一階段導入期	技術部	100 多人	累積文件
2002 年～2003 年	第二階段整合期	技術相關部門群組資訊及總經理室	1000 人	1. 教育訓練、降低使用者困難 2. 了解自身之責任及應有之態度 3. 謹慎處理抱
2003 年～迄今	第二階段推廣期	全公司	全員	1. 傳達高階主管決心 　a. 內部網站、公司月刊、知識管理 (KM) 探討文章 　b. 海報宣傳 2. 規劃共同願景使步調趨於一致

（四）建立中華汽車公司 SMART 知識管理平台

1. 中華汽車公司建立知識管理 EIP（Enterprise Information Portal）之方法

過去時代（自 2000 年至 2005 年），這五年來，中華汽車公司致力使用者端之宣導與提供方法性的知識流累積及習慣建立。根據推動小組之分析，2000 至 2005 年期間，公司在推動知識管理尚有感覺不力之處，如 (1) 系統入口及作業平台不同。(2) 資料查詢方法不同。(3) 各系統功能不同，不易使用。(4) 無資訊安全之管理機制。(5) 各系統獨立管理，切換使用不便等等。

現代（自 2006 年迄今）的作法，前五項改良之級，即做到：(1) 統一作業平台與入口平台；(2) 已達到可以跨系統的知識查詢；(3) 可整合各系統功能，來提供工作管理功能；(4) 建立資訊安全管理機制；(5) 考量功能性與設計一致化，便於切換等等；中華汽車公司之 SMART 成為每一位同仁之最愛，結合各專業性工程師與管理師之個人知識工作室。盼能將每一位個人知識，轉換成公司團隊知識的最崇高目標。

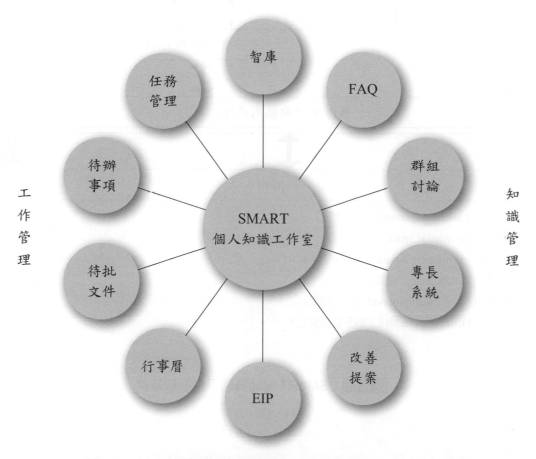

圖 B1-4 中華汽車公司知識管理的 Smart 知識工作室、功能配置圖

2. 從工作管理到知識管理

中華汽車公司知識管理推動小組非常用心，期望將個人知識工作室整合公司所有工作資訊系統，同仁只要透過此單一入口，即可完成所有工作處理、資訊溝通及知識管理。

3. SMART 知識管理平台系統架構

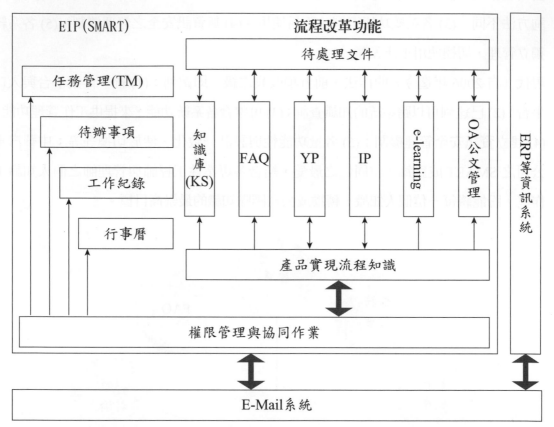

1. TM：Task Management（任務管理）
2. KS：Knowledge space（知識庫）
3. FAQ：Frequently Asked Question（回饋頻率）
4. YP：Yellow page（專長系統）
5. IP：Improvement proposal（改善探索）
6. OA：Office Automotive（辦公室自動化）

圖 B1-5　SMART 知識管理平台系統架構

B-1-3 知識管理預期目標與建立學習型組織

一、提升公司競爭優勢

　　由於中華汽車公司意識到企業競爭力能否持續發揮效益將影響公司未來的發展，面對競爭日趨激烈的未來，台灣加入 WTO 之後，在在都提醒著中華汽車公司必須趕緊加快腳步做好知識管理系統，進而不斷累積成功經驗以厚植競爭力。

　　中華汽車公司訂定願景：2005 年「成為大中華地區知識型企業標竿」有鑑於知識管理是長期推動的工作，中華汽車公司訂定了一個 2005 年的知識發展願景，「成為大中華地區知識型企業標竿」，作為內部員工溝通與專案發展方向上的指導方針，並經由五大執行核心策略做法：「發展核心知識」、「建立知識平台」、「塑造分享文化」、「建構社群網路」等專業管理平台，以建構中華汽車公司知識發展體系，並將中華汽車公司由傳統企業轉型為知識型企業。五大執行核心管理其細節如下：

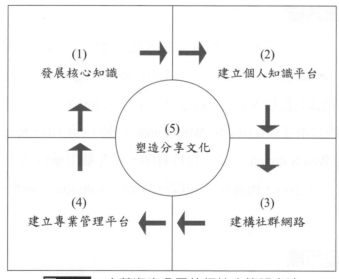

圖 B1-6　中華汽車公司執行核心策略方法

　　每一大項之核心策略重點進一步介紹如下：

1. **發展核心知識**：一般包括有：宣導知識管理觀念，成立知識發展組織，同時確立核心知識分類，並建立顧客導向知識等四項重點。

2. **建立個人知識平台**：本項依中華汽車公司推動小組設計有三重點：如建立個人知識工作室，以知識管理流程與工作管理系統結合，由此再發展知識管理系統功能與其他業務系統整合等重點。

3. **建構社群網站**：應用知識管理之目的，即是將個人知識盡量轉換成為團體知識，因此，每一推廣企業得重視社群及團隊學習，其作法有：(1) 內部宣導社群觀念，推廣知識社群；(2) 建立同人專長系統；(3) 鼓勵公司內工程師／管理師登錄成為各專業領域之專家。

4. **建立專案管理平台**：當知識流在公司內形成了次級文化，就可以真正應用於生產系統之上，如：(1) 建立任務型管理之協同作業系統，(2) 藉專業管理平台，來提升團隊作業的標準化與一致性的工作效率。

5. **塑造知識分享文化**：當一個企業體經過知識管理之推動，其願景就是期望企業體具有知識分享文化，在本項策略中有三個重點：(1) 營造知識分享環境；(2) 結合目標管理及獎勵制度；(3) 建立知識管理安全機制。

二、導入前企業診斷

中華汽車公司過去有許多寶貴的成功經驗未能妥善保存，如：LANCER 上市的成功經驗，大陸建廠的成功經驗……等等，這些成功經驗常會隨著人員的變動而無法保存。

中華汽車公司過去是使用 Notes 平台上發展 Web Solution，在技術選擇上曾經爭論過是否要延續 Notes 的技術亦或採用新的 Web Solution 技術。但由於 Notes 的程式開發人力成本很高，而且其 Web Solution 感覺上較為封閉，並考量中華汽車公司在 Notes 上的包袱還不重，轉換成本並不高，因此決定採取新的 Web Solution 技術來作為知識管理發展的基礎。

三、建立學習型組織

中華汽車公司在知識管理的推動上，每個人主動分享，同仁的熱心推展很重要，由於中華汽車公司知識管理是中階幹部開始發起推動的，在尋求高階主管的支持成功後，教育訓練的推動、知識的分享有著成功的關鍵因素；中華汽車公司的高階主管均有接受新事物的好習慣，尤其是管理高層人員常把好的觀念或書籍，分享給內部的各級主管。在這種良好的企業文化之下，高階主管易於接受新的觀念，增加了知識管理專案推動的成功機會。

學習型組織需要人的參與和配合，在此一過程共兼具文化變革促動和系統介面推廣之功能，為不可或缺的摧化角色，且知識管理系統、e-learning 與課堂式教育訓練各具學習特點，可相互配合以提升組織之學習效能。

B-1-4 知識管理導入及推動的成功關鍵

建立一套獎賞制度很重要，中華汽車公司在知識管理系統設計上，有積點計分的程式，對經常提供知識、以及被同事下載使用的，系統都會自動累積計分。人力資源部門將工作同仁使用知識管理系統情形列入考績，並且每個月對前三名知識貢獻者給予獎勵，有了知識管理系統使用的配套制度，並與日後升級與獎金互有關連，員工才會活用、善用知識管理系統，一起貢獻、分享取用更多知識。

依據中華汽車公司推動小組提出之心得中，其認為推動知識管理之成功關鍵有下列六大點：

1. **企業體高階主管的認知與支持，再配合中階主管的落實與堅持，是成功關鍵之首要條件。**

2. **USER IS THE KING，是知識管理推動之西方諺語，「使用者」－「人」是知識管理成敗的關鍵因素，知識管理促動必須有持續性，尤其在塑造企業願景及增加解決問題之能力。**

3. **知識管理不是創造創造複合，而是滿足使用者（User）的需求，以提升使用者之競爭力。**

4. **知識管理的主角是「人」，主體是「知識」；因此，知識發展必須兼顧「供給」與「需求」，且與平常工作相互結合。**

5. **努力培養兼具知識及經驗「深度」與「廣度」能力的知識工作者。**

6. **因為知識管理是一系列典範學習的歷程與文化，所以落實經驗傳承，是知識管理成功的保證。**

B-1-5 結論

一、中華汽車公司與知識管理

中華汽車公司再創企業 e 化新典範，將全力達成 2005 年之後的知識發展願景：「成為大中華地區知識型企業標竿」。

中華汽車公司是以「發展核心知識」、「建立知識平台」、「塑造分享文化」、「建構社群網路」及建立專業管理平台五大策略作法成為知識管理主軸，建構中華汽車公司知識發展體系，而整個知識管理系統則以「SMART 個人知識工作室」作為主體。中華汽車公司的「SMART 個人知識工作室」同時也是其內部入口網站（EIP），它整合了公司內部所有工作資訊系統，員工只要透過單一入口，即可完成所有工作處理、資訊溝通以及知識管理。

自從中華汽車的知識管理系統在 2001 年 9 月上線以來，在「群組討論區」已有 50 個以上不同領域的討論平台，而每天約有數十個知識領域在此交流，員工參與情況非常熱烈。中華汽車公司從 2000 年到 2005 年期間，努力推展知識管理之成果相當卓著，可分為下列四方面說明之。

1. **知識文件穩定增加：**證明登錄 SMART 之全體（1200 人）人員，大家皆重視知識之傳承，截至 2005 年底已累積約有一萬五千知識管理之文件及近五千件的 FAQ 文件；而點閱知識文件由從每年近四萬次（2004 年），成長到六萬五千次（2005 年），近兩年來，亦穩定增加，中華汽車公司在平日已培養了知識分享的文化。

2. **累積系統性知識：**知識累積也有系統性知識之建立（如：汽車設計、開發或試驗的準則用書，也多達兩百套），其對促進同仁圓滿完成任務之能力非常有助益。

3. **建立同仁之專長分類：**從專長系統（yellow page）已建立同仁實務分類之專長架構，並經過評審考核之流程，選出各專長領域之專家同仁約 500 位，藉此提供新進人員工作問題解決的諮詢管道，並作為主管選才或任務指派的人力依據。

4. **五年來，正建立公司的 EIP（SMART 個人知識工作室）：**讓多數人員每次登入使用之人次，藉此讓同仁有效接觸工作所需之新知識，讓知識管理成為同仁需求知識的平台與工具。SMART 平台已整合公司之資訊系統：方便同仁 e 化作業，並已養成習慣。

透過知識管理系統，其整合處理文件之能力更加強之；同時公司更具有行動辦公室成形，即使出差國外，也可以透過 Internet 機制，主管及同仁可以 e 化方式進行工作處理及決策，不受時間與地點之阻礙。

二、中華汽車公司知識管理對我們的啓示

「知識管理」是目前熱門的話題之一，各企業無不埋首致力開發，但是企業導入知識管理系統的效益通常不能立竿見影。中華汽車公司能在短短五、六年時間就快速的導入知識管理系統，主要是懂得針對自己的需求，自行規劃，經過密集的跨部門討論，再行委外開發。

除了前置作業的準備充分，企業高層的全力支持也是重要的原因，藉著組織規範以及獎勵制度讓整個企業員工都動起來，投入於知識管理中，創造出一種新的組織文化。如何活用知識管理系統，如何推行知識管理是企業所要面對的重要課題。

參考文獻

1. 中華汽車公司官網：https://www.china-motor.com.tw/index.php。2020.6。
2. 意藍科技網站：www.eland.com.tw。
3. 陳英昭，中華汽車公司知識管理推動經驗分享。2006.5.11。

 問題討論

1. 試簡述中華汽車公司導入知識管理的策略。
2. 您認爲中華汽車公司推動知識管理執行優點爲何？
3. 中華汽車公司知識管理之作法對我的啓示爲何？

NOTE

交通運輸製造業

Chapter **B-2**

機車產業公司

－三陽工業（機車）股份有限公司

公司簡介

　　三陽公司設立於 1961 年 9 月 14 日，其前身「三陽公司電機場」創立於 1954 年。為全國第一家生產機車的公司，且為國內第一家唯一同時生產機車及汽車的製造公司，並名列國內百大之製造公司，屬技術及資本密集之產業。四十多年來累計生產機車達六百多萬台，為國內第一；從 1982 年開拓外銷市場以來機車外銷累計達八十多萬台，行銷海內外五十餘國。

　　三陽公司為績優之股票上市公司，相關企業慶豐集團，橫跨六大產業，國內外共二十多家關係企業，企業文化為：誠信，活力、創新、顧客滿意；並以「實」為本。

　　為了增加市場競爭力、提升顧客滿意度，三陽公司積極檢視內部資訊管理系統，希望藉由改善系統績效，快速提供營運所需資訊。總經理室資訊系統組經理人所帶領的資訊系統組，是撐起三陽公司全球運籌帷幄幕後的推手，面對全球化競爭的浪潮，傳統製造業的老字號三陽公司反而不畏艱難，以台灣為總部，分設海外據點，將觸角延伸到北美、歐洲、大陸、東南亞，與國際品牌競爭，將機車行銷到海外。多年經營知識與資訊系統的結合，建構出三陽公司全球營運的網路。

　　車輛（含汽車、機車、自行車）等為人類必用交通工具，而台灣地區機車龍頭－三陽公司已有六十年以上歷史，為國內百大製造業公司之一，為國內不可多得之車輛類模範公司，其在知識管理推動相當用心，讓我們一起來探討之。

B-2-1 導入知識管理計畫與策略

一、導入知識管理計畫

　　三陽公司為全國唯一同時生產機車與汽車的公司，也是全國第一家生產機車的公司，雖然是傳統工業，但在面對全球化的浪潮下，必須透過 IT 管理，讓「資訊分享」變得更方便、更有效率，這也正是三陽公司獨到的管理秘訣。

　　總經理室資深經理人回想當年剛進公司時，必須用人工方式跟其他部門互動，才能分享資訊的困擾。以前是用萬用手冊寫在行事曆上，時間安排相當繁瑣，只要有任何部門更動時間的約定，就得一個個重敲。

　　後來資深經理人開始利用 IBM Lotus Notes 管理每天要處理的資訊及文件，「打開Notes，就可以馬上掌握有哪些待辦事項、會議、郵件、需馬上處理的公文，有哪些訊息需要發佈，如人事、活動等。」但其實 Notes 的好處不只是針對於個人管理，對三陽公司提升管理績效的幫助更為驚人。

　　三陽公司依據經驗，其遇到的瓶頸即是資料量成長急速，系統效能日趨下降，是資訊部門最頭痛難解的問題，說明如下：

1. 標準模組客製化清檔困難度高，且風險大。
2. 系統上線後，硬體已增購三次，但很快又不足以應付系統運作效能（平均約兩年增購一次），投資成本不斷攀升！
3. 每個月底及月初結帳時系統效能差，嚴重影響生產線作業。
4. 財務部門希望能將歷史資料有效拆分，方便對庫存歷史資料查詢。
5. IT 為了提升系統效能已嘗試做了：AP tuning ／資料重整／硬體升級／系統作業調校等動作，但效果都有限。

二、透過 OA 系統，協助海外公司建立管理制度

　　三陽公司規劃將全部的 SOP、ISO 文件、規章規範、控制制度等公司 Know How 的累積，放進 OA 系統中。目標是以台灣為基地，海外公司做總公司管理制度的 Smart Copy，將臺灣經驗帶到海外，希望做到資訊系統到位，管理制度也到位。

三、先從核心業務開始著手，逐步改變使用習慣

　　先從核心業務開始著手，例如海外公司為了生產新產品，需要總公司技術人員支援，因此將人力支援調度的申請表單上傳網路，海外幹部就會上網，衍生出來其他像是家屬探視也上網申請，先從使用者最需要的業務開始，再慢慢將與總公司聯繫的表單都上傳網路。

　　另外考慮使用者的使用習慣，尤其是在傳統產業中，高階主管多半上了年紀，不諳

中文輸入和電腦操作，而用最簡單的程序教學，讓高階主管放心使用。經理人親自熟悉每一個主管會用到的功能，透過協助主管的過程中，了解高階主管的思維和使用習慣，他表示：「這樣才能提供貼近實際需求的資訊環境」。

四、將知識管理功能引入現場，才能發現問題並解決問題

鼓勵資訊部門人員要親上現場，實地觀察才能發現問題，解決問題。例如以前工廠要導入第二代條碼系統時，作業員要求系統要能發出聲音，經理人發現作業員每天作業時間有限，又必須輸入大量資料。作業員連抬頭看螢幕的時間都沒有，完全仰賴聲音分辨，因此安靜的第二代系統反而不被接受。後來發現安裝條碼讀取器，就利用讀取器發出警告聲，才順利解決問題。

B-2-2　知識管理執行方法與步驟

一、透過 Lotus Notes 平台建立全球知識共享網路

三陽公司近五十多年來累積的知識管理，是非常寶貴的資產，但如何有效運用卻不是容易的事。三陽公司的規章、規範有六大本，每次修改就要發給一百多個單位」。資訊系統組經理人說：「版本管理、流程管控都非常花費時間，保管與更新成本也非常昂貴」。

後來在導入 ISO 文管系統時，運用 Notes 版本與流程管理的功能，更使各部門在規章的管理與正確性達到 100%。文件管理一旦 IT 化，知識分享變得十分方便，而且還可以透過多層安全選項，控制所有文件不同層次的存取權。

二、建立學習型組織，並創造「實務社群」觀念

1. 組織一定要把檔案放在 Notes，先將知識圖書館化，才能做到搜尋分享。
2. 透過專案的執行過程，跟其他部門互動，進而發展出學習型組織。

三、「部門社群」的應用

1. 利用 Notes 的部門社群功能，每個人的工作文件才能相對地變成公司資產。
2. 提升企業效率，並整合日常業務與工作流程。

四、邁入全球化競爭時代，建構全球社群平台

1. 整合其他資料庫（如 ERP），建立主管決策系統，讓決策者快速瞭解公司產銷狀態及競爭分析。

2. 建立平台，將台灣營運總部的知識，分享到海外的子公司，使得海外事業的效率會變得更好。

五、全球品質社群

透過 Notes 可以做到跨國溝通效果，同步提供全球各地即時資訊，對決策分析有明顯地幫助。海外子公司不在只是各管各的。

B-2-3 知識管理預期目標與競爭優勢

一、建立全球知識共享的網路

一個平台具備多語言化的能力，才能因應跨國營運的語文障礙。然而跨國營運必須更重視資訊安全的控管，如授權、簽核機制等，此亦凸顯知識管理的重要性。企業唯有將知識管理及學習性組織共同建置在單一平台上，再設法將平台拓展到海外，讓子公司的組織架構、人力資源跟總部一致，方能加速決策的推動，並建立全球知識共享的網絡。

二、知識行銷與創造競爭優勢

在市場擴大營運上，為竭力推動三陽公司全球化的營運推出「三三三大戰略」。

表 B2-1　三陽公司「三三三大戰略」

強化三大核心能力	加速推動三大事業領域	達成三大願景目標
1. 開拓國際市場與品牌經營的	1. 汽車事業成長方面	1. 強化三大核心能力
2. 先進的新產品研發快速開發	2. 機車事業成長方面	2. 三大事業領域的成長
3. 全球運籌建構國際營運平台	3. 發展新事業方面	3. 成為台灣前三大汽車廠

三、三陽公司全球化設計鏈協同設計

有關三陽公司之全球化策略,以協同商務之設計方式來進行,三陽公司個案如圖 B2-1 所示,具有五大功能角色。

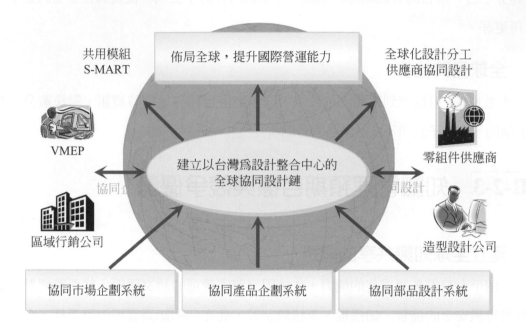

共用模組 S-MART

佈局全球,提升國際營運能力

全球化設計分工 供應商協同設計

VMEP

零組件供應商

建立以台灣為設計整合中心的 全球協同設計鏈

區域行銷公司

造型設計公司

協同市場企劃系統

協同產品企劃系統

協同部品設計系統

圖 B2-1 全球化協同設計鏈的五大功能角色

三陽公司推動全球化協同設計鏈之五大功能,其將知識管理優點發揮到極致,對公司之競爭提升深具意義,可分為下面四大構面,說明如下:

1. **開拓自有品牌的國際市場。**
2. **符合未來市場需求。**
3. **建立全球化策略夥伴。**
4. **加速發展多樣化產品線。**

以協同設計為主軸,貫穿企業各營運層面。期望藉由本計畫之營運模式,能提升三陽公司的國際競爭力,並期望在 IT 深化應用後,能協助建立虛擬的全球化協同設計鏈之軟硬體環境。

四、三陽公司推動知識管理及全球化協同設計鏈之 SWOT 分析

三陽公司期望從 SWOT 分析，進一步了解公司未來的發展，其分析內容說明如下：

表 B2-2　針對三陽公司內外部之 SWOT 分析

SWOT		優勢	劣勢
SWOT		產業鏈發展成熟 逸克達產品品質穩定	自有品牌整車廠圈行銷 道路能力低 零組件供應商規模小、 研發能力弱
機會	多元休閒化衍生性市場 250cc. 以下重型機車市場仍未開發高油價時代來臨	◎ 開發新興市場如重機、休閒 off-road 衍生性產品 ◎ 針對年輕市場提供炫耀型產品 ◎ 小排氣量重機市場具發展潛力	◎ 共同開發關鍵零件，透過技術授權獲利與允諾產能，並減少供應商開發風險 ◎ 培養國際型銷人員與經銷商據點經營，並與市場現有據點聯盟或開放加盟經營
威脅	大陸、印尼等低價車廠 環保法規限制 政府產業保護法令	◎ 朝產品功能和美觀開發，提供具差異化之產品 ◎ 初期以經營品牌、技術授權為主扶植當地協力廠商，減少投資風險	◎ 與區域性零件供應商合作，減少成本壓力 ◎ 與當地通路商及賣場合作，快速擴增據點 ◎ 與國外技術合作，針對重點環保議題合作開發關鍵事件

B-2-4 製造業與金融服務業在知識管理上做法之差異

若以不同產業別，進一步比較知識管理作法，分別從知識取得、知識創造、知識擴散、知識蓄積及完成知識管理目標等流程說明之。其比較後內容介紹如下：

表 B2-3 製造業與金融服務業之知識管理流程介紹

知識管理流程	車輛製造產業	金融服務業
外部知識取得	1.消費者 2.產業合作 3.競爭對手	1.購併 2.各金控子公司 3.全球研究團隊
內部知識創造	1.新產品發展團隊 2.公司智庫 3.過去經驗	1.向顧客學習 2.挖角 3.教育訓練
知識轉換上之 知識擴散	1.外顯知識：完整的職前在職訓練 2.內隱知識：技術性技巧與知識分享	1.外顯知識：完整的訓練課程 2.內隱知識： (1) 工作績效考核制度 (2) 藉工作學習與訓練
知識蓄積	1.書面文件的存檔 2.文件資料庫 OA 系統 3.全球知識共享網路	1.書面文件存檔 2.員工 CRM 系統 3.e 化顧問學院
企業目標	核心技術領先，提供客戶滿意的產品與服務，並居於領導地位的卓越企業	提供全方位理財經營團隊，以「共創元大金融控股公司之股東、客戶與集團利益最大化」為目標

B-2-5 結論

　　知識管理可以同時提升組織內創造性知識的質與量，強化知識的可行性與價值。

　　最終的目的，在於創造高效率的組織團隊，並促進組織變革。因此，每個企業都要學習並尋找最適合的方式，才能將知識管理徹底實現發揮知識最大功效，藉以分享專業知識，提升技術支援、產品研發與客戶服務的績效，強化企業的競爭力，增加企業利潤，讓企業得以永續經營。

參考文獻

1. 三陽公司網站資料。

2. 三陽公司之員工教育訓練參考資料。

問題討論

1. 三陽公司推動知識管理之目的爲何？

2. 三陽公司爲車輛龍頭公司之一，在全球化願景中，其協同設計鏈內容爲何？與知識管理有何關連？

3. 請依您個人之認知，來分析汽車製造業與半導體產業在知識管理上之作法有何異同點？

NOTE

現代資訊服務產業

Chapter C-1

以資訊服務成為世界級公司

－台灣 IBM 公司

公司簡介

　　IBM 公司創辦人是具有「美國頭號推銷員」之稱：湯姆斯‧約翰‧華森（Thomas John Watson）先生在 1911 年創立，原本是一家「計算機、製表、記錄」公司，製造計算機與製表機。1924 年，華森宣稱整個世界是公司的合法地區，當時華森就很有智慧，即有全球化觀念，且公司所設計和生產的機器主要用來提供商業服務，因此公司改名為國際商業機器（International Business Machine）。

　　IBM 公司早於民國四十五年，就在台北成立台灣分公司，開始對台灣地區資訊及設備提供服務。初期員工只有四名：民國五十六年，依照政府訂定之僑外投資條例，改組成立「台灣國際商業機器股份有限公司」，經五十三年的不斷努力，使 IBM 公司的業務迅速擴展，員工也增至千餘名，IBM 公司已成為台灣地區著名的資訊公司。

　　根據國內對各公司設立時間之研究，一個公司能經營超過三十年者，僅有百分之五，台灣 IBM 公司自民國四十五年至今已有五十八個年頭，近半個世紀，在國內成為最具盛名的資訊服務公司，實為難得，也是各企業可以借鏡參考的。知識管理對 IBM 公司來說，是最重要的任務之一，在網際網路非常發達的今天，IBM 公司利用多年累積的經驗及前瞻的企業眼光，讓 IBM 公司在全球的據點可以共享知識之創造、累積、應用，促使各類優秀專業人才能發揮潛能，為公司每年的經營主軸項目再造高峰。誠如 2003 年開始即以 e-Taiwan 為台灣 IBM 公司的企業願景，其主要理念之核心管理就是知識管理。

C-1-1　推動知識管理的動機與目的

一、動機

　　IBM 公司高層人員表示，台灣的企業必須及早展開轉型與變革的工程，以因應全球化經營的挑戰。IBM 公司運用「動態式工作環境」的革命性觀念與網路運作模式，成功

的執行了企業轉型；它改善過去束縛企業的各種垂直、水平、地理分割等僵化的舊有組織限制，讓企業擁有知識資源共享、資訊流暢、高度彈性化的網路運作模式。

二、目的

1. 增加組織整體知識的存量與價值。

2. 應用知識以提升技術、產品與服務創新的績效以及組織整體對外的競爭力。

3. 促進組織內部的知識流通，提高成員獲取知識的效率。

4. 指導組織知識創新的方向。

5. 協助組織發展核心技術能力。

6. 有效發揮組織內個體成員的知識能力與潛能開發。

7. 提升組織個體與整體的知識學習能力。

8. 形成有利於知識創新的企業文化與價值觀。

其目的也包括：1. 效率（如何擴充生意）。2. 把員工的知識、能力串在一起。3. 創新（站在舊有的龐大知識基礎上往前看）。4. 快速回應客戶需求（常常 2 至 3 天後就要答案）。

知識散佈在 IBM 公司各國分公司、每個員工的腦中：如何串起來，是首要問題。因此，IBM 公司設計了一套令人驚嘆的體系。在 IBM 公司內，電腦一開機就會進入 Notes 軟體系統，除了郵件信箱等基本功能，也可直接上網到 IBM 公司的企業網站及各部門的知識入口網站。

三、知識管理部門簡介

亞太區軟體事業部：公司策略最重要的是人力的搜尋，它會為公司內部人員做評分，評分依據包含各方面能力及每日蒐集的資料，發出的電子郵件，而當專案需要人才時，可直接上網搜尋適合人選，組成最強的小組。

C-1-2 導入知識管理計畫與策略

一、導入知識管理計畫的過程

　　無線入口網路（mobile portal）不僅能提供使用者獲取各類資訊的重要媒介，更成為無線通訊業者生財的重要來源。

　　許多人都曾在報章雜誌或 email 上看過無線通訊服務的廣告，當中大肆宣揚可利用手機及無線入口網站，接收 email、閱讀新聞、獲得娛樂情報、購物等方便的生活。同時因應無線通訊產業的新發展－從原本所謂的通訊服務產業，轉變成為新興的、以資料為主的內容產業。

二、知識管理運作模式

　　IBM 公司運用「動態式工作環境」的革命性觀念與網路運作模式，成功的執行了企業轉型；它解放了過去束縛企業的各種垂直、水平、地理分割等僵化的舊有組織限制，讓企業擁有資源共享、資訊流暢、高度彈性化的網路運作模式。

　　「動態式工作環境」的最大優點是可以達成知識及經驗的「模組化累積」，並在 IBM 公司全球網路中形成一套極具價值的知識管理系統。最明顯的好處就是可以透過網路，集合世界各地的 IBM 公司專家與知識庫，有效率的共同完成研發專案。IBM 公司與國內資策會合作的 Linux/Java 智慧型手持裝置開發計畫，以及為遠傳電信建構的 Super i-Style 行動商務管理平台等專案，就是透過 IBM 公司全球網路，組成跨國性的研發團隊而完成。

　　這套系統可以依客戶的需要進行排列組合，跨部門員工也可據此組成各種具備彈性與機動性的業務團隊。此種專案編制的團隊模式在 IBM 公司內部已經越來越普遍，而且成為現今 IBM 公司的致勝關鍵之一。

三、導入知識管理的策略

1. 顧客策略： 如何吸引顧客使用無線入口網站？如何營造便利、價格合理、易於使用的無線網路環境等。

2. **內容提供者策略**：無線通訊業者要與什麼樣的內容提供者結盟？提供使用者更多、更豐富的選擇？同時，無線通訊業者更必須決定提供什麼樣的內容？如何提供？以及何時提供？等課題。

3. **技術策略**：無線通訊業者必需跳脫現有的市場狀況，界定未來技術的發展方向。技術的發展可歸類成四大類：通訊、計算、應用及整合技術。在這當中最重要的一點是如何緊密地整合，並連結不同種類的技術，包括軟體、設備、網路解決方案等。良好的技術策略可改善使用者的經驗，並提升使用頻率，使無線通訊業者獲取利潤。

4. **網路策略**：無線通訊業者如何與策略夥伴合作，以提供最有價值的服務。策略夥伴可能是內容提供者、設備提供者、帳務及付款服務提供者。其中包括：利用網路服務營運模式，提供策略夥伴端對端頻寬解決方案，包括網路安全、認證、帳務及付款服務，發展能夠掌握網路架構、頻寬、流量管理的工具，提供具安全性的開放網路環境，提供加值服務。

四、知識管理專案發展歷程與變革管理工作

整個產業的發展趨勢已明顯地指出，無線入口網站的成功關鍵五大因素：

準確的自我定位、合理的服務價位、新技術及新服務的快速導入、便利的交易功能，以及使用者的習慣養成等五大部分。

這當中以「使用者的習慣養成」部分最為重要。根據多位專家學者 研究發現，大多數消費者已了解透過無線入口網站所瀏覽的資訊，與透過一般電腦所瀏覽的介面有所不同。

C-1-3 知識管理執行方法、步驟與預期目標

一、建立學習型組織

隨著跨國企業多點同步學習需求的增加，以及政府大力推動知識經濟的潮流，使得 e-Learning 市場呈現快速成長的狀況。

二、執行方法（含編組）與步驟

　　e-Learning 對企業訓練帶來革命性的影響，為了能夠不受時間與空間的限制，隨時隨地、隨心所欲、無時無刻進行線上學習。

　　IBM 公司建議企業應從整體訓練的角度看待 e-learning。這當中包括了：

1. 從資源利用的角度，企業原有的訓練資產、訓練專家或技術專家是否能夠協助發展 e-Learning？

2. 從顧客服務的角度，員工參與或接受 e-Learning 之後，是否很容易地將訓練知識應用於日常工作中並提升效益？

3. 從訓練整合的角度，在劃分 e-Learning 與傳統學習時，企業如何考量成本節省、組織效率與訊息整合等諸多因素？

4. 從知識競爭力的角度，企業知識管理與 e-Learning 訓練內容有連結嗎？如何連結？

5. 從內容設計的角度，企業 e-Learning 內容是否會因成本降低或主事者的突發奇想等因素，內容雜亂不堪？

6. 從科技整合的角度：是否有太多的配合廠商、解決方案及內容型式，使目前的訓練課程一團混亂？

7. 從員工發展的角度，e-Learning 在員工發展計畫中所扮演的角色為何？能提供什麼樣的協助？

三、預期目標

　　養成員工上網學習的習慣，也隨時鼓勵員工儘可能多利用 e-Learning 豐富的資源。

　　從課程面來說，IBM 公司設置之寰宇大學（Global Cam-pus）提供了超過數千個課程，快速、豐富且容易使用，讓員工得以擁有方便多元且滿足個人需求的選擇。至於在落實部分，為了鼓勵員工多使用 e-Learning 課程，IBM 公司已將經理人員的訓練課程，全部放在內部網路上。

　　至目前為此，全球 IBM 公司已有四成的員工使用線上學習機制。在導入 e-Learning 之後，在 2001 年開始，IBM 公司所節省的企業費用就高達數億美元。由此可知，e-Learning 不僅為 IBM 公司創造知識競爭力，更有效地節省許多費用支出。

四、未導入 e-Learning 前的企業診斷

1. 在過去，企業常會擔心訓練時間與工作進度配合的問題。

2. 企業的訓練侷限在單一教室內、或地點偏僻，使得花費成本過高。

3. 訓練方式的限制，無法個人化。

C-1-4 知識管理與競爭優勢

一、實體與虛擬知識社群建立

21 世紀，決定企業的競爭力關鍵在於知識。對於企業來說，究竟要如何開始推動知識管理？許多企業可能一開始就會想到科技，以為知識管理就是代表引進某種新科技。事實上，掌握科技固然是知識管理的關鍵，但是「人才培育」更是知識管理的基礎！

無論是建立知識、運用知識、分享知識，或是傳遞知識，都有賴一群優秀且專業的人才，方能真正落實知識管理工作。在過去 IBM 公司的成功經驗，也充分證實了這一點：知識管理始於人才培育！對 IBM 公司而言，最大的競爭優勢在於優秀的專業人才。IBM 公司有系統的人才培育策略與做法，成功地訓練出一群具備豐富產業經驗、卓越管理才能，以及領先技術能力的人才。這些人也正是今日 IBM 公司知識管理的參與者、鼓吹者與分享者！

當然，IBM 公司所成立的「知識大學」（IBM 公司 Academy）則扮演了延續人才優勢，以及培養未來人才的重要角色。在 IBM 公司知識大學中，分設了五大學院：IBM 公司特別強調理論與實務並重、通才與專才並存、虛擬與實體共進，以及現在與未來同在。

1. 基礎學院中，IBM 公司提供完整的新進人員在職訓練，以奠定員工工作的基礎。

2. 專業學院則著重提升專業技能，以建構長長久久的職業生涯。

3. 管理學院所強調的是理論與實務並重，為塑造未來的經營人才。

4. e 學院則提供無遠弗屆，隨時隨地的電子學習。

5. 社會學院則是藉由良師益友的協助，或是透過多元化社團的成立，分享資深員工最寶貴的經驗。

　　透過「IBM 公司知識大學」，期望建立一個真正由專業人士所組成的企業。它是全球最大的資訊科技服務公司之一，IBM 公司除了持續透過「知識大學」培養優秀的專業人才之外，更希望積極扮演知識推廣者的角色，有系統地與社會各界分享與交流 IBM 公司所累積的知識。因此，IBM 公司特別與經濟日報合作，將有系統地介紹「IBM 公司知識大學—管理學院」的課程內容。這些材料皆是累積全球 IBM 公司多年的經營管理 Know-How，希望得以協助台灣地區各界與時並進，創造更具競爭力的知識型企業！

二、企業智庫中心建立

　　IBM 公司規模龐大，擁有許多產品部門。分別有各自的產品技術支援管道，數十年來累積的技術支援相關文件也以不同的文件格式存放在不同系統之上。但 IBM 公司的客戶多半需要查詢多種產品的技術文件，若仍是各自為政，未能系統化建置，對 IBM 公司客戶也造成困擾。因此，IBM 公司總部即趁著網路快速發展，企業 e 化技術也正好允許將不同資料系統內的資訊以 Webbased 方式展現。因此 IBM 公司總部希望建立一個整合各方資源的知識庫，讓 IBM 公司客戶能上網以自助（self-service）方式隨時隨地都能取得 IBM 公司產品技術支援資料，不必依賴電話諮詢之人工服務管道。台灣 IBM 公司的研發團隊憑著紮實的資訊（Java/XML）技術能力與豐富的專案開發經驗，從美國總部承接下這個專案進行開發，於邁入二十一世紀即正式上線，名稱即訂為 IBM 公司 Online Technical Support。這個知識庫的設立目的在於：

　　成為 IBM 公司總管理處線上產品技術支援窗口—網址為 http://www.IBM 公司 .com/support。

　　網站內容之特色有：

1. 以網站型式呈現的整合性產品支援知識庫。

2. 建立標準資料分類機制，整合不同資料來源。

3. 此系統整理的知識資產會分享 / 連結到 IBM 公司其它的網站，如 IBM 公司 SWG （Software Group）product pages、e-Sites、DownLoad sites、e-Service 提　供 User-friendly 瀏覽與搜尋方式，協助客戶快速找到所需的資料。

4. 全部的資料（可能來自不同資料來源，不同格式）必須以 look-and-feel 方式呈現。

5. 能連結到收費制的進階技術支援辦法。

6. 能連結到其它 IBM 公司部門的支援資源。

7. 能進行問卷調查以接受客戶的建議。

三、知識行銷與創造競爭優勢

IBM 公司為因應知識經濟快速變遷，特別在 2003 年宣布其企業願景為「創新 e-Taiwan」。為達成此目標，IBM 公司將以「加值基礎建設」、「擴大整合價值」、「乘勝追擊」等三大項致勝策略，並積極投入：(A) 高科技產業 e 化解決方案，(B) 運用網路技術運算生命科學，(C) 數位內容管理，(D) 金融控股公司資訊整合，(E) 台商全球營運作業解決方案，(F) 委外作業，(G) 動態式工作環境等七大重點市場。IBM 公司將充分運用全球資源，協助台灣產業提升未來競爭優勢。

（一）加值基礎建設

IBM 公司響應政府推動高科技知識經濟產業計畫，以創造台灣未來競爭力為目標，於 2003 年專注耕耘七大重點市場：

1. 致力策略性產業

(1) 高科技產業 e 化解決方案：高科技製造業近年內應持續為台灣最大競爭優勢。但各企業面臨產品需求多元、資訊整合及降低供應鏈溝通成本（包含時間及金錢）等壓力與挑戰，企業宜進行改革工作，其重點有 a. 電腦自動化整合方案，Computer Integrated Manufacturing（CIM）、b. 產品生命週期管理，Product Life-cycle Management（PLM）、c. 供應鏈管理，Supply Chain Management（SCM）等三種管理系統成為企業 e 化市場的趨勢。結合本身的經驗及服務團隊，IBM 公司將協助高科技製造業建置各項解決方案，提升企業競爭力。

(2) 運用網路技術運算的生命科學（Life Sciences）：IBM 公司將會從生物資訊與網路技術運算的技術著手。首先，針對生物資訊的部分，IBM 公司將持續發展並推出針對生命科學產業，例如製藥、醫療研究、農產畜牧等所需的高速電腦解決方案，協助台灣研發單位以最先進的資訊系統，與全球領先機構一較長短。在網路運算的部分，IBM 公司將持續與各研究單位進行各項合作計畫，包括基因蛋白質序列比對、新陳代謝途徑（pathway）的研究。

(3)數位內容管理（Digital Content Management）：根據多位學者調查報告顯示，目前全球企業資訊平均每六到八個月，即以雙倍速度成長。隨著電子商業全面普及，數位內容資產管理系統建置更形重要。根據六年國家發展計劃，數位內容產業 2001 年產值已達新台幣 4 億以上億元。IBM 公司已成功協助故宮博物院、歷史博物館、國立自然科學博物館進行典藏數位化工程，未來將繼續提供各行業資料擷取、儲存、整理、交換、流通的整合式解決方案。

2. 強化經濟發展基石

(1)金融控股公司資訊整合：金融控股法的實施加速台灣金融業國際化。金融產業必須有效整合營運模式、資訊系統，包括伺服器的整合、升級、網路整合，才能有效控制成本。2002 年是金融控股公司轉型的關鍵時刻，IBM 公司一舉完成「金融三連霸—建華金控、復華金控、國泰金控」資訊基礎建設的建置工作。2003 年 IBM 公司開始以財務管理、風險管理及金融委外服務，為客戶提供具競爭力的整合價值。

(2)台商全球營運作業解決方案（GLOBE：Global Logistic and OperationBased ERP）：全球化佈局是企業經營的必然趨勢，在全球化過程中，企業必需發展新的經營方向或營運模式，包括 IT 區域整合應用、企業轉型及委外服務等以因應新的商機。IBM 公司將提供資訊系統與諮詢服務，結合全球資源、服務團隊與專案執行經驗，作為台商進軍國際的最佳資訊夥伴。

3. 提升核心競爭力

(1)委外作業（e-Sourcing Services）：透過電子商業委外營運，企業可擁有更多能力提升本業相關技能，並可將投資報酬率最佳化。目前在台灣，IBM 公司已為交通運輸業、政府學術單位、製造業、金融業等建置委外服務。2003 年 IBM 公司更宣示以 on-demand 的概念領軍，相信未來的科技將會以隨選即用電子商業的模式演進，因此隨同而來的，在 2003 年 IBM 公司將會結合委外服務，陸續推出以 on-demand 為概念中心的解決方案與應用系統。

(2)動態式工作環境（Dynamic Workplaces）：「數位化工作環境（e-workplaces）」將逐漸取代既有的實體辦公環境。IBM 公司運用資訊及通訊科技，推廣「動態式工作環境」概念，加速帶領台灣邁向知識新經濟、提升產業競爭力及建立高品質的資

訊社會。IBM 公司從 1998 年開始透過企業內部網路（intranet）實行「動態式工作環境」，近年來省下的企業資源已達百億美元。

（二）擴大整合價值

單一功能的科技或產品的時代已經過去，客戶採購的模式越來越朝向整體性的解決方案。IBM 公司以科技、人才整合、事業夥伴及全球資源的優勢，為客戶創造「隨選即用電子商業（e-business on demand）」的境界。

（三）乘勝追擊

台灣 IBM 公司在 2002 年制敵機先，以明確決策方向及迅速出擊的時機與敏捷的速度在市場上大有斬獲，並獲得客戶最大滿意度。展望二十一世紀 IBM 公司將以「因人而異專業、熱忱、團隊合作」的精神，乘勝追擊，再創佳績。

（四）導入知識管理成功的案例

知識管理被認為是整合企業內部與外部知識的最佳管道，也是發揮企業潛力的重要一環，IBM 公司旗下的 Lotus Development Software 宣布推出 Lotus Discovery Server，除了搜尋文件外，還可搜尋人力資源，是知識管理的最新選擇。

搜尋企業外部、內部資源，是一般知識管理系統的訴求，IBM 公司亞太區軟體事業部知識管理市場行銷高級管理人員認為：Lotus Discovery Server 除了資料搜尋管理功能外，最重要的是人力的搜尋，它會為公司內部人員做評分，評分依據包含各方面能力及每日蒐集的資料、發出的電子郵件，而當專案需要人才時，可直接上網搜尋適合人選，組成最強的小組。

Lotus Discovery Server 具有學習功能，亦可讓使用者在搜集資料方面更為方便順手，它會自動為資料分類，若使用人不滿意系統的分類方式，親自動手分類之後，系統會記憶下來，往後就照著新方式分類，是相當人性化的個人服務。即時通訊的整合也是 Lotus Discovery Server 的特點，藉由 Lotus 開發的即時通訊軟體 SameTime，內部員工可由世界各個角落進行視訊對話，交換最新訊息。

Lotus Discovery Server 是一項突破性的資料搜尋及專業知識定位系統，專為協助客戶維護、管理及發展其知識資產而設計，其中包含有關客戶、市場、產品、技術、程序

及競爭對手的知識，目前這些知識有一大部分掌握在員工個人電腦之中，但經由這套產品整合之後，企業就能更完善地利用這些資產，進而提升其競爭力。

C-1-5 結論

　　IBM 公司推動知識管理可作為國內公司的模範，其主軸是以三大變革（最佳化產品組合、多元化行銷管道、客尊化服務模式）及六大業務重點（隨選即用電子商業、資訊資產委外服務、網路高速運算在生命科學運用、推廣 Linux 伺服器、虛擬化建構及全面化進入普及商業市場）其知識化內容得相當廣泛及深入，IBM 公司創立超過百年，在台灣成立六十四年，乃累積了相當豐富經驗，尤其在知識大學成立之後，培育很多優秀人才，真正來落實知識管理策略與作法，邁向永續經營的企業。

參考文獻

1. IBM公司知識大學網站（WWW.IBM公司.COM.TW）。
2. 孔祥鐸著（2002），藍色巨人－IBM公司，先見公司出版。
3. 吳行健著（2002），知識管理創造企業新價值，管理雜誌。
4. 王景翰、李美玲著（2002），e時代的網路化知識管理，管理雜誌。
5. 彭若青著（2002），企業導入知識管理的推手，管理雜誌。
6. OPENFIND搜尋網站（WWW.OPENFIND.COM.TW）。
7. 雅虎搜尋網站（WWW.YAHOO.COM.TW）。

 問題討論

1. 試說明 IBM 公司導入知識管理的策略有哪幾項？

2. IBM 公司導入 e-learning 後對企業訓練有何重大影響？

3. 您認為 IBM 公司推動知識管理策略之優點何在？

現代資訊服務產業

Chapter **C-2**

專業防毒軟體應用世界級公司

－趨勢科技公司

公司簡介

　　趨勢科技公司於 1988 年成立，主要業務為自行開發、銷售電腦的防毒軟體。創辦人在碩士畢業之後，歷經 10 年三次的創業失敗，終於因緣際會的與其夫人及其小姨子在矽谷共同創立了趨勢科技公司，隔年才又在台灣設立分公司。

　　在張先生退休後，目前公司由原任技術總監 Ms. Eva Chen 擔任企業執行長（CEO）。台灣分公司則由洪副總經理升任總經理工作。

　　總公司設立於日本東京，為了達成進入此一亞洲最大單一營運市場的目的，創辦人張先生親自於 1992 年舉家遷入東京，買下一家經營商，開始努力經營日本市場，終於在 1998 年正式在日本掛牌上市。全球員工 4,000 位，分屬於 7 個 RD Center 及座落於超過 30 個國家的營運業務分屬機構，為美國《商業週刊》推崇為「超越國界的跨國公司」（transnational）。

　　各地區分公司之高階主管的任用以當地人為主是趨勢科技公司的政策，不單是因為網路發展，病毒無國界的緣故，更為了要順利打開各地區市場，及蒐集各地病毒資訊，因此各地區之營業所以當地人為主導。再者，由各地區之區域環境優勢中，挖掘發揮各地區之強項。例如，美國負責行銷之主要工作，台灣分公司約 800 人，除本地業務外，更擔負了主要的核心軟體開發工作。日本總公司負責當地業務推廣，也負責財務工作。菲律賓則負責病毒碼的分析整理工作。

　　2005 年營業額即達 6.219 億，利潤 1.59 億，近年來已逐步成長，是台灣人創立的全球知名品牌。其以品牌，價值新台幣 367.9 億元，領先 ASUS 華碩電腦 352.93 億元及 Acer 宏碁電腦的 284.05 億元，連續四年蟬聯十大台灣國際品牌榜首。

　　趨勢科技公司在意氣風發之後，也開始從事回饋社會的公益活動，創辦人之一的陳小姐原本就是文化的工作者，畢業於台大中文系，並曾任職於天下雜誌的記者，更喜愛編譯工作。目前改任趨勢科技公司的企業文化長，更將文化工作由趨勢科技公司帶到社區，回饋給社會。相信趨勢科技公司之所以成功，不單單憑靠優良的產品，其也受優良文化薰陶，才能有品牌，而不是單靠廣告或公關公司就能打響的深刻體認。

　　趨勢科技公司營運已經三十一年，歷經了五個商業模式（賣斷技術、賣技術使用權、賣套裝產品、賣企業用戶及網際網路結盟），網路上論述其成功關鍵是「數位趨勢」、「策略創新」、「人文精神」。在閱讀了張先生及陳小姐的著作《擋不住的趨勢》之後，研究團隊覺得，其能為資訊界所接受，根源於趨勢科技公司的服務態度及其對於電腦病毒研究的專業。

學習產業知識管理過程中，為了能更貼近實際產業知識管理運作，故實地參訪相關產業以瞭解在理論背後，其所進行知識管理的運作情形與成果。趨勢科技公司之知識管理介紹如下：

C-2-1 導入知識管理計畫、策略與方法

要導入知識管理，必須先建構組織相關的文化，確認知識管理的技術基礎，並採取必要的處理程序。趨勢科技公司早在 1992 年就提出了 3C 文化，以創造（Creativity）、溝通（Communication）、改變（Change）為主要核心價值。後來，又在此基礎上，增加了顧客（Customer）和值得信賴（Trustworthiness），以 4C+T 作為趨勢科技公司的企業文化。更以「To create a world safe for exchanging digital information」為企業願景（Vision），以「We ensure digital operational continuity against unpredictable threats.」為企業使命（Mission）。在上述企業文化架構下，配合其分工合作之處理流程，進而發展出該公司獨有的知識管理架構模式。

以台灣而言，其組織架構中分成營運單位及研發單位。營運單位屬於台灣區總經理負責，其業務範圍包含：行銷、業務、財務等單位，成員約 50 位。而台灣研發中心之 RD 人員，則屬於全球研發主管統一控管，成員約 800 位。據台灣區總經理所述，該公司知識管理基於需求特性，分為地區營運單位及研發單位，分開控管個別知識管理平台。

以客戶服務而言，身為網路安全的領導品牌，趨勢科技公司當然也有一套完善的線上技術支援平台，提供全球客戶隨時透過網際網路取得所需要的資訊。其於 2005 年開始，更擴建新的知識管理系統架構，使運作流量能滿足全球客戶需要。趨勢科技公司創辦人張先生在 1997 年成立菲律賓分公司時，給接手負責人鄭先生唯一的原則，就是：「以數字指標為管理準則；盡量利用網際網路服務」。套用到當時的產業知識管理上而言，知識管理的運作也要評估投資報酬率。猜測其菲律賓三百人的客戶服務體系及一百多位技術人員的病毒蒐集管理研究團隊，所用的知識管理系統，也必然依此「數字指標」之管理原則進行，而使系統功能不斷提升。

正如一般企業在知識管理運作上所遇到的問題，如何使趨勢科技公司人員樂於分享

工作上的知識與經驗。趨勢科技公司採用了處理流程策略來解決此一問題。技術並不是最重要的因素，反而是組織內部人員的使用習慣所形成的另一個重要關鍵。因此，趨勢科技公司的知識管理不單只是專注於 IT 技術上，更從策略、人員組織、流程等方面多管齊下。

提升趨勢科技公司本身、客戶或經銷商的工程師之技術與專業能力，也是有效提升良好服務品質，並降低人力成本的一個方法。趨勢科技公司大量利用網站的知識庫與常見問題集，讓使用者可以快速找到解決方案，TCSE（Trend Certified Security Expert）專屬會員網站即是此一方案策略下的產物。其中除了各式文件以外，更提供會員討論分享彼此經驗的管道。客戶服務系統整合了知識庫管理，不但協助第一線工程師快速找到解決方案，減少服務時間，也達到經驗分享的功效。

C-2-2 知識管理實施步驟與作法

趨勢科技公司有專責的知識管理團隊，在知識的生命週期中，從知識的規劃、產生、整理、釋出、更新及歸檔，建立一套一貫的管理流程。也配合技術發展的生命週期，從計畫、研發、測試到客戶支援，希望能將這整個流程中的知識做整合管理。

知識管理平台設計對一個軟體公司來說，不會是太大的問題，更何況其早就整合了各種版本視窗軟體，Linux、Unix、Lotus Notes、Internet Gateway、MS Exchange、HTTP及 SMTP 等。草創之初 1988 年僅 5 隻病毒要對付，不論是用報表列印、手稿記錄，大概都不會有太大問題。到了 1995 年病毒數量已經超過三萬隻，不論其數量之龐大或是成長之快速，不透過電腦管理幾乎是不可能。

所以沒有系統平台架設的困難，只有人員使用的習慣問題。在導入的過程中，必須加強教育訓練及溝通。也因跨國企業的關係，多少又增加了些困難。最後則是持續性及執行力的考驗。

因企業願景、企業責任已經清楚定義，接續要進行的主要設計，只是將領域內的知識進行分類。越完善的規劃，也越方便後續找到需要的資訊。在查詢的介面上，是以關鍵字搭配自然語言，並具備同義字詞之自動辨識，並針對查詢的結果再加以分類。另外，還根據使用者的查詢失敗紀錄，不斷的更新修正系統，增加查詢的精確性。

　　另外以其產業特性，就技術服務單位而言，該公司也發展出一套所謂「師徒制」的知識傳承模式。當客戶發生問題反應給客服人員，第一線資淺人員並無實際解決問題或危機處理的經驗時，處理的工程師往往第一時間會到公司的知識庫上，搜尋以往的處理紀錄作參考並回覆給客戶。

　　若客戶的問題超過第一線工程師所能解決的範圍，在知識庫系統內也無法查詢到相關紀錄時，該工程師則需將問題紀錄於知識庫，並由系統轉給二線工程師，由二線較有經驗的資深工程師協助處理。直到問題被完善地解決，此時第一線工程師更必須負責將問題發生前後原因及解決對策，輸入到該公司知識庫中，以供其他人員日後碰到雷同問題時作為參考。

　　此一特殊經驗傳承及知識庫的資料建立模式，著實符合了知識管理的重要九項因素中的六項，涵蓋了文化、技術、處理流程、使用者、平台及知識服務，雖缺評估、改良及完善架構等其他三項，但其首屈一指的成效，實可供特性相同的企業參考，並以此為知識管理之有效運作指標。

　　知識管理系統的建構工程包括：獲得知識、發展與分享知識及管理應用知識。其中管理應用知識更強調了知識半衰期的特性，因為知識的壽命有限。在電腦病毒的世界裡，知識管理的方法上，不僅只有半衰期的問題，更有「及時傳達」的問題。當病毒開始傳遞發作時，知識的發展、傳遞速度鐵定是已經來不及了，但如何仍能有效的圍堵、圈制，提醒客戶防範再發，外加後續之零星病毒復發治療。其所需要的知識管理方法與歐陽先生所謂的知識管理方法：網路、資料庫、及時傳達及討論空間，不謀而合。

　　不論是誰先倡導的知識管理方法，趨勢科技公司已經由米開郎基羅（Michelangelo）、黑色星期五（Friday 13th）、梅莉莎（Melissa）、我愛你（ILoveYou）、紅色警戒（CodeRed）、娜妲（Nimda），到橫掃全球的疾風（Blaster）、老大（Sobig）等一連串的病毒，驗證了其技術及管理方法趕得上病毒發展的速度。而其知識管理的作法，更是不論多新或多舊的病毒，再來叩門一次，都一定要被擋在門外。

C-2-3 結論

　　趨勢科技公司之知識管理運作涵蓋了知識管理的重要六項基礎建設：文化、技術、

處理流程、使用者、平台及知識服務。雖於訪談期間，並未確切得知其知識管理運作成效評估是否數值化，再以評估數值回報管理平台作修正。但以其能執電腦網路病毒業界之牛耳，能不持續進步或自草創時期即有此規模者，均屬不可能。因此可以斷定勢必持續修改，唯獨不能一窺其內部確切運作管理模式，僅能透過客服網路機制，觀摩外部執行機制，實為走訪之後的最大遺憾。

21 世紀是知識經濟時代，以趨勢科技公司成立二十多年來每年均高度成長，並成功的與世界資訊大廠進行策略聯盟。繼 1998 年在日本東京正式掛牌上櫃，1999 年再於美國 Nasdaq 成功掛牌上櫃，顯示該公司之運作、策略及產品均非常成功。再者要能順利防制全球超過三萬隻以上的病毒，其知識管理之工作絕對不是一般隨便做做或稍微努力就可以達到的境界。因此，我們可以相信其在知識管理上，不論其策略、方法，均有其專業的作法，值得產業界引以為模範。

在深入瞭解了趨勢科技公司之後，除了驚訝於其品牌創立之決心，對公司文化的執著，也感受到其公司對資訊管理的態度與用心。趨勢科技公司創立早期即確定 4C+T 文化，建立企業標誌、企業願景與責任，應該都是其他公司可以參考模範的項目。

一個公司的成功或成就，可以是片面的，也可以是全面的。在參訪與研讀相關報告之後，小組人員一致認為，我們的選擇是對的。因為有此研討對象及主題，讓我們有機會深入瞭解一個全面成功的企業，不單單是表面看到其成功的果實，更包含了決定其成功的執行過程。而此番過程均將成為我們日後工作、思考的最佳借鏡與典範。一個不是單純的理論與故事，而是活生生的事實展現在我們眼前，讓我輩一行人留下深刻印象且永難忘懷。

參考文獻

1. 往訪趨勢科技公司台灣分公司之訪談紀錄。
2. 擋不住的趨勢，作者：張明正、陳怡蓁，天下文化出版。
3. 管理雜誌2007年5月號：紅色服務。
4. 趨勢科技公司網站：www.trend.com.tw。
5. 趨勢教育文化基金會：www.tred.org。
6. 外貿協會網站：www.taiwantrade.com.tw。

7. 知識管理－理論與實務，作者：黃廷合、吳思達，全華圖書出版

8. 知識管理戰略、方法及其績效研究，作者：歐陽嚴明，www.boraid.com/

 問題討論

1. 請說明趨勢科技公司知識管理計畫與策略為何？

2. 請列出趨勢科技公司知識管理之實施步驟與作法。

3. 就您的看法，請說明趨勢科技公司在推動知識管理的成功關鍵為何？

NOTE

資訊與通訊產品產業

Chapter D-1

資訊與通訊產品的專業通路商

－聯強國際股份有限公司

公司簡介

聯強國際公司前身為電腦公司微電腦部門，公司於 1975 年成立該部門；1985 年，並將微電腦部門的業務與團隊併入子公司，子公司全力拓展電子元件代理業務，於 1988 年見時機成熟，逐改組成立聯強國際公司，發展為專業通路商。

表 E2-1 公司資訊產品之類別、產品品名及其用途說明

類別		產品品名	用途說明
資訊產品	個人電腦	桌上型電腦、筆記型電腦、伺服器、個人數位助理	個人或企業使用之資料處理設備
	電腦組件	主機板、繪圖卡、輸出入控制卡、鍵盤、電源供應器、外殼、散熱風扇	組裝個人電腦使用之主要組件
	列印裝置	噴墨式印表機、點距陣印表機、雷射印表機、行列印式印表機、三合一事務機	電腦資料列印設備
	顯示裝置	CRT 顯示器、LCD 顯示器	電腦資料顯示設備
	儲存裝置	硬式磁碟機、軟式磁碟機、磁帶機、可讀寫式光碟機	電腦資料儲存設備
	輸入裝置	影像掃瞄器、數位相機	電腦資料輸入設備
	多媒體產品	唯讀光碟機、音效卡、視訊卡、多媒體套件、影音光碟機、光碟軟體、休閒軟體、多媒體喇叭	電腦多媒體聲音、影像、資料之處理設備及軟體
	網路產品	網路卡、路由器、橋接器、網路連線設備、不斷電系統、數據機、網路作業系統、無線網路設備	電腦網路連線設備及作業軟體
套裝軟體		作業系統、電子試算表、文書處理、整合軟體、資料庫、工具軟體、防毒軟體及其他套裝軟體	供電腦使用者啟動或應用之軟體工具
消耗用品		滑鼠、軟碟片、光碟片、色帶、墨水匣、碳粉匣、護目鏡、紙張、選購配備、耗用材料	電腦儲存、列印、輸入設備、之耗用材料及選購品

公司簡介

表 E2-1　公司資訊產品之類別、產品品名及其用途說明 (續)

類別	產品品名	用途說明
通訊產品	行動電話、呼叫器、無線電話、傳真機、按鍵電話、答錄機、無線對講機、通訊耗材及配件	個人或公司行號使用之消費性通訊產品
辦公室自動化產品	投影機、打卡鐘、支票機、空氣清淨機、影印機、投影幕、碎紙機、紙張及文具用品	辦公室自動化設備及用品
消費性電子產品	電子辭典、標籤印字機、喇叭、耳機、麥克風、影音光碟機、迷你音響、隨身聽、各式家電、電池、電視遊樂器、MP3 播放機	個人或家庭用電子產品
電子零組件	中央處理器、記憶體、邏輯、音效、影像、多媒體處理元件、工業用元件、線性元件、光電元件、資訊家電元件	用於生產個人電腦及電子產品所需之積體電路及零組件

（一）聯強國際公司之經營改革

隨著門號和手機用戶市場由極熱而降溫，手機通路業短短二年歷經「三溫暖」的洗禮，較晚進入這個市場的聯強國際公司，卻雄心勃勃的企圖成為手機通路的領導品牌。聯強國際公司總經理表示，手機通路業必須創造差異化的價值，提供立即回應的服務。

聯強國際公司用二十年的通訊通路經營經驗，採開放式通路結構，目前鎖定換機市場，尤其重視對營業額貢獻較大的中高檔手機。藉由拿手的「30分鐘完修」、「2年保固」等差異化服務，一次又一次與競爭對手交鋒，並立於不敗之地。

在通訊市場，聯強國際公司在全台最高曾有 5,000 多家大哥大手機、門號的銷售據點，如今因手機人口飽和，單店平均獲利下降，已萎縮到 3,000 多個據點。不過，聯強國際公司篩除掉一些信用不佳店面，在全台 3,000 多據點覆蓋率已達 95%。

過去，聯強國際公司通訊通路屬於封閉式的連鎖店模式，設一個總部，層層而下，加盟或是直營店面，聯強國際公司是每一個據點的總部。

公司簡介

在通訊通路十年多經驗，當產品成為一個國際性、全球性品牌，不能再用連鎖通路模式，原因是不能將產品差異化，且增加管銷成本。舉例來說，手機是高單價商品，不能跟 7-Eleven 等超商賣低單價商品相擬，何況超商定位在便利，聯強國際公司則定位在提供不一樣的服務。

每天物流車隊「一日三配」到單店，建立一套銷售情報系統，電腦每三小時更新門市的資訊，「單店下單量就等於銷售量」，公司不希望店老闆庫存太多貨，儘量做到快速配送、零庫存。再者，消費者可以在 30 分鐘修好手機，購買手機有二年保固服務。聯強國際公司是第一家把手機和維修管道分離，現在已有 57% 手機用戶是直接拿到聯強國際公司維修，另有 43% 是由原購買管道送修。

（二）聯強國際公司發展

1. 物流服務特色

是全球資訊通路商當中，第一家自行發展物流配送能力的公司，早在 1991 年，便著手建立專屬的物流車隊，截至 2008 年為止，物流車隊的規模已超過二百部車，每日提供二至三次的配送服務，平均每日出車數百車次，送達數千家客戶，範圍遍及台灣本島人口聚集的每一個角落。

由於提供的快速配送服務廣受客戶認同，使得公司的客戶數在物流能力建立之後迅速提升，隨著配送量的擴大，達到經濟規模，也降低了最初居高不下的物流成本。這項快速配送的能力，以及多年運作累積下來的物流管理知識，已成為聯強國際公司的核心競爭力之一。

2. 維修及售後服務特色

1990 ～ 2014 年，聯強國際公司不斷推出更好的維修服務，每一項服務的推出，也都是創業界之先。在這過程中，聯強國際公司不僅持續拉大在服務水準方面的領先差距，同時，也扮演將消費者享有的服務標準不斷提升的角色。由於公司深切認知通路業是一種服務業，不斷提供更好的服務是它的天職，正是在這樣的基本認知下，方能形塑出「取送維修」、四個「半天」、「今晚送修，後天取件」、「2 年保固，30 分鐘完修」以及「聯強國際公司維修網」的演化推升過程。

　　一個成功的企業非偶然可得，皆要經過多年的淬鍊與用心經營。聯強國際公司是相當成功的資訊與通訊專業通路商，讓大家來學習公司的知識管理方法，本案例資料豐富，介紹詳實；敬請讀者細心思考，潛心鑽研，來學習它的成功要領，尤其在知識管理手法……。

D-1-1　推動知識管理動機與目的

　　把知識或資訊從產出、傳播到使用的效用加以擴散，網路的效益可以說是從一到百，到成千上萬，有著顯而易見的擴張效益。

　　我們都知道，所謂的知識經濟或是新經濟，就是把知識或資訊從產出、傳播到使用的效用加以擴散。所有的企業在營運的過程中，都會有許多的知識產生，舉業務的推廣為例，知識運用最重要的關鍵，就是把業務人員所具備的產品知識，儘量流通散佈，而讓你的客戶，甚至是客戶的客戶，能夠充分地了解掌握。

　　一項產品的資訊或知識的生產，往往不是出自整個企業所有部門的合作，而是出自一個或兩個單位的手筆。這些資訊或知識可能已經存在已久，只要能夠適當地加以散播，組織內部的所有成員就能夠分享。資訊的散佈也有可能延伸到組織的外部，針對的是經銷商或顧客，目的則可能是為了讓你的經銷商或顧客更了解你的產品，而更有意願購買你的產品。客戶的客戶，則是知識或資訊傳播的第三個層次，涉及的人數更多，影響的層面更廣。

　　從最簡單的公司內部資訊擴散，到企業間的資訊傳佈，以及對顧客的產品或企業資訊服務，網路的知識管理效益可以說是從一到百，到成千上萬，有著顯而易見的擴張效益。因此，如何做好「知識的傳達」，將會是非常重要的關鍵，因為做得好與做得不好的差別，將會是非常的巨大，做 60 分與 80 分的差別，並不是只有 20 分的差別，而有可能是數百萬個 20 分的差異！

　　但是如果能做得好，交易過程就能夠簡化，廠商就能夠省下時間和資源，用來提供消費者附加價值更高的服務。舉例來說，零售商對顧客的服務，有非常高的比例是花在解釋產品的功能上，但是「產品說明」這樣的功能，網路其實能夠執行得更快又更有效

率，想想看，如果你擁有數百萬個客戶，網路如果可以為你每次的產品解說省下 10 分鐘，光是節省時間的效益就有多驚人！

要達到這樣的目的，我們就不能只把網站當成是促銷的工具，或是只把產品的型錄放上去就算了，而是要把網站當成是你的顧客，或是顧客的顧客得以「學習訓練」的工具。聯強國際公司的「數位生活知識網」，不只是把產品的規格型錄放上去，而包括了產品的趨勢、如何使用等等的資訊，讓它成為一個有助於消費者增加知識的網站。

此外，消費者也因為擁有充分的資訊才進行購買行為，也就能夠發揮理性購買的最大效用。

公司高層主管認為，電子商務 B2C 宣稱可以跳過中間商，節省許多成本，進而取代傳統的通路，這當然未必見得－－電子商務同樣有物流、庫存和呆帳成本。但是傳統的經銷商或零售商如果不能善用新工具來改善經營的效率，的確是有可能被趕過去的。反過來說，網路也可以是對傳統通路大有助益的一項知識管理工具。

聯強國際公司建構「數位生活知識網」的目的，在於聯強國際公司認為，應讓消費者對產品有足夠資訊，來幫助他做購買決策；另外，透過資訊流的提供，讓消費者使用產品的深度能提升，而不是買回電腦，卻只發揮打電動的功能。

這樣的知識建構，可以擴大市場，同時因為消費者更瞭解產品，使得向經銷商購買時，簡化了交易程序，消費者已經知道要購買哪種規格的產品，最適合自己，經銷商就不用多做說明。

對經銷商來說，他也可以透過這個知識庫來教育同仁，更加瞭解產品。這個網站使得通路業整個環節都提升了，產品的知識提升了，會使經銷商銷售力增加，消費者則不會買錯東西，浪費資源，全面性的影響，十分深遠。

一、知識管理部門簡介

網站小組十五個人，但各部門配合人力，加起來有一百三十多人。網站內容是分配到全公司各個部門，產品資訊是分配到產品規劃部門，負責八十多類、數千項產品的資訊維護與撰寫，技術部門則負責技術諮詢，維護單位則負責如何維護保養及故障排除的資訊，這些東西本來就是各部門專精的領域，他們必須學會如何將他們的 knowledge（知識）轉換成文字，放到網站上。（如圖 D1-1 所示，為知識管理部門之組織架構）

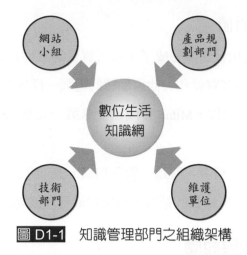

圖 D1-1 知識管理部門之組織架構

聯強國際公司的產品經理，他們隨時拿到的都是原廠第一手的資訊，一般公司拿不到，另外這些產品經理各有專屬產品線，對於產品變化、市場趨向、技術層面的瞭解，相當專業，聯強國際公司只是花功夫把這些知識，放在網站上。這不是網路公司光是請一、兩百個人能做得到的。

D-1-2 導入知識管理計畫與策略

一、導入知識管理的過程

（一）認知覺醒

從 2001 年十六位從媒體業到職業足球業網路化成功的迅捷人物的美國快速企業雜誌（Fast Company） 點出「在持續改變的世界，對一個公司、團隊最有價值的能力，是領導改變的能力」。在遭逢新的產業結構變化，公司已審視如何快速從電腦的知識管理先鋒，轉變為網路的知識管理領導者？

1994 年，因電腦業不景氣聯強國際公司之原始集團旗下部門一度出現近七億元的虧損，為此，公司必須進行轉型，硬生生把 Mitac 品牌收掉，然後把打品牌的幾千萬美元用來推動研發、物流，以及 MIS（管理資訊系統）到 ERP（企業資源規畫）的資訊網路基礎建設。

（二）創造企業競爭價值

「現在物流、資訊流和金流都完成了，每天買賣的零件高達數千萬美元。像現在雖然還看到 Mitac 的品牌，但其實就和其他大品牌的電腦一樣，都是在 Mitac 製造、在電腦天地下單、在 Synnex 組裝出貨，Mitac 會成為全球第一大電腦生產中心」高級主管滿意的指出。

透過資訊工具來溝通、整合、傳遞、儲存知識，繼而創造出企業的競爭價值，是聯強國際公司成為資訊流通業所擅長的領域，也是知識管理成功的開始。

二、知識管理的專案與範圍

（一）知識管理專案的商業模式

高層主管表示為何聯強國際公司的電子化營運經驗強調「配銷本身是傳統的東西，本身沒有核心能力，所以我們就建立資訊科技和知識這方面的能力。」而要推動電子商務整合三樣東西：金流、資訊流和物流。全球都要做的技術，很花時間。很多大公司做得到金流和資訊流，但沒辦法做到物流。

聯強國際公司的 E 化策略發展於 2000 年的資訊流，由基礎建設開始，著手於網站的定位為「知識網」。

目的在於讓加盟的經銷商與消費者，能在網站上得到產品說明、市場趨勢、使用常識、產品比較查詢等資訊現在約有八十個類別、四到五千筆產品資訊在網上讓使用者查。聯強國際公司代理了三百多個品牌、四千個品項的產品。利用網站機制可讓經銷商與消費者，用價位、品牌、規格等不同的條件搜尋到自己需求的產品，聯強國際公司等於建立了一個線上產品資料庫。未來可節省業務人力、加快速度、提升服務品質。

主管們認為「現階段是推廣期，讓別人來使用並養成習慣，等於去改變他的習慣，以達到某種程度的交流，所謂的 E-Commerce（電子商務）才會成形」。

（二）知識管理導入範圍

以資訊導入的知識管理的二個商業雛形模式：聯強國際公司主管認為一是 B2B 的電子商務開始，也至少要三～五年才會陸續成功，可讓經銷商透過上網詢價，減少客服人員負擔，等到經銷商頻繁上網後，再推行網上下單的 B2B 電子商務。

二是 B2C 的電子商務仍未成熟，目前只需要發揮網路傳播知識的特性，讓消費者因為得到更多產品訊息，縮短購物時間，減少買錯東西的困擾。

三、導入知識管理的策略

（一）知識管理系統的共享和貢獻

為了生產作業流程與配銷的營運模式，在導入資訊流的知識管理規劃下，1989 年聯強國際公司開始內部的電腦化；1993 年建置物流機制、成立車隊，把物流系統從倉儲到配送，結合起來成立資訊化的物流運籌中心 e-LSP（e-Logistics Service Provider）；到 21 世紀，聯強國際公司利用機械自動化，建立自動化倉儲；又在台北物流中心，裝設一條 BTO（Build to Order，接單後生產）組裝生產線，全程由電腦控制流程。

（二）聯強國際公司的創意管理

聯強國際公司有一套分不同職位的「一分鐘管理」「五分鐘管理」及「三十分鐘管理」資訊系統，設定密碼，讓不同層級的人，能立即得知該層級所需的資訊，老闆可以在一分鐘內，看到當時營運的幾個最重要數字，做出決策。

資訊化的工具系統在成本上，讓公司的費用從 1995 年的 9% 減少到 2000 年的 3.5%；速度上，現在從接訂單到包裝只要十五分鐘，從包裝到送貨只要四個小時；維修上，更標榜「今晚送修，後天取件」及「大哥大三十分鐘完修」。

公司經營策略用心地建構、改進的資訊化工具及資料庫，也讓資訊更透明化，幫助知識管理。

四、知識管理專案發展歷程與變革管理工作

（一）知識管理發展歷程

在新的商業模式下，由於每個環節的運作都必須講究速度與效能，而蘊含著許多新的知識，包括供應鏈上、下游之間各種訊息的即時反應；與客戶之間的各種互動；企業內部的各項行政財務資料；以及研發、設計、生產上的各種資料等等。因此，知識庫的管理便成了一項發展上至為關鍵的要素。

聯強國際公司在知識管理的發展中，發現當前的商業環境有幾個重要的趨勢方向。

第一：由於成本與速度成為市場競爭的主軸，使得中間商的價值開始受到質疑，因此，中間商必須要能創造附加價值才有機會生存。第二：公司從客戶電話下單，到備貨、包裝、到分貨準備配送，前後只需要十五分鐘的時間，如此高的運作效率讓客戶在上午下訂單，下午便能收到貨，相對地，客戶必須準備的庫存量也明顯降低，減少庫存跌價的風險，這便是中間商發揮附加價值的例子。第三：網際網路的發展也帶動另一項重要的趨勢，由於訊息的傳遞既廣泛又快速，使得地域與國界正在逐漸消失中。相對地，廠商在銷售方面也逐漸擁有無限的通路，透過網站從事行銷，則有機會能夠讓全世界立即都知道產品的訊息，便是最顯著的例子。整體而言，商業模式的發展將朝向一個需求導向的電子商業模式。

（二）知識管理的變革管理

在此一發展趨勢中，企業經營知識管理的觀念與方式也會有相當大的變化：傳統公司採取集中化管理，這對小型企業來講很有效率，但管理大企業則會產生問題，e 時代的企業講求的是分散式的管理；組織規模過去是越大越好，但 e 時代的企業更加講求組織存在的價值，沒有價值的單位將無存在的必要；過去的企業講求職位影響力，e 時代的企業雖然職位影響力依舊重要，但其權力是來自於資訊的掌握，掌握越多資訊者，其影響力越大。

D-1-3 知識管理的執行方法、步驟與預期目標

聯強國際公司一貫的精神是「使用更好的工具來改善公司的競爭力」。面對 Internet 新的挑戰，喜歡思考的聯強國際公司主管們，找到答案後就開始建立機制，帶領聯強國際公司成為國內資訊流通業的龍頭。

一、執行方法與步驟

聯強國際公司差不多在 1999 年左右，就開始建構網站。在如何去建構、運作一個網站，都沒有經驗的情況下，先投入兩個人，讓他們嘗試運作。進入初期，那時候的環境並不適合，可說還在沙漠階段，公司也並沒有給他們太多資源。他們前前後後玩了大約

兩年多時間，起碼對我們來說，玩出一些小經驗，一年多前才正式建構我們的企業網站。

聯強國際公司整個精神是一貫性的，建立知識管理執行方法與步驟，也有其特性，如圖 D1-2 所示，第一步驟是知識步驟及確定怎麼做。對企業 e 化，聯強國際公司有一個很基礎的觀念，這些新工具非常 powerful，它對產業產生的整個變化，會非常快速。但是，無論怎麼樣快速，還是得循序漸進的改變，而非跳躍式地一夜間翻轉情勢。所以企業 e 化，也是要有步驟的。從認知學習開始，到認識與規劃好要怎麼做。如果沒有認知、學習，怎麼會知道企業該怎麼做，有沒有符合企業的需求。

對聯強國際公司而言，第一個步驟是非常自然形成的，因為聯強國際公司一直在科技產業當中，所以早就體認到 Internet 會是一個新的工具或是一個新的產業發展階段。另外，聯強國際公司一貫的精神是，如何使用一些更好的工具來改善公司的競爭力，1989 年聯強國際公司就開始電腦化，1993 年開始建置物流機制、建立車隊，電腦化把物流系統，從倉儲到配送，都結合起來，形成重要的工具，到二十一世紀，利用機械自動化，建立自動化倉儲，其實聯強國際公司都是在運用新的工具，來提升公司的競爭力。

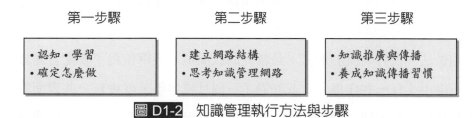

圖 D1-2　知識管理執行方法與步驟

聯強國際公司擬定了一套網路結構，可以叫做第二步驟的發展，思考如何建構、規劃同時管理我們的網路。如何管理很重要，如果沒有一個嚴謹的運作系統來管理網路，會因為資料沒有即時 update（更新），而造成功能欠佳，導致創新能力降低。

第三步驟的知識管理方法，是推廣讓別人來使用並養成習慣，等於去改變他的習慣。只有在使用習慣達到某種程度，所謂的電子商務才會成形。

二、預期目標

聯強國際公司的網站分成兩個部分，一個是給消費者的網站，一個是給經銷商的網站，整個網站的精神，希望把它建成是「數位生活知識網」，它是一個 knowledge-based（知識核心）的網站，因為產品非常多，網站上分成約八十個類別的產品，比如說硬碟、

筆記型電腦各為一類。大部分人對資訊產品都是一知半解，所以在內容上把產品簡介、規格解說、選用常識、技術諮詢與市場趨勢都放進網站，進入網站可以得到豐沛的產品知識。知道什麼是數位相機的像素、各種故障如何排除等知識。各項產品的知識是這個網站的核心。

三、導入知識管理之基本認識

如果把「知識管理」當作公司的一個「專案」，經常是在作完「工作成果」報告後，就無疾而終。真正成功的知識管理，是如何營造一個環境，讓每個同仁都可以持續不斷地生產知識，把吸收、運用知識，變成同仁自發性的「習慣」……。

每當管理學上有新的議題出現，企業常常會針對這些新的議題，大張旗鼓地成立新的專責單位，用來推動新觀念、新做法，以表示對這些問題的重視。問題在於，當企業內部，最了解個別單位的知識狀況的人，往往就是這些單位的成員。以知識管理為例，專責單位的成員未必清楚各單位的需求，所以這些專責單位的成員所能扮演的角色，就會變成和顧問公司有些相近，主要的訴求重點，會是在知識管理的「方法」上面。真正執行知識管理的，還是個別部門的成員。

這樣的做法，很容易流於形式。最常見的狀況是，各單位為了要配合知識管理「專案」，而不得不「有一些作為」，或許過了三個月或半年，就會有一些書面報告出現，來總結這些作為，而主持這個專案的，就把這些書面報告，當成是「工作成果」。半年以後，這個專案，經常是無疾而終的。

組織做任何事情，都應該從事物最根源、最基礎的地方開始做起。對知識管理而言，首先應該重視的，是要去思考，知識在組織內部如何形成。重點會是在於，如何營造一個環境，讓各個單位可以持續不斷地生產知識。接下來才去管理知識，進而傳遞給其他單位。要讓員工能做到知識管理，企業必須制定一個系統，讓員工定期整理和分析資料。當然，光靠整理和分析資料，還不能算是知識管理。企業還必須教導員工如何整理，培養解讀、分析的能力。有了這樣的能力，知識就產生了。

以聯強國際公司來說，所有的員工都必須做月報。做月報的意義，在於讓員工「習慣」於整理資料。「習慣」是很重要的關鍵，習慣於整理資料，才能從中培養出分析問題、提出改善方案能力，並作為下個月的工作重點。這樣的流程，就是知識的「滋長」過程。

知識管理是困難的，特別是將知識文字化以後，往往會有失真的現象。知識管理很重要的關鍵，是要將知識數據化，成為一種指標。知識可能散佈在企業內的各個地方，唯有把它轉化成數字、轉化成指標，才能讓知識成為體制內的東西。另外，要做知識管理，不能太貪心，不要想一次就做到完美。知識管理要能成為企業競爭力的來源，必然是一條持續而長遠的路，所以不能操之過急，也不能目標太高，而是要長期耕耘，從基礎做起。

四、建立學習型組織

建立學習型組織是邁入知織管理重要歷程之一，其五大方向與作法說明如下：

（一）建立共同願景

資訊系統對聯強國際公司最重要的意義不只在於節省時間，更重要的是讓員工能多一點時間去想工作策略，「這才是企業最重要的競爭力。」而建構的網站是先從資訊流開始，接下來就是要怎麼樣去推廣、擴散、使用。當經銷商已經變得很習慣，也就是always（時常）在網上時，公司和經銷商之間，就能夠進入電子商務，進而達成聯強國際公司 e 化之共同願景，而提升競爭力。

（二）團隊學習

經銷商也可利用這個網站來提升或擴展業務。比如說，它可以在店面用公司網站來介紹產品、回答問題，經銷商可以把有限的展示空間，變成無限的展示空間；經銷商也可建立自己的網站，附加其他服務內容，來做他的 CRM（客戶關係管理），讓經銷商同時 e 化，整個通路運作就會更健全。公司甚至思考，可以讓經銷商在網上下訂單，而由公司幫它直接送到消費者家裡；與許多純網站公司，公司也可以合作，幫他們做物流服務，這種以公司有關產業一齊來學習方式，即是團隊成長與學習之功能所在。

（三）改善心智模式

聯強國際公司所有員工能調整自己心境，進而發揮習慣之潛能，這不是一蹴可幾。執行非常重要，因為這涉及自己員工甚至經銷商的員工，一定要到養成習慣的階段，才能真正做電子商務，否則只能說是口號、理論。

而公司預估大概要多長的時間，能做到 B2B 的電子商務呢？公司的高層主管說道：

「不一定！」要看環境壓力有多大，以及員工是不是能在短時間改變行為模式。這些經銷商，像常態分配一樣，有的會跑得很快，比較容易改變，但大部分的人，在沒有很大壓力，逼得他們一定要去做的情形下，進展通常較慢。

網路管理通常面臨到最大的挑戰是要去改變員工的習慣。另外，口語溝通要變成是文字溝通，有很大的不同，用講的或許聽得懂，寫出來大家又不一定看得懂。一件事情是要用消費者的語言而非專業術語來溝通非常重要，所以在公司的網路開發中心，有三位同仁是產業記者出身，幫助寫出消費者能看得懂的語言。

（四）自我超越

在導入 ERP（企業資源規劃系統）時，員工對（資料）data 的品質，要提升好多倍，過去說資料錯了，無所謂，再改一改就好，但是在電腦裡面，一瞬間資料卻可能已經散佈到十個不同單位裡，要再拿回來改，已經來不及，所以對資料品質要求，是非常高的；時效性也很重要，過去可以說先做這個，再做下一件事，但是現在不行，必須要同時做。很多的習慣和觀念必須改變。

至於要如何改，這地方就非常廣又深，可以談出很大的一篇文章。首先，要從系統設計上著手，當員工只做一項，忘了做另一項時，就根本等於沒做，因為機器都不動。輸入品質也可透過電腦直接稽核，依照某類資訊的特性，判別輸入是否異常。但電腦稽核沒法做到百分之百，例如這裡應該輸入英文字母而非數字，可以判別異常，可以想很多辦法辨識，但是不會是百分之百，所以要在整個大系統中，用不同單位的數字，來交互稽核，挑出錯誤。

也要把資料品質當做政策上非常嚴重的事情，不能說錯就錯嘛，人總是會犯錯；這就像是飛機會走錯跑道一樣嚴重的錯誤。用一而再的宣導，讓大家的品質意識提到最高。

網際網路時效性更高，所以電腦化沒做好的公司，不要想做企業 e 化。網路就是電腦組成，則必須先有電腦化的經驗為基礎。

網路化與電腦化又有不同，因為網路在傳達資訊，資訊有兩種：一種是文字，一種是數字，文字要成為消費者的語言，如何把相關的員工，轉換成具有網路資訊的認知、能力及習慣，十分關鍵。如果能夠讓員工確實有成長之認知、成長之工作能力及習慣，那我們可稱它就是自我超越的作法與目標。

（五）系統思考

基本上聯強國際公司到底有多少的機制，在電子網路的環境下，哪些機制會扮演重要的角色，這裡面就包括物流的 e 化運籌管理服務提供商。電子商務應該是從 B2B 開始，B2C 應該是第二階段的工作，與生活結構環境有關，還不一定能成功。因為像郵購、電視購物在居住密集的台灣，市場也有限。

如何智慧操作很重要。聯強國際公司建立網站就是希望讓經銷商及消費者能智慧操作。希望成為一個專業的入口網站，讓在這個領域的每一個人，都很習慣上這個網站，有相關圖書可以查閱，有免費軟體可以下載，把全面的智慧操作提升起來。而聯強國際公司本來就有運籌機制，當整體提升上來之後，就容易進入電子商務，公司與經銷商之間的 B2B 就容易建構起來，他們可能把訂單交給聯強國際公司，而在宅配貨品到消費者家中，去服務經銷商，這是提升效率的一個方向，愈 smart 的經銷商，公司就用愈 smart 的方式與他們合作。由智慧操作到功能發揮，進行歷程皆要有系統化思考的架構與內容，才能真正讓創造價值展現之。

D-1-4 知識管理與競爭優勢

一、實體與虛擬知識社群的建立

（一）以 e 化為主

先以實體公司 e 化為主，透過 e 化，看實體公司的效益如何可以提升，包括作業流程等，用漸進的方式，不要操之過急，先花時間想，如何把現有的業務效益化。

（二）考慮整合性

要考慮整合性，聯強國際公司有什麼有價值的資產呢，一般企業入門網站會把很多雜七雜八的東西，都放上去，這是不正確的，要有效整合既有的資產。

（三）增加中間人的附加價值

要做好知識管理，必需增加中間人的附加價值，在網路世界中，中間人沒有附加價

值，就不會存在，這是很值得警惕的地方，附加價值包括縮短交貨時間，如果生產一部電腦只要三十分鐘，但買材料卻要花上一個月，效率就不夠好。物流中心也是一樣，包括庫存的電腦化、自動倉儲，就是要增加中間人的附加價值，從與客戶的界面、定件怎麼下到如何找貨，從檢貨到出貨到只要十五分鐘，應該是全世界最快的。

二、企業智庫中心建立

組織內部之知識管理是使得組織的內隱的經驗、外顯的知識可以有效記錄、分類、儲存、擴散及更新的過程。組織進行「知識管理」是為了讓組織更具有競爭優勢，一般除了知識庫等基礎架構的建立之外，還須配合內部管理方式，讓組織成員間藉由知識分享與知識互動的機制，使組織知識經過相互的激盪後形成知識創新的來源，繼而發展出競爭對手難以模仿的組織核心能耐，已真正構成組織的競爭優勢來源。

建立知識的文件管理中心，可使既有的資源或知識等可做有效率的編碼、儲存及分享，隨後建立公益資訊中心網站，進行資料的數位化，進一步將資訊擴散，最後目標則在於透過非營利組織發展中心的建置，將務實的經驗與知識加以累積、擴散與流通，形成資源網路而達成知識分享的目的。

並且可以成立專業人員的小組，專門負責中心的管理及問題詢問的諮詢處；可使得書面的文件資料被完整妥善的儲存外還有專業的人員為你做解答形成一個互動式的專業部門。對於知識管理做到了儲存、管理、擷取與分享的最終目的。

三、知識行銷與創造競爭優勢

透過資訊工具來溝通、整合、傳遞、儲存知識，繼而創造出企業的競爭價值，是聯強國際公司擅長的領域。知識管理與善用新資訊工具，已有十一年時間，打造聯強國際公司立於不敗的競爭優勢。並已成為國內資訊流通業領導企業。從 1990 年到 1999 年，聯強國際公司營業額成長 35 倍，從新台幣 14 億元到 536 億元，（邁入二十一世紀）營收是其通訊通路競爭對手的 2.6 倍，資訊通路競爭對手的兩倍。目前聯強國際公司資訊通路有 6000 個經銷點，通訊通路有 4000 個經銷點，通路佔有率超過 90%，穩居資訊通路的龍頭。

聯強國際公司有一套分不同職位的「一分鐘管理」「五分鐘管理」及「三十分鐘管理」

資訊系統，設定密碼，讓不同層級的人，能立即得知該層級所需的資訊，老闆可以在一分鐘內，看到當時營運幾個最重要數字，做出決策。由於公司通訊通路有 90% 的佔有率，內部銷貨資訊等同是重要的市場情報，資訊可多元運用，且記錄、查詢快速。除了主管之外，公司的內部業務人員可以接到經銷商電話後，從電腦系統接幫客戶下單購物，並查詢該客戶的信用狀況、過去的訂貨明細。因此，還可趁機提醒經銷商是否忘了購買某些產品。

產品經理整理進貨的產品各種資訊，鍵入 ERP（企業資源規劃系統）中，可以直接轉進網站的資料庫，即時更新網站上的產品資訊，成為對外的知識庫。主管可以利用這套系統，整理製作出各類型圖表，來分析市場或展示業績。

結合配銷、快速物流與維修，公司率先打造世界獨一無二的通路商營運模式。國外的通路商只做配銷，物流及維修各由不同專業公司負責，因為公司從事通路業時，國內尚無專業的資訊物流與維修公司，聯強國際公司配銷、物流及維修一把抓之後，反而建立其特殊的優勢。

高品質的服務是公司最大競爭優勢，公司把自己定位成經銷商的物流、配銷、維修的服務供應商。本身並不介入連鎖門市直營，採取自由加盟、免加盟金的彈性經銷商制度。

公司資訊通路業的分工效率，已經達到一定的水準，國外供應商無法像聯強國際公司一樣有效率地執行快速物流與維修，同時服務上萬家的經銷商，短時間達到和聯強國際公司一樣的經濟規模。

節用資源是聯強國際公司的特色，高層主管曾有著名的「一塊錢哲學」。曾說：「聯強國際公司做的是毛利很低的事業，我們的產品六百萬種，若每項產品多節省一塊錢，我們就可以多出六百萬元的盈餘。」高層主管會親自拿著碼錶，去測試運籌中心每個流程所花的時間，因為省一分鐘，意義十分重大。

在知識管理分享：發展出一套工作方式：當它推動一件事情時，不僅會告訴部屬執行的方法，一、二、三條列出來，還會幫部屬想到會遇到哪些問題，此外，高層主管會把執行的工具交給部屬，使他能確定完成目標。

建構知識網目的，在讓消費者對產品有足夠資訊，來幫助去做購買決策；另外，透

過資訊流的提供，讓消費者使用產品的深度能提升，而不是買回電腦，卻只發揮打電動的功能。知識建構可以擴大市場，同時因為消費者更了解產品，使得向經銷商購買時，簡化了交易程序，消費者已經知道要購買哪種規格的產品，最適合自己，經銷商就不用多做說明。

對經銷商來說，也可以透過這個知識庫來教育同仁，更加了解產品。這個網站使得通路業整個環節都提升了，產品的知識提升了，會使經銷商銷售力增加，消費者則不會買錯東西，浪費資源，全面性的影響，十分深遠。

四、知識管理導入成效追蹤機制建立

除了利用教育訓練課程上課之外，主管有週報、月報、季報，保持不斷的檢討改善。課程並利用工具建立知識庫。現場派有攝影人員拍攝，運用視訊會議技術，上百名台中、高雄的主管們可以同步聽課。

三年前先投入兩個人力嘗試做企業網站，一年前正式成立網站開發中心，聯強國際公司發展到現在有十五名專職人員，配合人力共有 130 多人，相當於一個中大型網路公司人力。

聯強國際公司的 e 化策略源自十多年前的電腦化基礎建設，從根基打起。當大家把電子商務喊得震天價響時，在 2000 年先從資訊流著手，將網站定位為「知識網」，讓加盟的經銷商與消費者，能在網站上得到產品說明、市場趨勢、使用常識、產品比較查詢等資訊，現在約有 80 個類別、四到五千筆產品資訊在網上讓使用者查詢。

聯強國際公司代理了 300 多個品牌、四千個品項的產品。這個網站機制可讓經銷商與消費者，用價位、品牌、規格等不同的條件搜尋到自己需求的產品，聯強國際公司等於建立了一個線上產品資料庫。目前網站每天有一萬人次到訪，多是經銷商上來搜尋資訊。

現階段是推廣讓別人來使用並養成習慣，等於去改變他的習慣。只有在使用習慣達到某種程度，所謂的 e-Commerce（電子商務）才會成形。現在只需發揮網路傳播知識的特性，讓消費者因為得到更多產品訊息，縮短購物時間，減少買錯東西的困擾；經銷商則透過上網詢價，減少客服人員負擔，等到經銷商頻繁上網後，再推行網上下單的 B2B 電子商務。

　　1988 年就開始公司內部電腦化，1992 年建置物流機制、成立車隊，把物流系統，從倉儲到配送，結合起來，建立資訊化物流運籌中心；到 1997 年前，利用機械自動化，建立自動化倉儲；二十一世紀，聯強國際公司又在台北物流中心，裝設一條 BTO 接單後生產組生產線，全程由電腦控制流程。藉知識管理不斷地在運用新的工具，來提升公司的競爭力。

　　現在聯強國際公司林口運籌中心負責倉儲配送維修電腦組裝等機制，其中的高速自動分類機（將各種貨，最後分類到貨車上貨處的機器）每小時可以傳送三千七百箱貨物，包裝手機則不到一分鐘，中午十二點送貨出去，下午兩點經銷商就可以收到，效率很高。

D-1-5 結論

　　一般知識可以包括兩種，一種是顯性的知識（explicit knowledge），這種知識可以用文字或數字表現，並以資料、科學公式或原理原則、產品規格、手冊等形態表現出來，這種的知識可以輕易且有系統的傳遞給其他人，也可以透過電腦的處理以電子方式傳送與他人或儲存在資料庫中，這也是通常所了解的知識。另一種知識則是隱性的知識（tacit knowledge），這種知識並不容易表現出來，亦不容易輕易得知，並常常與個人的知識、經驗與能力攸關，也不容易具體化。正因為如此，此種知識亦不容易傳遞或是與他人分享。

　　聯強國際公司利用資訊技術，將相關的管理作業自動化，利用網路的便捷性、快速性，將各部門加以串聯，使得各部門間訊息傳遞更快速確實，使得作業人員，能夠依照本身的工作特性，獲取所需資料；並且，利用電子化能夠互相交換經驗，達到個取所需、互相支援的目的；進而，縮短相關作業的時程，以最短的時間以及最完善的態度，來服務顧客，使顧客的需求得到滿足。

　　邁入知識經濟時代，掌握可用的知識與技術成為關鍵課題，如何將這些知識廣泛的推廣與交換，隨時提昇員工的專業技能，達到隨時都可做員工訓練的目標，讓新進人員也可從完善的知識管理制度，獲得學習與經驗傳播的機會，縮短學習的時間，以最短的時間，熟悉相關的作業，可以說是知識管理的重要任務。

妥善的運用知識管理，將既有的經驗與知識加以整理，使其能方便使用，對組織而言將可節省許多的人工與無形的成本，增加組織的競爭力，就個人而言，則可成爲無形的教學工具，增進處理事務的能力與應變技巧，進而達到知識共享與知識擴散的目的。

參考文獻

1. 季欣麟等著，杜書伍以知識強化聯強國際公司競爭力，天下遠見出版。

2. 季欣麟等著，杜書五以知識強化聯強國際公司新競爭價值，天下遠見出版。

3. BNEXT 數位時代：http://www.bnext.com.tw/。

4. 聯強國際 e 城市：http://www.synnex.com.tw/。

5. 聯強國際公司 90 年度公開說明書。

問題討論

1. 試分析比較聯強國際公司導入知識管理策略前後在管理及成本上之影響。

2. 試探討聯強國際公司知識管理的執行過程及方法。

3. 聯強國際公司如何利用知識管理來創造競爭優勢。

金融與壽險服務產業

Chapter **E-1**

爭取服務第一的新興金融公司
－玉山銀行

- ◆ E-1-1　玉山銀行之 SWOT 分析
- ◆ E-1-2　知識管理企業目標與命題驗證
- ◆ E-1-3　知識管理系統建置
- ◆ E-1-4　結論－由知識管理到創新策略

公司簡介

　　玉山銀行於 1992 年 2 月 21 日開幕營業，至今已有 18 個年頭了，以清新專業的形象，以及銀行業界首屈一指的服務品質，贏得各界好評。玉山銀行沒有財團背景，堅持一貫的企業文化，上下一致努力下，如此已成為著名銀行業的模範生，立志成為台灣最 TOP 的銀行。

　　玉山銀行曾在商業周刊 1999 年的銀行服務品質調查中，榮獲國內銀行第一名。其「專業、服務、責任」的經營理念塑造出獨特的企業文化，不僅對內重視員工，關懷部屬，並且對外參與社會回饋與公益活動，盡善企業公民的責任。

　　由經營理念發展出明確的經營方針：「發展品牌價值，開創經營優勢」、「發展卓越的經營能力，提高經營績效」、「發展金融事業群，建構全方位銀行的優勢」。除了重視對顧客的服務外，更致力於內部顧客（員工）的滿足，建立良好、快樂的工作環境，且尊重員工、重視員工，玉山銀行認為：「員工滿意是顧客滿意的基礎」，也就是現在所提倡的內部行銷。

　　玉山銀行融合了日式的管理重點，建立自己的人性化管理風格。在金融服務的過程中，決不容許絲毫的差錯，對於員工，採用「鐵的紀律、愛的教育」，在工作崗位上，每位員工都兢兢業業，不敢有絲毫的懈怠，但私底下，主管與部屬之間的交流卻相當熱絡。主管尊重部屬，不吝嗇與部屬溝通及交換知識。每位新進員工在進行職前訓練時，公司不僅針對技能加以訓練，對於員工的操守更要求絕對的完美，要員工將品格視為第一生命。

　　一般企業主都會將「人是企業內最重要的資產」掛在嘴邊，但卻極少有企業主將員工看的比錢重要。對此，玉山銀行的黃董事長認為：「經營人才會比投資理財更重要，優秀的人才，不只是銀行也是社會的資產，把人才當財富管理，創造的價值是無限的」。因此，玉山銀行相當重視銀行人力資源的整體運作，加強員工的工作訓練，「因其所長、就其所用，讓學有專才的人，適才適用」。玉山銀行相當重視企業文化的行程，人才可以招攬，制度可以模仿，產品可以跟進，技術可以開發，但是企業文化卻必須上下一條心，用心經營，用時間塑造。

公司簡介

在新銀行風起雲湧的時代，玉山銀行快速竄起及知名度快速提高的主要原因，即在於高品質的服務。董事長早在創立之初，便體認到玉山銀行要在眾多同性質的同業中脫穎而出，唯有致力建立優良的客戶服務，展開以服務創造金融商品價值的經營策略。玉山銀行秉持滿足顧客需求的宗旨，將服務發揮的淋漓盡致。強調他們不僅是以客為尊，甚至是「以客為親」。

玉山銀行是國內第一個設立「顧客服務部」的銀行，專人處理顧客的意見，重視顧客的程度由此可見。1999 年玉山銀行從所有金融事業群各單位中遴選適當人選，，擔任「顧客服務師」，散播服務理念的種子，在各單位內以身作則負起新人教育訓練、創新顧客服務、提升全行服務觀念等任務。玉山銀行的服務品質可以說是銀行業，甚至是服務業的翹楚，開幕至今已獲得無數次的品質肯定，無論在學術界亦或實務界都得到驗證。

經營過程透明化，並不隱藏自己的成果，甚至詳細的年度報表及其他相關資訊全數公開於網際網路上，1996 年 2 月架設網路銀行，為顧客提供更多元化的金融服務：不論玉山銀行在同業中績效如何，皆抱著不斷超越自我的精神前進。

玉山銀行經營之初的四年，即 1996 年在業績上即展現出「存款第一」、「放款第一」、「外匯第一」等亮麗業績。在 1999 年，天下主辦的「標竿企業聲望」調查中，受評指標中包含「財務能力」、「營運績效」、「國際營運」、「長期投資價值」等指標項目，在該評比中，玉山銀行獲得國內商業銀行第一名，由此可見，玉山銀行實施企業文化與財務性績效，彼此產生某種程度的效益。

玉山銀行體認到充滿挑戰的二十一世紀，若仍沿用舊有的服務方法與模式，將無法滿足顧客多元的需求；必須積極瞭解未來的服務發展新趨勢，創新服務，以精進玉山銀行的服務文化，並建立求新求變的顧客服務觀，以滿足未來顧客所需。

公司簡介

　　儘管玉山銀行在國內已經闖出一片天，但規模不大的玉山銀行，在金融市場國際化、自由化下，面對未來市場激烈的競爭，仍面臨許多挑戰與阻礙。現今台灣加入世界貿易組織（WTO），國內的金融市場門戶大開，許多有實力的外商銀行紛紛進駐台灣，國內的金融業面臨了前所未有的競爭，玉山銀行除了在香港與菲律賓設立代表人辦事處之外，亦於 2000 年 1 月獲得美國核准成立洛杉磯分行的執照，但較於其他銀行，玉山銀行國際化的角度略嫌緩慢，國際營運能力較同業弱。因此，未來應加速國際分支的設立，爭取在國際金融舞台演出的機會，向國際性一流銀行的目標積極前進。

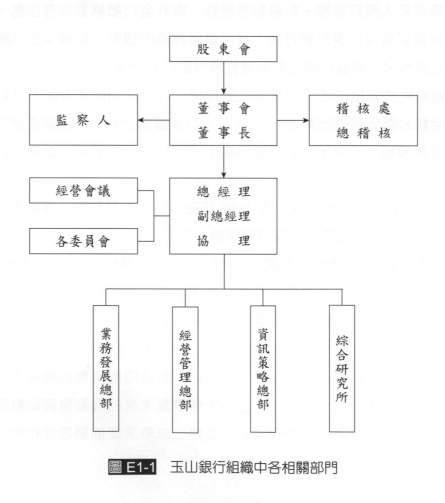

圖 E1-1 玉山銀行組織中各相關部門

E-1-1 玉山銀行之 SWOT 分析

一、優勢分析（Strength）

1. 玉山銀行已樹立清新專業的企業形象、穩健正派的經營風格與口碑載道的服務品質。在商業周刊 1999 年的銀行服務品質調查中，榮獲本國銀行第一名，並在 2001、2002 年得過國家品質獎。

2. 玉山銀行是國內第一個設立「顧客服務部」的銀行，專人處理顧客的意見，重視顧客的程度由此可見。在金融服務的創新上，率先成立 24 小時無人銀行、網路銀行等，積極大力推展電子商務，建立起銀行與企業、顧客間便捷而更具效益的溝通與交易架構，藉電子商務環境，達成促進業務績效與提高服務品質之目標。

3. 玉山銀行利用每日朝會時間，採取口頭上分享員工個人經驗外，並在定期研討會、產品研討會上，對知識分享加以紀錄與保存。

二、劣勢分析（Weakness）

1. 玉山銀行於 2002 年組成金融控股公司，在 2002 年天下雜誌台灣金融控股排名中，以營收入總額 156.52 億排名第 11 名，與排名第 1 名的國泰金融控股公司營業收入總額相距 4906.35 億元，在金融市場國際化、自由化下，面對未來市場激列的競爭，仍舊面臨許多的挑戰與阻礙。

2. 目前玉山銀行於全省分行通路有逐年增加，但仍較同業少，即使在金融服務項目榮獲許多的努力，也較不易滿足廣大消費者的需求。

三、機會分析（Opportunity）

1. 長期而言，廣告可使顧客認識玉山銀行，有利於未來的市場發展。

2. 可以海報或其他平面廣告或廣播作為行銷方式。

3. 台灣加入 WTO，政府兩岸合作互動鬆綁，衍生新商機，往大陸設點，或是掌握大陸頂級客戶之投資基金或是存款市場。

四、威脅分析（Threat）

1. 國際經濟未有起色，影響國內產業的成長率呈萎縮現象，對整體金融業務會有衝擊。

2. 大陸市場興起，客戶轉往大陸發展金融業務。

表 E1-1　玉山銀行之 SWOT 分析

優勢 Strength	劣勢 Weakness
1.良好企業形象的維持 2.金融服務上的創新 3.優良的知識分享與傳遞	1.組織規模小 2.服務通路待強化
機會 Opportunity	威脅 Threat
1.增加廣告量 2.掌握各種行銷方式 3.前往大陸設點	1.經濟尚未有起色 2.客戶轉往大陸發展金融

E-1-2　知識管理企業目標與命題驗證

一、企業目標

　　玉山銀行最重要的核心價值是什麼？那就是我們已經樹立了清新專業的企業形象、穩健正派的經營風格、以及口碑載道的服務品質。「金融業的模範生，服務業的標竿」是我們的起步。

　　為提升玉山銀行永恆的企業價值，其必須善用核心競爭力，更加用心培育與激發具有全力以赴工作態度的人力潛能，更加精進服務品質與創造顧客價值；有滿意的員工，才有滿意的顧客，尤其在e化路上，是一個具有高度挑戰性、但又很實在的目標，掌握它，才能掌握未來，才能真正追求卓越的成就。

　　由企業核心競爭力來看，誰可以掌握住最能創造價值的品牌、技術與服務，誰就能擁有未來。「培育最專業的人才，提供最好的服務是玉山銀行的責任」做為實踐經營理念的座右銘。

　　玉山銀行的「三加一文化」，由原本的「實在、實力、責任」；「團隊、和諧、快樂」；

「領先、卓越、榮譽」；再加上近年來一直強調的「知福、惜福、感恩」，即為「三加一」文化。不管未來如何發展，都是由企業文化所衍生的。

金融業之服務人員必須具備積極主動，對金融資訊的敏感度要高且具備工作熱忱；其服務業是人與人密切接觸的活動，在專業部分，就必須具備上進心，也就是終身學習。

表 E1-2　玉山銀行新竹分行企業目標之命題驗證結果

命　　題	驗證結果
1.知識管理在提供具體內容與方法，以落實組織學習，並透過建立知識管理機制，活化組織機能，再生企業活力。	◎
2.企業內固有的企業文化，在其推行知識管理時具有正向影響。	◎
3.不同企業文化與領導管理風格，會對其知識管理的執行成效有所影響。	◎
4.知識管理必須與營運目標，或是企業文化互相配合。	◎

註：◎代表驗證成立

二、認知共識

表 E1-3　玉山銀行新竹分行之認知共識的命題驗證結果

命　　題	驗證結果
1.實行知識管理有全部員工的支持與認同，實行程度會較順暢。	◎
2.推行知識管理的成敗與員工對知識管理的認知有關連。	×
3.知識管理過程中，員工透過新系統的學習心態，會影響企業執行策略時，是否順利或停滯。	◎
4.企業員工所擁有的知識是否能充分運用與重視，且能不藏私的貢獻出來，是企業執行知識管理時的一項挑戰。	◎

註：◎代表驗證成立；× 代表驗證無法成立，有實施但未具成效

只要在這競爭的環境裡，我們不能大意，不可稍有懈怠，絕不能掉以輕心，縱使景氣未盡理想，仍要掌握每次出擊的機會。玉山銀行有朝會，但朝會都採口頭上的報告，沒有文字紀錄，但一般知識分享研討會及其他會議都會有紀錄。

三、擬定策略

在新時代的網路世界裡，金融業者除了提供金融資訊與諮詢服務外，也會代收付款、轉帳、理財、以及結合生活化，如購物、通訊等等服務需求，只要能結合這兩塊，就有機會在此一領域佔有一席之地，所以在 2000 年一開始，就成立個人金融部、人力資源處的同時，也成立了 e-Banking，而資訊科技策略委員會，將積極扮演更重要的角色。

表 E1-4　玉山銀行新竹分行擬定策略之命題驗證結果

命　　題	驗證結果
1.企業的知識管理策略如不能與企業的營運策略互相配合，則執行知識管理策略績效，會不具效益。	◎
2.針對企業內某一部門的高價值性知識，可實施知識管理，並跨部門分享，讓接下來欲執行的部門，有目標可依循及仿效。	◎
3.降低技術人員的離職與流動率，使專業資源能保存在企業內部。	◎

註：◎代表驗證成立

在發展組織與管理機能之際，引進創新的契機，運用玉山銀行在資訊科技的優勢，全面加速電子商務服務，e-Banking 服務系統是一個好的開始，透過本身架設的企業內部網路，使得玉山銀行所有人員不受時間及空間的限制，更快速、更方便的執行業務工作及分享心得。

四、績效評估

如升遷得憑藉「實力」，凡關說者一概不錄用，透過筆試及工作表現，同仁之間相處，顧客之反應，主管的評價等，就是所謂的 360 度考核制度之一。績效評估分為無形及有形，無形指非財務方面，玉山銀行所獲得的獎項足以證明其服務品質、人力資源及資訊科技榮登 52 家銀行服務品質第一名。

表 E1-5　玉山銀行新竹分行擬定策略之命題驗證結果

命　題	驗證結果
1.每一個組織都必須有一套績效評估方法，可激勵全體員工並增加執行的效率。	◎
2.好的績效評估會促使知識管理進行更爲流暢。	◎
3.企業必須擬定一套績效評估標準，而且其必須公平、公正、合理。	◎
4.當企業決定以知識管理爲執行策略時，財務必須以長期性規劃爲衡量基礎。	◎

註：◎代表驗證成立

　　有形指的是財務方面，例如 EPS 是 16 家新銀行第一名。全體玉山銀行人的努力，玉山銀行金融事業群已樹立了清新、專業的企業形象與社會所肯定的服務品質，並將之昇華與社會共享責任，此乃玉山銀行人服務之初衷，亦是加強競爭優勢的原動力，秉持發自內心的熱忱所激發的服務品質，加強與顧客做良性的互動，以充分掌握市場變化與顧客需求，以創新產品與創新服務，用不一樣的方法，來達成最佳的效果。

E-1-3 知識管理系統建置

　　微軟公司總裁比爾・蓋茲首先提出「知識管理」的新觀念：「『知識管理』的目的是要提高機構智慧或是企業智商。在今天動態的市場中，公司要成功就要有高等企業智商（Corporate IQ），企業智商的高低，取決於公司是否廣泛『分享知識』，以及如何善用彼此的『觀念成長』。」利用累積經驗，達到聚集知識的目的。首先必須進行知識管理，透過硬體的建置，利用資料庫的建檔、儲存，留住許多經驗，將成功的經驗複製做成教戰手冊，當累積的經驗再次移轉、運用的同時，過去無法傳遞的學習經驗、內隱的知識，都已透經過知識管理的進行，被挖掘出來，被蓄積起來。

　　「玉山銀行重視分享，強調學習」，透過分享，每個人的智慧會累積成爲企業的智慧，每個人的優勢會拓展成爲聯合艦隊的優勢」。除了組織的制度與系統之外，當儲存

知識的環境建置完成後，想要內容豐富化，就要仰賴成員的分享，將分享的態度變成習慣後，再串連成知識社群或虛擬團隊，並從參與討論中分享，透過經驗的分享，一起解決問題。「銀行資訊系統需提供各項業務的電腦處理，是個分工精細，但又彼此相關、緊密結合的系統」。為了讓這套資訊系統能正常的運作，同時又能持續不斷地加強其功能，提升本行的競爭力，行員都應清楚瞭解玉山銀行資訊系統的架構，知道自己所屬業務在其中所扮演的角色，不僅要嫻熟於自己的業務，更要能與其他同仁相互配合，才能充分發揮優點。

員工可將電腦連接至網路而存取公司所提供的功能，某些專家也將企業最基本的交易處理系統當作基礎建設的一部分，因為交易處理乃是組織的活命泉源。資訊科技基礎建設是由硬體、網路、軟體、管理制度等共同構成。資訊科技人員在這些基礎設施上，共享技術、累積知識、創造出一系列資訊服務，這些服務逐漸改變了公司作業的時間及方式。應用系統無秩序地頻頻更改，乃是基礎建設結構問題所致。

在知識管理學習型組織裡，管理的特色是將顧客價值、服務流程與知識學習，都納入在執行日常的活動中，因此我們將提升資訊科技於各項業務之細胞中成策略利器，結合經營策略與資訊科技基礎，藉力使力催化競爭優勢。更整合資訊科技及商業智慧，藉商情資訊即時蒐集、分析、研判，再據以研發及創新行銷與管理，將是改善經營方式，提高經營效能的驅動力。

「智慧資本＝能力 × 承諾」有能力且願意為企業目標付出承諾的員工，才是一家公司最重要的資產，指出智慧資本是一家公司所有資產中唯一可能增值的部分，擁有越多智慧資本式員工的公司，也擁有越多視公司為志業的志工與義工，才能夠融入企業特有的文化、組織與團隊，願意有效地執行企業的策略與目標，並實踐願景。現今是知識經濟的時代，我們要讓知識產業化，產業知識化，必須從加速累積智慧資本著手，「智慧資本＝能力 × 承諾」，只要其中一項分數偏低，一定會嚴重影響整體智慧資本的總分，知識是未來企業競爭力的關鍵要素，更是企業未來的價值所在。

玉山銀行舉行的「知識分享園地」，由聯行成功行銷案例，透過「希望工程師」說明，全體同仁一同研討、學習，落實成功的案例，提升分行績效，透過分組研討，讓每位同仁分享彼此臨櫃行銷的心得，以各式成功或失敗的案例，不斷的學習與分享。臨櫃遇有

同仁較不熟悉的顧客，經理也會介紹給大家認識，落實 80/20 法則，讓同仁能夠共同經營優質顧客。必須建立起一套具備良好機制的知識管理系統，以加速有效結合六大資源：品牌、人力、資訊、顧客、產品及通路，希望讓每個最初小小的優勢，快速地發展成一項長期的大優勢，創造長期贏家的利基。

在知識經濟的年代，依靠知識的儲存、傳遞、分享與互相學習，將是強化企業競爭力的重要資源。以知識為核心基礎的企業，將是最具有涵孕學習新知識動能的組織，組織內的成員必然由此激發其追求自我成長的潛力。

「玉山銀行的資訊處較具有流程的概念，因此技術由資訊處先發想，先在內部使用，再推廣到整個玉山銀行」。即每天早上有舉行朝會，以往都將例行報告、創新報告、資訊快報交易變更、腦力激盪、進度追蹤等控制流程於朝會中提出，是屬於管理機制的理念，有了管理機制的理念，再導入工具 Notes，使兩者相結合，就更加如魚得水。

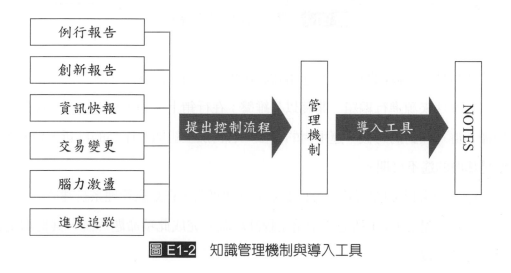

圖 E1-2 知識管理機制與導入工具

例如交易變更說明，在尚未有工具之前，都是將朝會所報告的事項蒐集到檔案，如果要再次參考，就需再次翻閱檔案；導入工具後，工具有檢索的功能就顯得方便了。如變更說明、創新報告、標準、心得等都可放在文件圖書館或資料庫，大家可隨時檢閱、參考及運用。其他意見蒐集的管道，如在朝會中紀錄建議事項，亦或透過討論園地取得交流訊息。並將資訊快報上線，管理也變得更有組織，透過文字的溝通，亦拉近彼此親密的距離。

　　玉山銀行為培育行員與激發潛能，繼續鼓勵行員利用電腦進行經營分析，將資訊融入計畫、組織、研發及作業管理中，以提高管理與作業之思考能力。係以 Notes 為平台的知識管理產品，內部包括電子郵件、文件資料庫、安全控管等功能，並於平台上建置網路教學系統（Learning Space）、文件管理系統（Domino.Doc）與即時訊息分享系統（Same Time）。並充分利用電子郵件進行溝通，分享彼此內隱的知識，意見快速反應以迎上商機。為了提升全面服務品質，該行也重視資訊科技的應用，例如建立資料庫，可以明確且具效率地區分顧客的屬性，從而提供個人化的服務。

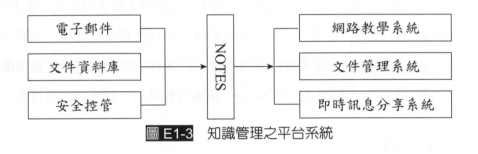

圖 E1-3　知識管理之平台系統

　　在資訊科技有所侷限時，可以運用知識市集，運用自由交談、腦力激盪等來彌補。針對不同的案件來源進行編組、開發以及維繫；在行銷上主動出擊，讓我們接觸到不同的目標顧客群。在對的時機，運用對的方法，若再加上組織及產品的創新，績效的進步原來不是那麼的遙不可期。

　　表 E1-6 是說明玉山銀行新竹分行的知識管理實務，在知識管理系統建置之命題驗證結果，除第 5 項是 2005 年透過「希望工程師培訓」完成此項命題驗証，其他均是 2004 年已實施且具成效。

表 E1-6　玉山銀行新竹分行知識管理系統建置之命題驗證結果

命題	結果
1.企業欲執行知識管理時，必須體認其所帶來的新經濟方式與方法，並能夠提升實務上實質的效率。	◎
2.知識管理在提供具體方法，以落實組織學習，並透過建立知識管理機制，活化組織機能，再生企業活力。	◎

表 E1-6　玉山銀行新竹分行知識管理系統建置之命題驗證結果（續）

命題	結果
3.給予員工一個自由開放的知識交流空間及溝通管道，可激勵員工更多創新的靈感泉源，主管開放的權限可影響一個創新活動進行的成功與否。	◎
4.知識管理的架構必須以資訊科技為基礎，並在資訊科技的基礎下建構資訊系統、資訊分享、群組討論、文件管理與流程管理。	◎
5.建構一個有效的知識管理活動，能讓組織的知識有效地創造、流通與加值，進而不斷地產生創新性產品。（2005 年透過「希望工程師培訓」完成此項命題驗証。）	◎
6.知識管理就是核心能力管理，唯有將企業的知識管理與發展，和核心能力相結合，才能顯示出知識的優勢。	◎
7.知識管理是透過知識的分享，促使整個企業、個人得以進步的一種管理方式。換言之，企業可以將組織內的資訊加以分類、選取應用。	◎
8.知識管理可以是同時提升組織內創造性知識的質與量，並強化知識的可行性與價值。	◎
9.知識創造可由個人的層次逐漸擴展至團體、組織，最後到組織以外的環境。	◎
10.企業將核心知識系統化之後，能夠清楚的讓員工知道在何處可以找尋知識，哪些知識是重要的，且對企業有其價值與意義。	◎
11.實施知識管理的必要性除了能累積並有效利用知識外，更能快速提供具競爭力、創意的服務與產品給顧客。	◎

註：◎已實施且具有成效　　▲已實施但未具有成效

E-1-4 結論－由知識管理到創新策略

玉山銀行新竹分行知識管理實務，在創新策略之驗證結果說明於表 E1-7。

表 E1-7　玉山銀行新竹分行知識管理創新策略之驗證結果

驗　　證	驗證結果
1.實施教育訓練是必要的，新人可藉此瞭解到公司的營運狀況、公司制度、公司目標、公司環境與公司文化，可凝聚員工的向心力。	◎
2.快速學習並轉化為實際的行動，使得知識工作者可以在任何時間、地點與設備下，都能快速學習並保存學到的東西。也就是說如何縮短新人的學習曲線，或是加快新人適應的能力。	◎
3.良好亦或創新的服務可為公司形象、產品銷售量，帶來正面的影響。	◎
4.新的知識是基於過去既有知識基礎，透過各部門間不斷地互動而激發出來的。企業中的知識可以經由專案調查研究、集體討論、策略規劃裡自行創造出來。	◎
5.知識的分享可透過網際網路與公司內部網路，以電子郵件、教育訓練等方式傳遞知識。	◎

一、創新－競爭力的源泉

台灣傳統多數是著重在製造業上，即使朝向微笑曲線的兩端研發與行銷努力，從 OEM 到 ODM 到 OBM，許多企業能完成 95% 的製造，但關鍵的 5% 仍無法突破，辛苦獲得的薄利就被這關鍵的 5% 吃掉，難道要放棄製造嗎？不是！非但不能放棄，更要積極地改變作法，提升附加價值，利用創新研發與全球整合行銷，創造附加價值使微笑曲線上升。現今思考創新／高科技與傳統，並不是以「產品」來區分，任何企業若不求變通，只是維持傳統思維與經營就是傳統企業；若能不斷投入新知，應用新思維與方法來升級轉型，就是創新／高科技企業。台灣竹炭產業的應用，從每公斤 5 ～ 10 元日常生活的竹

筍、竹子到鷹架竹竿，經過設計加工可以成爲每公斤 300 元的外銷竹籐、家具，經過高科技炭化後，可成爲每公斤 500 ～ 1,000 元的奈米竹炭原料，若用於消臭、調濕等器具與衣料上，即爲很好的產業創新實例。

尤其服務是人的產業，創意是來自人的想法，落實在有價值的事情上才算創新。在公司內，管理的工作就如同鋪設鐵軌，而不是去推動火車，有效地管理就是要用引導的方式，政策就是選擇對的方向來鋪設軌道，執行管理則是讓火車在軌道上穩健地跑。對部屬的指導不僅是 Know What，Know How，更要 Know Why，以相同的語言聽取他的想法，循循善誘成爲共同的體認、深信不疑的想法、一致性的行爲與作法，這就是文化，是企業內外部長期的影響。用文化來管理，果斷地做出決策與資源分派，執行並不斷地改進就能創新成功，因爲決策代表重點的選擇，是依據當時的狀況所決定的，無所謂對錯。而若是一再拖延不做決策將比做錯更嚴重；創新也是如此，必須一試再試，不要只停留在腦袋中、想法上，去做、去落實，經過修正與調整就會有眞正的突破。

二、傾聽－激盪智慧的火花

在激發個人與企業的創新能耐方面，鼓勵現在的社會新鮮人必須具備好的通識與溝通，能夠團隊合作，具備良好的道德與價值觀，還要有健康的身體。他以自己剛畢業到職場爲例，就曾拜經驗豐富的模具師傅爲師學習，即使當上總經理後仍重視傾聽基層同仁的聲音。因爲創意與創新是無所不在的，不只是研發部門的同仁，可能會是前線的銷售員，後勤的會計與總務，也可能會是門口的警衛或清掃的阿姨，所以唯有激發公司全體上千位同仁的腦袋，才能激盪出最多且具體可行的創新方案與改善行動。

至於創新的動能，不是來自細密的分工與分析，也不是停留歷史軌跡上或是堅守目標、規定與紀律，而是來自有共同的願景、一致的文化，經過彼此整合產生信任與支持，因應環境變化而產生符合顧客需求且企業能夠作得到的具體方案。所以，當我們在評估創新計畫與活動時，不是看投入的成本，而是看成功的機率。

不斷地追求創新才是具未來競爭力的企業，要以追求令顧客感動的品質服務，與企業的經營結合，塑造有特色的 TQM。也就是以創新爲尖兵，品質爲後盾，將策略規劃與創新能力發揮在強的執行與改善能力，兼具速度與彈性。「策略＋決心＋執行力＝成功」，當組織擁有如此的整合能力與執行力，就能在競爭的環境中勝出。

策略大師麥可‧波特（Michael E. Porter）曾說：「企業要維持競爭優勢，一定得靠差異化。」

以玉山銀行為例，發自內心的真誠與微笑的服務，建立了差異化的美好感覺，在行銷廣告裡，不論是形象、房貸、信用卡或是財富管理品牌，更喚起顧客對家庭、財富、朋友以及這塊土地的感情與感動，我們希望的是，讓顧客能感受到玉山銀行與眾不同的那份親切與關懷，亦加深玉山銀行的情感。差異化隨著競爭者的改變可能會被迎頭趕上，亦有可能被超越，但企業必須清楚的知道自己的核心競爭優勢為何？要知道哪些要變，哪些不要變，堅持核心，刺激進步，適時調整與因應環境的快速變化，才能在差異中贏得更多顧客的信賴。

追求卓越，是一條永無止盡的路，要贏得顧客的心，誰能找到好而多的優良顧客，誰就能獲勝。因此，決定輸贏最重要的關鍵，不是只有價格和服務，如何傾聽顧客的聲音，瞭解顧客的需求，誰就能從關鍵顧客需求中，贏得感動與行動，我們無時無刻都與競爭者在賽跑，透過創新與差異化的相輔相成，堅持核心價值，用差異化作為加速推進的動能，才能永續不斷地創造顧客價值、增進企業價值。

三、用「心」做事而非用「腦」行事

隨著市場環境的變化，現今的資訊人員，絕不只是作好後勤支援等工作即可，相對的，應具備主動提供各項創新應用服務的能力，這也是玉山銀行漸漸開始將員工績效的評核點，從傳統的成本控管及 IT 應用績效等考核點，轉變為由員工所能提供的創新應用服務能力。

之所以會有這樣的轉變，完全取決於玉山銀行堅信，唯有用「心」做事而非用「腦」行事，玉山銀行才能提供迥異於其他競爭對手的高品質創新應用服務，當然，這也是我們開始會關注，員工所提供的意見及服務，是否為發展創新應用服務的契機。

四、重視人才

國內銀行界唯一榮獲行政院第三屆「人力創新獎」的玉山銀行，以其獨創的行員學長制，掌握關鍵培育希望工程，透過「三明治教學」，配合理論實務交叉的實用經驗，經由通才、專才、全才的培育訓練，造就企業專業的 T 型人才，充分展現投資人才的決

心與用心；復以企業願景爲藍圖，深植企業文化引領金融專業，並藉此實踐企業的社會責任，而備受各界肯定。

五、累積智慧資本　追求核心優勢

　　爲實現「專業、服務、責任」的經營理念，「培育造就最專業的人才，提供顧客最好的服務」被玉山銀行奉爲踐履承諾的圭臬。該公司以完整的訓練制度培育人才，深耕百年企業的根基，以文化教育，啓發員工「愛與關懷」的志工精神，以發自內心的眞誠，提升服務品質，創造顧客滿意，提升經營績效。

　　事實上，以「建立制度」、「培育人才」、「發展資訊」爲發展百年志業三大基礎工程的玉山銀行，秉持清新專業的優良形象，穩健正派的經營風格，融合與落實其企業文化，建構了永續經營的發展基礎。尤其在傑出專業的經營團隊帶領下，用玉山銀行人的智慧與方法，發揮團隊力量，以創新的產品與思維，尋求寬闊的未來，營造了經營管理特質與服務口碑。

六、人力創新上最重要的具體作法－以人力發展創新實績

1. **希望工程師成就企業發展**：專業引領、經驗傳承，培育掌握關鍵工程的希望工程師，成爲玉山銀行未來經理人的搖籃。最近三年更有 95% 經理人係由玉山銀行自行培育。

2. **深植企業文化引領金融專業**：以企業文化爲根基，融入團隊，養成重誠信、正直兼具德智體群美的玉山銀行人。

3. **理論與實務並重的三明治教學**：新進人員長達六個月的培訓，含兩個月的專業養成教育，四個月的現場實習，加上薪火相傳學長制的輔導，達到理論與實務並重的學習成效。

4. **培育專業的 T 型人才**：經由通才、專才、全才的培育訓練，提升金融專業與風險管理知能，使近兩年來以房貸爲主的消金、中小企業爲主的企金，質量並重的成長爲全國第一。

5. **玉山銀行志工、志工玉山銀行**：以發自內心的眞誠，提升服務水準，創造顧客滿意，更以「愛與關懷」的志工精神二度蟬聯「企業社會責任獎」金融業首獎。

七、CEO 對於人力資源的期許

　　十年樹木，百年樹人，有一流的人才，才有一流的企業；有滿意的員工，才有滿意的顧客；培育更多有能力，又願意付出承諾的玉山銀行人，是玉山銀行累積智慧資本、提升企業競爭力，追求永續發展不可替代的核心優勢。

八、傳承人力創新　迎接國際挑戰

　　在獲得本屆「人力創新獎」之前，玉山銀行曾於 2004、2006 年連續以「希望工程師培育專案」、「玉山銀行新鮮人培育專案」分別榮獲金融研訓院第二、三屆菁業獎「最佳人才培訓獎」，更於去年，榮獲天下雜誌群 Cheers 評選為「2006 台灣最佳企業雇主獎」，無論於培訓計畫或員工認同方面，均獲內外部之肯定，在在展現其培育員工、照顧員工、成就員工的企業文化與實踐。

參考文獻

1.玉山銀行網路資料。
2.劉京偉譯（2001年），知識管理第一本書，商周出版社。
3.玉山銀行教育訓練資料。

 問題討論

1. 玉山銀行如何將企業目標與知識管理相互結合？
2. 請說明玉山銀行對知識管理系統建置之作法與特色。
3. 玉山銀行推動知識管理與其創新策略為何？

其他服務產業

Chapter **F-1**

打造台灣便利商店優質品牌

－ 7-11 超商（統一超級商業股份有限公司）

公司簡介

　　1978 年 4 月 1 日，統一集團基於自身擁有的零售出口對製造廠商日益重要，以及看好連鎖經營在未來將是一項極具潛力的事業，總經理以一貫的大手筆作風，集資台幣一億九千萬元，全力為超商催生，成立了「統一超級商業股份有限公司」。

　　當時統一集團約佔公司股權的一半，另一半則分散給統一的經銷商與相關親友以減少阻力，並希望三年內能「轉虧為盈」。1979 年 5 月 17 日，十四家強調「便利可靠」的「統一超級商店」門市在全省同時開幕（台北九家、台中兩家、台南一家、高雄兩家）。

　　1980 年，統一超商與美國原公司簽訂合作契約，融合國外 know-how 與本土學習經驗，第一家中美合作的統一便利商店長安門市在台北開幕。七年後，因應整體經濟環境的快速成長，首度轉虧為盈，並在不斷創新改革下，統一超商成為全球第三大連鎖便利體系。2000 年開始持續成為台灣零售業霸主。目前為止，統一超商總店數已達五千多家店，其重要沿革如表 F1-1 所示。

表 F1-1　統一超商之沿革

時間	重　要　事　項
1987 年	由統一集團股份有限公司「超商事業部」獨立成為「統一超商股份有限公司」。
1989 年	成為全球第三大連鎖便利體系。
1990 年	年營業額達 108 億元，成為國內零售業霸主。
1994 年	與日本野村綜合研究所合作開發銷售時點情報系統（POS）。
1996 年	POS 系統開發完成全面上線，充分掌握消費者需求及市場情報。
1997 年	於台灣證券交易所掛牌上市。

F-1-1 變革歷程

一、第一次變革－CEO 重返統一超商

（一）將統一超商併入企業集團內

　　1982 年 9 月，統一超商由於資本已經虧損了二分之一，除原集團外的其他股東對其繼續經營的意願不高，要求解放之聲亦不斷發出，同時許多國外投資公司、國內財團也頻頻與原集團接觸，準備併購統一超商。此時，原集團業了解唯有掌握「通路」端點，才能真正掌握最新消費資訊，確保產品的銷售，絕不輕言放棄。於是，以原集團一股換統一超商兩股的代價，將統一超商股份全部買回，繼續爭取統一超商的經營權。為了在人力、物力及財力上給予充分支持，達到公司資源共用的效益，故將統一超商併入原集團體系內，成為「超商事業部」。

（二）統一超商的瘦身計畫－斬除「超商腫瘤」

　　CEO 為改善統一超商經營績效，一口氣將原有的七十五家門市裁撤到只剩四十家，其中絕大多數是集客力較弱的社區型商店，以及客源過於狹隘的學校商店。此項「斬超商腫瘤」的動作，使得當時超商部人心惶惶，為了撫平人心，CEO 公開宣示：「改革是要有新的開始，並將裁撤店的店長暫時調入內勤等待機會」。

（三）行銷策略的改變

　　統一超商創立初期的策略，是以「一致化」現代商店經營方式，取代傳統的「爸爸媽媽店」。初期策略都依據美國南方公司經營顧問的建議，將目標市場鎖定在家庭主婦，門市多半設在住宅區，營業時間則為 16 小時（早上 7 點至晚上 11 點）。與南方公司合作之初，統一超商對於「便利商店」的經營知識尚處於摸索階段，經過一段時間的學習後，漸覺國外技術未能全盤應用於國內，例如商圈評估，在美國認為過往的車輛數目是重要指標，而在台灣卻是路過行人較為重要。

　　1985 年起，統一超商部選定三種不同型態的商店做一次消費者市場調查，資料顯示：來店客層中男性占 55%，女性占 45%；年齡 12 ～ 34 歲者占 70%，因此，肯定統一超商的目標市場與一般雜貨店、超級市場有所區別，導致爾後整個行銷策略的改變。

1. **重新鎖定客戶群**：1985 年許多新策略開始實行，其中包括了開店的立地選擇由社區改為幹道線、三角窗等。並將顧客群重新鎖定為十八至三十五歲、對價格不敏感的年輕上班族與學生，商品結構亦隨之調整。

2. **掌握流行趨勢－推出微波加熱之速簡食品**：1985 年 1 月，連續推出十種以上「微波爐加熱」之簡速食品：牛肉漢堡、印度咖哩炒飯、豬肉漢堡、通心麵、涼麵、叉燒包、粽子等，提供消費者一項解決三餐的替代選擇，「微波爐食品」也從此成為便利商店的新寵。

（四）分批進行員工教育訓練－店長訓練計畫與激勵制度

為提升品質、增加產品種類、訂定合理售價，要求明確的指令傳達作為因應策略，統一超商進行分批的教育訓練來達成共識。為配合各店作法，擬定了一套「店長訓練計畫」，在各分店正式開幕的前十五天，由訓練部門召集各「準店長」，在台北作為期一週的集體訓練。此外，每週三下午兩個小時的「店長會議」－內容包含專題演講、各店溝通，以及選出每月、每季、每年的「營業績效競賽」前三名的激勵制度，使得統一超商的人員向心力與人力資源的培育與日俱增。

（五）「卡式管理」的經營制度

為了達到連鎖店經營「標準化、規格化」的管理，統一超商在 CEO 的領導下，推行門市一致化的「卡式管理」制度。卡式管理是一種標準化、規格化的方式，對於商品的流程、商店的一致性有很大的幫助。例如：統一超商採卡式管理之具體作法在推行檔帳，所謂「檔帳」是將工作知識系統化，其執行步驟是將工作知識凝聚成組織例規，再使之成為組織記憶，如此一來技術幕僚便可利用流程標準化，將作業核心工作制度化。簡單地說檔帳就是商品陳列之空間管理，利用對商品陳列位置的規劃，使門市人員在查貨、拉排面、補貨及訂貨過程便有所依循，以因應各門市所在商圈特性、店面大小、打工兼職人員增加的趨勢，亦能承受商品汰換速度快速之考驗。統一超商為改善檔帳，採取一連串變革行動：「基礎工程」、「檔帳分級」及「彈性檔帳」，其目的是陳列架標準化。

二、1987 年後，統一超商之獨立與轉變

（一）統一超商獨立

1986 年統一超商部獨立成為「統一超商股份有限公司」，而中高階人員的培訓仍由統一集團統籌負責。

（二）商店自動化

1. 導入 EOS 電子訂貨系統

由於統一超商的經營地理區域與門市數日益擴大，為提高公司營運效率，以及體認「商業自動化」的重要性，乃於 1989 年開始導入 EOS 系統。EOS 即電子訂貨系統（Electronic Ordering System），其是結合電腦與通訊方式，取代傳統商業下單與接單及其相關動作的自動化訂貨系統。即商店在電腦中鍵入或補充訂單資料，經由通訊將資料送至總部或配送中心電腦，協助商店、總部、配送中心達到收發訂單省力化、蒐集情報迅速化且正確化目的。

利用 EOS 系統將所有門市商品的銷售資料傳回公司，更可以做為進行每項「單品管理」的依據，屆時行銷部更能有效的評估各項單品的貢獻度，而引進或淘汰某些商品。但由於 EOS 本身只是一個訂貨系統，無法掌握每一項產品每次交易的時間、地點，同時對購買該商品的客層也無法掌握，因此統一超商又已經開始進行 POS（Point of Sales 銷售時點）的規劃。

2. POS 系統的導入與測試

1989 年開始進行「商店自動化」第二階段－ POS 系統的導入與測試。POS 系統就是銷售時點信息管理系統，係利用一套光學自動閱讀與掃描的收銀機設備，以取代過去傳統式的單一功能收銀機，除了能夠迅速精確的計算商品貨款外，並能分門別類的讀取及蒐集各種銷售、進貨、庫存等數據的變化情形，資料經所連結的電腦處理、分析後，列印出各種報表，提供給管理階層作為決策的依據。POS 系統確實能有效提高經營效率、降低管理成本以及將市場的商品資訊整合，也就是情報流的整合。POS 的引入可以結合先前所推動的 EOS，幫助門市精確地訂購消費者所需要的商品。

（三）開疆闢土－由直營轉爲加盟

初期時機尙未成熟，統一超商初期先以直營做基礎。直至特許連鎖制度在連鎖經營已爲大家接受，並對零售有了基本知識後，才進入採用「特許連鎖」型態。1991 年，統一超商推動加盟制度－「委託與特許加盟」制度，希望三年內達到一千家連鎖店的目標，同時也提供七百個小家庭創業的機會。統一超商以直營店經營成功經驗扶持加盟店，除了協助社會人士順利創業外，亦提供員工另一項生涯規劃之選擇，爲統一超商培養經營人才，達成三贏之目的。到 2014 年，統一超商已達到五千家的便利商店，成爲國內最大之便利商店。

（四）形塑企業文化－傳達經營理念、凝聚組織向心力

1. 發行內部刊物

1988 年 6 月，統一超商更發行了內部刊物－統一超商月刊，月刊的出版，除了提供公司內部成員一個經驗交流、凝聚共識的園地外，更具有塑造統一超商企業文化的積極意義。

2. 面對面的雙向溝通－經營革新會議

爲達到連鎖店經營「標準化、規格化」的管理，成立「經營革新會議」，定期將全國的區督導召回總部，做直接面對面的溝通。此舉不僅希望各督導透過彼此經驗的交流與互相學習，使得門市營運更上軌道外，並且也藉此機會建立更完善的卡式管理制度。統一超商非常注重溝通系統，在此系統中，包括文件、各部門交流、固定追蹤、總部月會、經革會、群月會、群週會，品質管制、一對一面談等，整個過程均靠人員的互動，不斷地追蹤問題、解決問題、反應問題、確認問題，這一套溝通系統是公司最寶貴的資產，有了這項系統，團隊合作的觀念得以落實。每七家店就設一名區組長，負責總部與門市間的溝通，並輔導各店間的整體運作，由他們擔任溝通橋樑，總部可有充裕的心力從事前瞻性計畫、未來性計畫。

3. 導入「誠實苦幹」的企業文化

統一超商繼承母公司統一集團「誠實苦幹」的企業文化，統一集團董事長表示「統一集團成立初，我認爲第一批人很重要，因爲第一批人做得好，以後的人就會跟著做好」。現在，統一超商的部門主管都是從以前艱困時期一路走來，而課長級以上的幹

部也都是從門市做起，只有資訊部門主管是空降，原因是若要積極準備導入 POS 系統，就須借重外面的長才。

4. 推動統一超商「並肩作戰日」

1989 年，在 CEO 的推動下，每年的 7 月 11 日即成為統一超商的「並肩作戰日」，包括總經理在內的全體總部人員，在當天必須到門市與門市人員一齊工作，讓總部人員親自到第一線工作，能夠增加並思考一些問題，避免規劃作業與現實脫節，同時也可以藉並肩工作來激勵基層員工的士氣，讓每位幕僚人員各自在服務的領域上，觀察、思考如何使工作更省力、更有效、更合理。這種結合後勤與前線作業的方式，是塑造和諧向心力的好辦法。

（五）彈性化經營

1. 促成「區域自主運作」－成立 COS 中心

統一超商在 1988、1989 年間急速擴張，但總部決策未必符合各地區之情況，應該要讓各地區能獨立運作，直接決策，快速回應消費者之需求，為促成「區域自主運作」，統一超商於 1989 年成立 COS（Chain Operation System）中心，與各營業部門研擬出合理且易執行的準則，讓地區門市作業標準化與規格化。目前統一超商的重要書面資訊，包括店長手冊、區組長手冊等可以迅速地將總部的想法、訊息，傳達至全省各地，這些都是從無到有逐漸累積的具體成果。

2. 彌補卡式管理之不足－實施「單店管理」

1989 年 1 月，為了因應各門市所面對不同的競爭與消費環境，以及彌補卡式管理之不足，統一超商實施「單店管理」（local marketing），給予各門市有較大的權限。

（六）標準化與績效考核的結合

統一超商早期較偏重作業面，之後增加了策略面的強化，開始逐漸注意到公司未來的發展需要什麼樣的人才。過去統一超商比較偏重能力指數，卻又沒有明文規定，主管的主觀判斷影響很大。現在是部屬與主管共同訂定目標，共同討論達成績效。統一超商對不同工作性質的員工進行評估的內容也不同，開放式的考核，使員工知道分數是如何構成的，並知道該往哪個方向改善，可以做自己的目標管理。

三、近年來統一超商不斷地求新求變

（一）全力推展加盟店

對統一超商連鎖總部而言，推展加盟店可以迅速擴大市場佔有率，同時專注本身經營 know-how，並可以降低經營成本及創造就業機會；對加盟主而言，可以享有商店品牌知名度及經濟規模效益。並在行銷、廣告與教育訓練上，獲得有效支援。目前統一超商在台灣已有五千多家門市，台灣為各便利商店之冠。

（二）把公益當事業經營

1992 年，統一超商為非洲難民籌募「飢餓三十賑災基金」，並舉辦「把愛找回來」關懷青少年公益活動及失蹤兒童搜尋活動。此外，1999 年為了讓公益活動發揮更大的教育效益，又成立「財團法人統一超商好鄰居文教基金會」期望結合各方力量，深入社會每個角落。由於體認到回饋社會的重要，其積極推動「公益行銷」，已成為許多企業投入社會、提升形象的重大策略。

（三）製販同盟（產銷結合）

製造商與零售業者緊密結合，互相活用彼此的經營資源。由通路業者提供顧客的需求資訊，讓製造商能開發出具有市場性的新商品。

（四）產品創新

1. 新鮮食品

體認到外食的潛力，遂將商品重心移轉至新鮮食品，陸續開發出飯糰、速食、關東煮、三明治、國民便當等商品，儘管經營難度相對提高，但也因此塑造出「商品差異化」的經營風格。

2. 無形商品

率先提供代收、沖印、影印、傳真、快遞等服務性商品，提供社會大眾便利價值，同時也創造集客效益。並開闢休息區及盥洗室，成為市民及鄉民休閒地方。

3. 通訊、資訊趨勢商品

讓顧客買得到科技產品，提高生活的品質與便利。

4. 流行商品創造

率先引進最熱門的商品，引領風潮。此外，還有在地行銷，開發一系列的名店名物商品，發現許多在地小吃或逐漸沒落的家族型態特產店，產品經過重新包裝並輔以行銷

主題後，再度展現超乎預期的活力與生機，協助台灣社會具有傳統手藝，但卻缺乏現代化經營能力的地方特色小店，重新再站起來。

（五）商務 e 化

1. 虛擬通路

e-Service 各種商務模式的創新，將一直停留在想像與討論的網路商務，在最短的時間內具體實現，為虛擬的通路與實體消費需求進行互動與結合，為便利商店創造出新的經營模式。

2. 運用 IT 技術聰明變革

透過 IT 資訊技術，導入 EOS（Electronic Order System）與 POS（Point of sales）此外，「代收」是在便利商店發揮非常極致的一個地方。運用 IT 技術，讓顧客到店裡繳水費、電費、停車費，一個月將近九百萬人次到統一超商來繳費。一個月六十億的營業額，代收佔將近五十億，金額非常龐大。用非常少的成本提供顧客非常大的便利，這就是一個變革。另外還有結合金流，導入 ATM、網路購物、郵購等，也是近年的變革。

（六）人事管理－導入 SAP 人力資源系統

為降低集團內人力資源管理成本，統一超商於 2001 年宣布導入電子商務軟體商 my SAP-HP 人力資源系統，預計隔年底集團旗下 25 間公司都完成導入。根據此項合作，統一超商各階主管能更精確掌握人力資源及核心數據，並建立員工資料庫，透過網際網路和 Internet 或無線傳輸裝置，使公司內部人事行政、員工招募、訓練發展及薪資管理等方面達到格式一致及流程簡化。

F-1-2 推動知識管理動機與目的

一、推動知識管理的動機

知識管理是一種過程，是組織面對知識的一連串處理程序，藉由發掘內部與外部的經驗、知識，經過整理、建檔、儲存等步驟，形成組織知識。再藉由多元的管道進行分享、擴散、轉移，使成員能夠擷取、吸收知識，進而運用知識，形成知識創新的基礎，再依此為起點，開始另一個知識管理的過程，知識與組織因而生生不息。

二、推動知識管理的目的

統一超商推動知識管理主要的目的為：為公司作業流程標準化奠定快速發展的基礎，並標準化下列知識：

1. 預定點篩選與決策。
2. 快速施工法。
3. 商品引進與陳列決策。
4. 陳列位置與道具開發。
5. 門市人員服務與訓練。
6. 門市管理與經營。
7. 突發事件風險管理經驗的累積。

三、知識管理部門簡介

統一超商知識管理上並未成立專責部門，而是由各部門推舉出領域專家，組成專案成員，由這些專案人員清楚的定義核心的知識項目，並分析這些核心知識目前以什麼形式放在什麼地方，如何將相關的「顯性知識」整合在一起，及如何萃取出「隱性知識」。

F-1-3 知識管理導入與整合

本節針對統一超商之知識管理計畫流程說明之，又有價值之知識宜放在何處？而知識應用時得有整合與有效管理等議題，分別說明如下：

一、導入知識管理計畫流程

在導入知識管理之前首先須了解統一超商的核心知識及其知識應置於何處，分別說明如下。

首先分析以下七點，以瞭解統一超商的核心知識有哪些？如（一）門市與加盟的發展；（二）商品的開發；（三）行銷活動的創新；（四）門市的運作；（五）物流的效率；（六）新事業的展開；（七）後勤管理的制度。

緊接著，在上述的核心知識應置於何處呢？這些知識可以放在以下四處：

1. 部分放在通報規範中（例如發展開店的通報）。

2. 部分放在訓練手冊中（例如 OFC 訓練手冊）。

3. 部分放在會議紀錄中（例如 OFC 門市輔導案例）。

4. 大部分放在曾經做過該項工作的員工腦中（例如誰有與大陸談判的經驗或誰有商品開發經驗等）。

二、整合與管理知識

　　關於顯性的知識，可透過文字紀錄描述的知識，例如「通報」。或透過主題網站的建立將相關的知識整合在一起，以促進知識的分享。對於隱性的知識則是不易透過文字紀錄描述的知識，例如「感覺」。或透過眾多個案的累積逐步歸納出原則、方法及典範；有的則透過領域專家制度的建立來詳細紀錄這些知識可在哪些人身上找到。

　　分析顯性及隱性知識後，再將整理出的知識進行知識盤點。知識盤點首先從 ISO 文件及相關通報中整理出各部門的主要工作任務，並藉由與部門主管訪談的方式確認該部門的工作任務與知識管理現況，最後在由工作內容中轉換為關鍵知識項目與業務流程清單交由主管做最後確認（圖 F1-1）。

資料整理	訪談確認	流程與知識資產轉換	使用者確認
分析ISO文件及通報，整理出各部門的主要工作任務。	訪談各部門主管，確認各部門的工作任務、知識管理現況，以及對於專案的期望。	分析訪談的內容，轉換出公司的主要業務流程清單及各部門的關鍵知識資產。	由各部門主管確認該部門的關鍵知識資產。

流程分析　　　　　　　　　　　　　　　流程設計

流程現況初步準備	流程現況細部分析	改善機會分析	未來流程設計	推動方式與配套措施設計
根據之前訪談內容，並參考ISO文件及通報，畫出目前的流程圖及流程中各步驟的知識運用情形。	透過與流程相關人員的訪談，確認流程與知識運用的現況。	分析現行流程細部內容，參考最佳典範以尋找具有改善之機會點，並與相關人員討論確認。	針對各流程潛在的改善機會，參酌業務環境，設計出未來理想的流程，並與相關人員討論確認。	設計相關的推動計畫與配套措施（組織、活動、溝通、宣傳）來協助將知識管理融入流程中。

圖 F1-1　統一超商在知識整合與有效管理上的流程設計

F-1-4 統一超商知識管理的流程

一、知識的取得

知識的取得途徑有內生與外取兩種。內生是由組織內部自行產生，主要是靠自行研發。外取指由組織外面吸收取得，方式包括收購、捐贈、交換、租用與合併等。除取自國內組織外，亦可取自國外。統一超商早先採用美國南方公司的策略，後漸覺其有部分不適用於國內環境，因此又自行研發出一套自己的行銷策略，而統一超商在初期也都是「邊做邊學」，由錯誤中記取教訓。此外，其亦與日本三菱集團下的零食公司合作，引進其物流 know how。

二、知識的整理儲存

知識可分為隱性知識與顯性知識，因其性質不同，故儲存方式不盡相同。隱性知識是個人經過長時間累積而獲得的心聲，且未經文字或語言表達出來。顯性知識是已經文字或語言表達出來的知識，較具結構與明確性，是可以觀察到的。顯性知識通常運用文件檔案與資料庫方式為之。隱性知識則透過知識地圖與故事題材方式為之。

統一超商藉由成員的教育訓練、文書檔案的製作與建立，將顯性知識系統化處理。而隱性知識深植於企業內，須經由默契與共識的培養，長時間的醇化才能發揮。統一超商的隱性知識的整理儲存主要表現在組織的內部訓練。1987 年，統一超商成立中部與南部訓練中心。講師按照本身經驗授課，並建立講師手冊，將成員的隱性知識系統化儲存。此外，1988 年 6 月，統一超商發行了內部刊物，除提供公司內部成員一個經驗交流、凝聚共識的園地外，更具有塑造統一超商企業文化的積極意義，使組織潛藏的隱性知識得以傳承。

三、知識的轉換

知識必須加以轉換，才能充實內涵、內化人心與容易操作，達到運用順利而功效顯著的境界。轉化包括兩方面，一是由抽象轉為具體，二是由內隱與外顯互轉。就前者而言，知識往往是抽象或原則性的或無法直接應用到組織外來經驗，必須透過轉化作用，將知識化成具體可以操作的知識，或轉化成適合組織特質的知識。在此方面，統一超商

將顯性知識轉化為有系統的制度，如導入 EOS 與 POS 系統，即是將「訂貨」與「銷貨」的知識系統化，形成一致化、規格化的制度。

另一方面，隱性與外顯知識的相互轉換，有四種模式：共同化（社會化）、外化、組合與內化。

第一步：隱性知識的社會化

統一超商是將創立零售店面經營方法、延續母公司統一超商的經營文化等隱性知識透過師徒制教學及各部門交流、固定追蹤、總部月會、經革會、群月會、群週會、品質管制、一對一面談等過程，使得員工能將自己的心得經驗進行分享與互動，促進隱性知識擴散、共同化與社會化。

第二步：隱性知識的外部化

統一超商將具有經驗的店長與員工的心得轉化為可見的文字、手冊，如將教育標準化而建立講師手冊，並出版統一超商月刊，將員工的學習經驗與心得轉化為具體可供參考的書面資料。此外，所謂的「檔帳」即是工作知識的系統化，將工作知識凝聚成組織例規，鎔鑄為組織記憶，使統一超商完全不用仰賴老手看店，技術幕僚藉著流程的標準化，將作業核心（工作人員）工作制度化（模式化）了。

第三步：顯性知識的組合（連結化）

是將某些顯性知識與其他相關的顯性知識組合起來，成為內涵更豐富的知識，甚至創造出新知識。統一超商導入了 POS 與 EOS 系統，即將訂貨與售貨系統結合，形成一個更有組織的知識體系，幫助商店自動化。

第四步：顯性知識的內化

是將顯性知識轉換為隱性知識的過程，也就是將外部的知識加以吸收，成為內在的知識，類似知識的學習消化。統一超商透過教育訓練與組織圖將顯性知識有系統地傳達，使員工更容易理解與消化吸收新知。

四、知識的擴散

取得的知識經整理儲存後，就要加以流通擴散，讓組織成員都能知道與學習到這些知識，分享知識的益處。統一超商採用師徒制教學、團隊學習、月刊、網際網路與團隊

座談等方式，將正確、創新的知識有效地傳達至每位成員，使員工皆能具備應有的知識
基礎，厚植組織的實力、效率與創意。

五、知識的運用與創新

知識管理的最終目的在於有效地運用知識，來達成組織目標。因此，成員應將所取
得的知識，確實應用到工作或生活上。透過不斷地嘗試與應用，才能考驗知識的有效性
與真實性，因此在嘗試過程中必須不斷檢驗並檢討改進，以修正原有的知識，或創造出
新的知識來取得、應用、改進、再創新，若能持續進行，知識將生生不息，故知識的創
造是知識管理的最高層次。統一超商不只在學習過程中不斷修正知識，最後更達到不斷
創新的境界，強調透過組織內部個人與團體間的溝通及內隱知識與外顯知識的互動，而
創造知識來因應外在環境。如近來推出的凱蒂貓磁鐵、迪士尼經典公仔方案與 i-Cash 卡
方案，都是運用創新點子來吸引消費者的行銷策略。

F-1-5　統一超商知識管理的實施

一、遴選與培訓知識管理人才

每七個門市統一超商就設一名「區組長」，負責總部與門市間的溝通，並輔導各間
店的整體運作，由他們擔任溝通的橋樑。

二、建立利於知識管理的組織

統一超商成立「資訊公司」（PIC）的宗旨即在於協助統一集團內企業資訊共享，除
了符合知識的規模經濟之外，還能在透過資訊科技所分類的知識倉儲中進行知識轉換的
行為，滲透至相關部門及其他企業，不僅節省知識轉換的交易成本，還可將組織的力量
集中於內隱知識的外化與社會化。

三、組織領導者的積極提倡與支持

統一超商 CEO 也極力提倡與強調不斷學習與創新的重要，其更以身作則地給予員工

最良好的模範。民國 85 年，其至東京銀座考察星巴克咖啡，認為在星巴克喝咖啡是一種享受，爾後於民國 88 年，正式成立集團內星巴克股份有限公司（後稱台灣星巴克），且星巴克頂著美國的強大品牌，很快地便竄升為台灣咖啡市場的領導品牌。

四、運用科技資源

統一超商導入許多 IT 技術，將許多知識迅速制度化，也能有效傳遞與流傳。如導入 EOS、POS 系統，以及電子商務軟體商 my SAP-HP 人力資源系統的導入等。

五、建立有益激勵知識管理的創新制度

統一超商不僅教育訓練費用投入甚多，同時也重視員工學習意願的提升，教育訓練的測試成果，將直接影響到成員的晉升機會。統一超商從新進人員至門市店長有五個階段的訓練課程，每階段都是員工升遷的必要條件。如此一來，員工參與教育訓練的意願將會提高，並直接影響組織成員的學習意願。

六、營造知識管理的環境與文化

統一超商不斷以統一超商月刊為媒介，傳播公司的「憂患意識」，提醒成員要時時謹記公司過去艱辛的創業過程，以及國外統一超商經營失敗的經驗，並利用「軼事」形式的流傳來加強憂患意識的效果，並以「我們最大的競爭對手並不是同業，而是消費者」，提醒成員必須時時體察消費環境的變動，不斷地適應與學習，以避免組織成員因競爭威脅程度降低，而使組織的學習減緩或停頓。因此，統一超商提升員工的憂患意識以形塑組織不斷學習新知的文化。

七、建立領域專家制度

領域專家制度的建立，將先從領域專家項目著手並擬定各領域專家的評選基準，再從全體員工中依評選基準篩選出專家名單。此外為了能讓相關的領域專家有一個共同的協助合作空間，因此將在溝通平台中建立相關的專家社群來保存、累積與分享專家的知識與經驗。

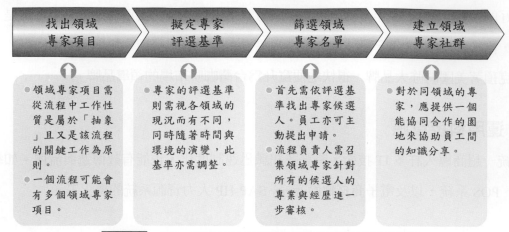

| 找出領域 | 擬定專家 | 篩選領域 | 建立領域 |
| 專家項目 | 評選基準 | 專家名單 | 專家社群 |

- 領域專家項目需從流程中工作性質是屬於「抽象」且又是該流程的關鍵工作為原則。
- 一個流程可能會有多個領域專家項目。

- 專家的評選基準則需視各領域的現況而有不同，同時隨著時間與環境的演變，此基準亦需調整。

- 首先需依評選基準找出專家候選人。員工亦可主動提出申請。
- 流程負責人需召集領域專家針對所有的候選人的專業與經歷進一步審核。

- 對於同領域的專家，應提供一個能協同合作的園地來協助員工間的知識分享。

圖 F1-2　統一超商建立知識管理之專家制度流程圖

　　領域專家的職責，主要在協助員工對該專業領域的諮詢、檢討與改善流程、萃取相關知識、以及審核領域專家申請人等。至於獎勵方面，主要將透過「公開表揚」、「考績加分」及「報酬獎勵」等三種方式。

表 F1-2　領域專家之職責與獎勵

領域專家之職責	領域專家之獎勵
1.接受公司內部員工對該專業領域的諮詢，並依個人之專業與經驗提供建議。	1.領域專家是公司的重要資產，因此公司應對於能成為領域專家的員工以公開的方式表揚，除了表示公司認同員工的專業與貢獻外，亦能鼓勵員工分享其知識與經驗。
2.協助流程負責人定期檢視現行的作業流程並提供改善之建議。	2.在年度考績方面，將由各流程負責人對於流程中相關的領域專家依其年度在知識管理方面的貢獻提出考績加分之建議。
3.協助流程負責人將流程中抽象的知識經驗逐步歸納並以文字的方式紀錄為公司的「原則」、「方法論」或「最佳典範」。	
4.定期審核「領域專家」之申請人／候選人。	3.每年度對於知識管理有卓越貢獻的領域專家除了公開表揚外，尚提供實質的報酬獎勵。
5.定期檢討「領域專家評選基準」。	

F-1-6 實施知識管理之成果及可能產生的問題

統一公司實施知識管理後，爲其帶來（一）提升品牌價值、（二）成爲新生活型態的先驅者、（三）擁有周密的展店策略、（四）形成綿密的網路架構、（五）運用高科技完善的資訊系統、（六）提高事業經營能力、（七）豐富集團資源等競爭優勢。

推動知識管理爲統一公司帶來競爭優勢，亦使其面臨某些困難，透過正式組織來掌握知識管理統一公司提出了因應的解決方案如表 F1-3。

表 F1-3 統一超商遭遇之困難與解決方案

困　境	解決方案
1.領域專家原本定義爲虛擬職務，屬於兼任的方式。	1.在群級組織下設企劃單位。
2.領域專家無法專注知識更新與監控的工作。	2.整合原有的幕僚機制，管理各專業功能制度規劃。
	3.並賦予制度及知識更新並傳播的責任。
3.非組織中的正式職務，無法掌握資源持續推動。	4.由虛擬轉爲實體，權責清晰。
	5.共用網路平台。

F-1-7 結論

統一集團了解唯有掌握「通路」端點，才能真正掌握最新消費資訊，確保產品的銷售。爲了達到連鎖店經營「標準化、規格化」的管理，統一超商推行門市一致化的「卡式管理」制度。採行卡式管理之具體作法在推行檔帳，將工作知識系統化，其執行步驟是將工作知識凝聚成組織例規，再使之成爲組織記憶，如此技術幕僚便可利用流程標準化，將作業核心工作制度化。

統一超商非常注重溝通系統，包括文件、各部門交流、固定追蹤、總部月會、經革會、群月會、群週會、品質管制、一對一面談等，整個過程均靠人員的互動，不斷地追蹤問題、解決問題、反應問題、確認問題，有了這項系統，團隊合作的觀念得以落實。

統一超商推動知識管理的目的為公司作業流程標準化奠定快速發展的基礎，並標準化下列知識：預定點篩選與決策、快速施工法、商品引進與陳列決策、陳列位置與道具開發、門市人員服務與訓練、門市管理與經營、突發事件風險管理經驗的累積。

統一超商知識管理上並未成立專責部門，而是由各部門推舉出領域專家，組成專案成員，由這些專案人員定義核心的知識項目，並分析這些核心知識目前以什麼型式放在什麼地方，如何將相關的「顯性知識」整合在一起，及如何萃取出「隱性知識」。

統一超商的核心知識有：1.門市與加盟的發展、2.商品的開發、3.行銷活動的創新、4.門市的運作、5.物流的效率、6.新事業的開發及7.後勤管理的制度。

統一超商知識管理的實施重視下列各要點：1.遴用與培訓知識管理人才、2.建立利於知識管理的組織、3.組織領導者的積極提倡與支持、4.運用科技資源、5.建立有益激勵知識管理的創新制度、6.營造知識管理的環境與文化及7.建立領域專家制度

獎勵方面主要透過公開表揚、考績加分及報酬獎勵等方式。

統一超商實施知識管理後之競爭優勢有：1.提升品牌價值、2.成為新生活型態的先驅者、3.擁有周密的展店策略、4.形成綿密的網路架構、5.運用高科技完善的資訊系統、6.提高事業經營能力及7.豐富集團資源。

參考文獻

1. 統一超商及集團網路資料。
2. 統一超商及集團教育訓練資料。

 問題討論

1. 統一超商實施知識管理之動機與目的為何？
2. 統一超商實施知識管理之流程為何？
3. 統一超商今日有傲人之基礎，您認為推行知識管理對公司之幫助何在？
4. 統一超商推行知識管理有遭遇到哪些困難呢？請說明之。

其他服務產業

Chapter **F-2**

創造房仲介模範級公司

－信義房屋股份有限公司

公司簡介

信義房屋公司自 1981 年成立以來,從「先調查產權再進行買賣」、「收取固定比例服務費」、「分段收費」、「製作不動產說明書」、「購屋全面保障系統」到「成屋履約保證」等新式房仲制度與服務的對立;分店數目從一家累積至目前超過 100 家以上;員工人數從最初不到十人到現在逾千人;發展區域從台灣的大台北到台中再到台南然後到高雄,甚至跨越至海峽對岸的中國大陸;服務項目從房屋仲介,到現在包括房屋售前、售中、售後整合性居家服務等一貫化服務。

在不動產事業群方面,發展包括以中古房屋買賣、租賃仲介為主要業務的信義房屋公司房屋仲介、以新成屋企劃與銷售為主要業務的信義房屋公司房屋代銷事業部、以辦公大樓租售代理為主要業務的信義房屋公司房屋商業仲介部、以高總價住宅買賣仲介為主要業務的信義房屋公司豪宅、以店面租售代理為主要業務的信義房屋公司商舖、以不動產產權移轉登記及不動產抵押貸款等服務為主的信義房屋公司地政士聯合事務所、以產權調查及不動產買賣之交易價值估價業務為主的信義房屋公司不動產估價師事務所、信義房屋公司不動產鑑定公司及以住宅空間設計裝潢為主要業務的信義房屋公司裝潢;在資產管理事業群方面,發展包括有建築融資、開發與履約保證代辦為主要業務的安信建築經理公司及以不動產開發投資興建為主要業務的大家建設以及協助金融機構解決不斷攀升的不動產逾放問題而成立的另一家資產管理服務股份有限公司及另一名稱之資產管理公司。

信義房屋公司企業集團以房屋仲介為起點,整合不動產上、中、下游產業,並朝產業、技術、資訊與客戶四個相關領域跨出多角化經營的腳步,在三十年的辛勤耕耘下,到今天已逐漸展開出自立而健全的經營體系。

過去三十年以來始終以專業知識、群體力量以服務社會大眾,促進房地產交易之安全、迅速與合理,並提供良好環境,使同仁獲得就業之安全與成長,而以適當利潤維持企業之生存與發展。

而除了不動產產業方面的資源整合之外,信義房屋企業集團始終本於「取之於社會、用之於社會」的感恩心情,將企業發展和對社會的奉獻結合在一

公司簡介

起。在考慮到推廣文化及不動產專業教育的重要性後，企業集團更先後成立文化基金會、文化出版社、不動產研究發展中心及台灣社區一家協進會，盡一份企業公民的責任。

每一筆的交易、每一步的事業擴展、每一次的服務版圖佈局，無不秉持一貫「信義房屋立業、止於至善」的經營理念，不僅是謀求獨善其身，還要兼善天下，希冀透過本身的以身作則，提供顧客保障，達到開拓與維護整個產業的發展空間之目的。

信義房屋公司的新願景以人為出發點，也就是「以人為本」的觀念，而這裡的人包括了信義房屋公司的顧客、同仁、股東，甚至於社會大眾。房屋仲介業是一種「人」的行業，信義房屋公司更是「以人為本」的企業，因此能夠充分傳達這樣概念的企業識別標誌是信義房屋公司的基本理念，並能彰顯信義房屋公司的服務決心，並時時提醒全體同仁要提供最棒的服務給顧客。

信義房屋公司以不動產事業群、資產管理事業群、信義房屋公司中國事業群及文化公益事業群等四大事業群為發展基礎，透過「信義房屋公司的服務精神」、「追求顧客最大滿意」、「專業與高品質的流程控管」及「電腦網路科技」等作緊密的串連，再藉由團隊的密切合作以及組織的專業分工，共同建構出一個以滿足居住與生活需求的企業集團。

F-2-1 信義房屋公司知識管理緣起

一、企業 e 化歷程與演化

為提供顧客優質服務，信義房屋公司企業集團從 1989 年即開始進行電腦化，資訊設備採購金額在整個集團資本支出中排名僅次於購買土地及店面，平均在 15％~20％之間。

根據信義房屋公司資訊部執行同仁表示，信義房屋公司的 e 化策略一直是朝向五大構面來走：

1. 數位系統：全面建構電腦化環境，以因應市場產生的劇烈變化。

2. 企業營運：推動各項作業電腦化，提升工作效率，發展管理資訊系統。

3. 知識管理：內部知識的傳遞並活化其效能，充實員工的知識技能。

4. 顧客關係：運用資訊系統，準確了解客戶的需求，加強與客戶之間的互動性。

5. e 化服務：企業的 e 化，不僅增加競爭力，更能提升客戶的滿意度。

事實上，IT 的策略發展一直是隨著企業的發展或是按著企業規劃的腳步來進行，而信義房屋公司對於 IT 的投資早在 1990 年時，就開始著手規劃，儘管當初僅僅只有八家分店，但對資訊系統的建置已相當重視。在 1996、1997 年網際網路盛行，信義房屋公司便藉由 Internet 這樣的技術來整合原後端包括人事、財務……等的行政作業系統，發展出 Web Base 介面的 Internet 系統，另設立外部網站（Internet）來整合與顧客有關的前端作業。信義房屋公司對於資訊的投資也隨著時代的變遷，不斷地在做改變，符合業務的作業需求，提升對於客戶的服務。

2000 年之後，信義房屋公司將資訊應用導入分店，納入日常管理，從業務日報表、各式月報表及季報表等等，從業務人員到店長，進行全面的 e 化，每天每位經紀同仁會將客戶的需求及業務的進展情況填入業務報表，並全部鍵入電腦以回饋其客戶經營，全面的 e 化效益，更是強化了客戶關係維護，並將龐大資料量加以整理，便於業務的拓展，提供客戶更滿意的快速服務。就是為了客戶高滿意度的經營理念，信義房屋公司更是體驗出 IT 策略的極重要性，2002 年開始推行了 M 化，由於業務人員經常在外，M 化資訊的應用更是勢在必行，強調企業一定要 e 化之後才能 M 化，這樣資訊的腳步才會踏得穩健，也就是因為公司 e 化相當完備，在進行 M 化時，才會如此迅速地成功，但信義房屋公司仍深覺這樣的資訊設備還是不夠完善，直到現在仍然持續努力精進，這樣動力就來自於秉持對客戶真誠服務的心。信義房屋公司取得代理權後，開始以信義房屋公司的品牌在中國地區為消費者提供最好的房屋仲介服務。

二、推動知識管理動機與目的

事實上，在各組織蓬勃發展其知識經驗的情況下，資訊往往分散各處缺乏管理機制，不能達到資訊分享事半功倍的期望。為因應整個市場的快速成長，並有效提供員工各項營運資訊分享，以提升客戶服務品質，信義房屋公司集團與網華科技合作，藉由 Visual

Studio .NET 以及 Microsoft .NET Framework，來整合企業暨有基礎建設，以架構企業知識入口網站。不僅帶給服務業加強、統一及安全的管理機制，以因應移動辦公室（Mobile Office）的趨勢；並統一程式及文件出版流程，普及知識管理，以達到提升效率及生產力的目標。另外，成功建立數位資訊流通模式，以求資訊傳遞有效率，並達到有效的客戶行銷，迅速掌握新知，使這個已有 30 年的信義房屋公司集團企業，成長爲更敏捷的智慧型組織。

另外，信義房屋公司企業集團爲因應台灣及大陸市場業務的快速成長，在各據點之營運資訊分享以及提升客戶服務品質上，有強烈的需求。因此，決議要建置一個能夠提供知識分享、快速回應市場需求、準確預測市場變化，並加強客戶服務品質的數位平臺。

信義房屋公司 CEO 表示「在現金『時間』爲企業競爭利器的前提，等於是間接提升企業的核心競爭力」。因此，在系統建置之初，信義房屋公司集團即列出了幾項必要的需求：

1. **能夠統一安全管理，以因應移動辦公室（Mobile Office）的趨勢：**企業知識管理最主要的組成元件即是知識工作者。企業期望知識工作者能在任何時間、任何地點，運用任一種裝置來進行知識的管理與學習。因此信義房屋公司需要藉由「企業單一入口網站」以及「完整的安全機制」，來作爲數位知識管理工作的基礎。

2. **統一程式及文件出版流程，並普及知識管理，以達到提升效率及生產力的目標：**使企業訊息、行政法令等相關規定全面透明，以達到訊息扁平化，業務人員皆能輕易取得。建立標準出版流程，以節省出版時間，並提升管理效率。

F-2-2 導入知識管理計畫與策略

一、導入知識管理計畫的過程

21 世紀，決定企業的競爭力關鍵在於知識。對於企業來說，究竟要如何開始著手推動知識管理？許多企業可能一開始就會想到科技，以爲知識管理是代表引進某種新科技。事實上，掌握科技固然是知識管理的關鍵，但是「人才培育」更是知識管理的基礎。

　　1992 年底，信義房屋公司建立了教育訓練體系，除了全力發展各階級及各職能培育外，更全力平衡發展同仁的自我啓發教育、電腦資訊教育、品質管理教育及列爲重點發展工作的內部講師培訓。因爲信義房屋公司認爲，教育訓練的課程，不能一昧安排同仁喜愛的課程，好的教育訓練應在不同的角色間取得均衡。

表 F2-1　信義房屋公司的教育訓練體系

區分		高階主管	中層管理職	一般職	新進同仁
階級別		1.營業策略研修 2.經營管理進階教育	1.經營管理基礎教育 2.主管培訓教育 3.OJT 教育訓練 4.新任組長職前教育 5.活力營	1.組長培訓教育 2.店長培訓教育 3.動力營	1.新進業務職前訓練 2.新進秘書職前訓練 3.新進幕僚職前訓練
職能別	業務單位	不動產專業講座		1.業務進階訓練，自強班訓練 2.業務基礎訓練仲介考照	
	幕僚單位	各部門專業研修教育、人事、財務、資訊、行銷、鑑價、契約等各部門			
				1.秘書進階訓練，秘書基礎訓練 2.秘書專業訓練，代書考照訓練 3.幕僚管理進階，幕僚管理基礎	
共通課程		品質管理教育，電腦資訊教育			
自我啓發		1.國內外研修，學習大學，導師輔導就業訓練 2.外語研修，錄音，影帶及圖書研修			
內部講師培訓		1.助教級講師訓練，講師訓練 2.高級講師訓練			

二、導入知識管理的策略及執行方法

1. **同仁經驗分享**：提供同仁資訊交流與意見發表之空間，有助於企業或人事單位瞭解同仁意見，以增進企業與同仁間的互動關係。藉由工作經驗、作業程序傳承的機制、員工間的經驗、知識分享，是導入企業知識管理的最佳途徑，可解決企業人員流動的經驗傳承問題。會議意見交流：上下員工溝通的方法和途徑，包括舉行內部會議，交流意見。會議意見交流，讓員工共同交流管理心得及成功之道，優秀成果可做借鏡。

2. **社群經驗分享**：「社群」比社團、社區，涵義較廣泛、更具團隊整合感，信義房屋公司要求員工符合公司所要的團隊精神，因為信義房屋公司是團隊精神比個人能力更重要。

3. **創新提案分享**：信義房屋公司鼓勵員工從暨有的工作流程中，不斷找出改善及增進效率的方法，讓員工提出的方案與其他人分享，以提高效率，節省成本。

F-2-3 知識管理預期目標與建立學習型組織

一、預期目標

建立數位資訊流通模式，以求資訊傳遞有效率，並達到有效的客戶行銷：信義房屋公司認為企業經營的關鍵在於速度、資訊傳遞的速度越快，企業就越有競爭優勢。因此，不論是下情上達的討論、上情下達的公告通知等等，都能以最快的速度傳送企業訊息。同時，藉由不同案例之成功經驗的分享，讓團隊能學習最有效的行銷方式，對客戶提供最適當的貼心服務，以創造企業之最大獲利。

建立知識管理平臺，以達到有效行銷並提升客戶服務。

「目前信義房屋公司有 100 多個營運據點，而這些營運單位之間要如何做好資訊與知識共享，以及如何降低企業員工溝通與學習的潛在成本，就成了該企業所面臨的最大挑戰」信義房屋公司總經理指出。

二、藍山雀知識分享計畫

（一）活用知識管理平臺，積極推動「藍山雀知識分享計畫」

為了能夠在信義房屋公司全省一百多個據點同時運用新建立的數位平臺，推動知識分享工作，信義房屋公司正在積極的鼓勵員工們參加一個促進知識分享的獎勵計畫—「藍山雀」。在為期半年的活動之中，同仁只要是積極參與知識分享區的內容建立，就會得到獎品以及獎牌鼓勵。

藍山雀其實是英國的一種小型鳥類，牠們的特色是：只要有一隻藍山雀學會一個小技巧（如啄開牛奶瓶），其他的同類經由觀察和模仿，也會迅速學會這個技巧。信義房屋公司借用藍山雀來為活動命名，無非是希望能夠將新知識管理平臺的效益發揮至極致，順利成為一個學習性組織。

（二）速度與知識是今日企業的競爭利器

在網際網路的推波助瀾之下，信義房屋公司集團透過企業入口網站的導入，因而能迅速掌握新知，並將其轉化為更健全的經營策略與行動，以即時反應市場的變動，使這個已有 20 餘年的企業成長為更聰明、更敏捷的智慧型組織。

對於信義房屋公司企業知識入口網站究竟帶來哪些實質效益，資訊部執行協理陳小姐說到：在服務品質方面，由於有了入口網站的支援，使得業務人員能更有效地管理客戶服務及掌控作業流程，以最經濟、最有效率的方式來服務顧客。其次，企業入口網站能快速回應市場變化，提供客戶所需的市場資訊，並透過分散式決策，讓企業隨時保持最大彈性與執行能力。

利用入口網站的各項資訊，決策者能從中遇見大環境的發展方向，並且預期未來的變化。簡而言之，就是反應趨勢，制敵機先。透過新的研究發展，再加上對現有知識的創新應用，以及對顧客的深刻瞭解，都是企業入口網站提升企業創新知識能力的表現。以企業入口網站做為平臺，提供員工學習的環境及機會，並鼓勵創新，從經驗、訓練、競爭者、同事，甚至是客戶之間來永續學習，創造整個企業成為知識學習型組織。

F-2-4 知識管理與競爭優勢

一、實體與虛擬知識社群建立

近年來企業界逐漸體認到員工教育與訓練的重要性，並自己建立教育與訓練系統來負擔員工的培育工作，使之具備知識與技能以勝任目前的工作，更協助他們認識並發揮個人的潛能，使員工都能擁有美好而豐富的生活。

信義房屋公司的教育訓練理念是以公司的經營理念作為建立的根基，信義房屋公司的教育理念：

1. 同仁是公司的事業夥伴，公司的成長來自於同仁的發展。

2. 運用公司資源，融合企業文化，發展培育具有共同理念的同仁。

3. 每個人都有無限潛能，提供一個不斷學習的環境是企業的責任。

訓練所重視的是增加同仁的專業能力與技術，教育所重視的是提升同仁的洞察力與理解力，我們兩者並重是因為我們不僅告訴同仁「如何做」，還要告訴他們「為何做」。教育人才是百年大計，這條路沒有捷徑沒有終點，只有更好，沒有最好。

二、企業智庫中心建立

為使員工資訊及經驗能相互分享，信義房屋公司於公司內部網路建立「知識及經驗分享（藍山雀）」，具備以下主要功能：

1. 公司動態。

2. 房地產總體資訊。

3. 房地產產業資訊。

4. 法令觀測站－法務資料題庫。

5. 品質文章專區。

6. 創新提案。

7. 關鍵時刻 MOT。

8. 業務經驗分享區。

9. 精英（會）分享園地。

10.最新銀行利率及攤還速算表。

11.人力資源分享區。

12.鑑價專區。

三、知識行銷與創造競爭優勢

「知識行銷」就是「專業行銷」，而「專業行銷」可以產生「被動行銷」的效果，「被動行銷」掌握了顧客的「需求時間」，正好與「一對一行銷」掌握顧客的「需求意向」形成最佳的互補。

所謂「知識行銷」是指將專業的知識技能或資訊，透過各種專業行銷管道讓更多會員或消費者知道並產生認同。

信守承諾是顧客服務的基礎，他的價值只值三百萬？信義房屋公司說到做的目的並非是為了廣告，而是不希望與客戶的關係就此結束。

統一服務品質：不論是事業部或公司，在人事與品質上，仍由總公司統籌管理。而信義房屋公司始終採直營店經營，便是在「統一服務品質」的究源考量下所產生的堅持之一。

客戶至上：信義房屋公司視所有客戶的申訴為優先處理事件。為了更有效回應申訴案件，客戶服務中心同仁會先按申訴嚴重程度分為 A、B、C 三級，每次處理的速度及經過，都必須詳細記錄在意見表中，最後則彙集給 CEO 親自核閱，必要時 CEO 也會親自與顧客聯繫。

F-2-5 結論

信義房屋公司運用資訊科技方面的卓越成績，可說是房仲業人性化與科技高度結合的新典範，正如其致力於客戶服務的高滿意度，是企業界與消費者所有目共睹的。也唯有善用 IT 工具，即時提供企業的市場應變能力、提高營運反應速度，企業內部知識分享，配合種種管理措施以達成顧客滿意的企業理念。目前企業 e 化已是必備條件，想要提升競爭力，工作流程電子化更是成功關鍵。

　　其實評估一個好的解決方案，正如選擇一間好房子，好的房屋仲介業不只為您找尋最符合需求的房屋及完善的專業諮詢，更提供您最滿意的售後服務；就如同電腦提供給您最佳的解決方案，以及制度化的顧問輔導、服務機制，一向以專業的服務形象贏得顧客掌聲的信義房屋公司表示，帶給他們的更是專業且值得信賴的肯定！

參考文獻

1. 信義房屋公司教育訓練資訊。
2. 信義房屋公司網路管理資訊。
3. 詢問信義房屋公司之心得報告。

 問題討論

1. 信義房屋公司實施知識管理之動機與目的。
2. 請說明信義房屋公司實施知識管理之策略與方法。
3. 信義房屋公司實施知識管理後，因而提高的競爭優勢有哪些？請說明之。

NOTE

其他服務產業

Chapter **F-3**

二個國際級民生用品公司在知識管理的比較——寶鹼〔P&G〕與聯合利華公司

公司簡介

　　寶鹼公司於 1837 年創立，總部為美國俄亥俄州辛辛那提市。秉持著提供消費者高品質和高價值產品。經營產品涵蓋了婦幼、美容、美髮、食品、紙類及清潔衛生產品等多項類別。在台經營成就：推出了台灣第一件拋棄式紙尿褲：幫寶適、第一瓶真正將洗髮及潤髮雙效合一的洗髮精：飛柔、第一片加上蝶翼的衛生棉：好自在、潘婷 Pro-V 洗髮精、SK-II 的品牌形象榮登台灣美容市場中的第一品牌。寶鹼公司一直十分積極地瞭解台灣的消費者，辛勤地經營本地市場，致力於提供台灣本地消費者高品質、高價值的產品，以提升生活品質。

1. 自 1995 年起，寶鹼公司連續六年在台灣天下雜誌調查國內一千大製造業中，名列清潔用品、化妝品類第一名。
2. 1998 年起，寶鹼公司連續三年獲得天下雜誌票選為年度標竿企業。
3. 寶鹼公司與行政院經濟部簽訂策略聯盟。
4. 長期贊助「六分鐘護一生－婦女子宮頸抹片檢查」宣導活動。
5. 921 大地震後投入物資救援的行列。

　　聯合利華公司於 1929 年於英國倫敦創立，是全球最知名的日用消費品公司，總部設於荷蘭鹿特丹（Rotterdam） 及英國倫敦 （London），整個事業集團共分北美、歐洲、亞太、拉聯合利華美洲、非洲與中東等區域事業體。聯合利華公司為集團在台灣的核心據點，總公司及工廠分別位在台北、桃園及新竹，員工總數 750 人。近年來，年營業額均超過新台幣 65 億元。經營品牌包括：多芬、麗仕、白蘭、立頓、旁氏、坎妮、熊寶貝、康寶、蕊娜，均為消費者心中的第一選擇。

1. 聯合利華公司於全球五百大名列第 68。
2. 在 100 個國家設有分公司，產品行銷網遍及 150 個國家。
3. 全球員工人數超過 265,000 人，90% 以上的經理人員為在當地聘雇與訓練。

　　寶鹼公司與聯合利華公司皆為家庭日用品的國際化公司，已在台灣有本土化的子公司，重視知識管理之應用，從產品上市企劃、產品廣告、市場調查與研究及新產品發展專業等皆有進行知識管理之推動步驟，如外部及內部知識的獲取、知識流通、知識創造、知識累積及知識應用等兩公司重視的重點；二公司皆非常重視行銷及市調工作，因為消費者非常重視品質與服務，二公司皆以品牌經理中心來進行知識管理之編組。同時，兩公司在數位網路中心，以 e-business 為企業經營重點，並重視成本評估、生產速度及產品品質等經營觀念的建立。

F-3-1 推動知識管理動機與目的

　　目前企業對於知識管理的探討，多半停留在強調知識的重要性、善用知識可為公司創下高額之利潤等等。但是對於管理者而言，知識卻更是重要；因此，就算知識是無形的，也應該設法去管理它、保存它及利用它。

　　在消費產業中，最重要的知識無非是：消費者的習性和行為，以及行銷產品的知識。但是，消費者的偏好改變、銷售的技巧、廣告良窳的判斷，並不容易明明白白地以文字紀錄在書面上。因此，對於消費品產業的廠商來說，如何將真正有用的知識保存下來，進而加以利用，更是一項富有挑戰性的重要工作。

　　本實例在推動知識管理動機與主要目的有三：

1. 瞭解消費品產業中，領導廠商是如何作好知識管理的動作。同時也希望將優良的機制或制度，應用至其他產品。

2. 透過實務界的實作經驗，來驗證既有的知識管理理論是否有所偏差。同時欲瞭解寶鹼公司和聯合利華公司在知識管理上之差異性。

3. 藉由觀察企業界從事知識管理的實務作法，增長本身的實務經驗，以及加深對知識管理理論的體認。

一、知識管理部門

（一）寶鹼公司

　　產品上市企劃、產品廣告及市場研究等。品牌經理須具備某些知識：如產品特性的

專業知識、對市場趨勢的了解及對消費者習性的研究和認識，這些知識除了公司內部訓練課程及工作累積的經驗外，和公司內其他部門的合作互動，也是獲得知識的來源之一。

（二） 聯合利華公司

產品市場企劃、產品廣告、市場研究及新產品發展專案等。品牌經理須具備三種知識：產品特性的專業知識、對市場趨勢的了解及對消費者習性的研究跟認識。除了公司內部訓練課程及工作所累積的經驗外，和公司內部其他部門的合作互動也是獲得知識的來源之一。

F-3-2 導入知識管理計畫與策略

一、導入知識管理計畫的過程

表 F3-1　寶鹼公司與聯合利華公司在知識獲取、流通與創造之比較

	寶鹼公司		聯合利華公司	
	行銷企劃部	產品市調	既有產品的銷售	新產品開發
外部知識的取得	1.消費者 2.寶鹼公司國外子公司	1.各區域的技術顧問 2.其他國外子公司的 CMK 部門	1.消費者 2.聯合利華公司國外子公司 3.競爭對手	1.聯合利華國外子公司 2.競爭對手
外部知識流通的媒介	1.0800 消費者專線 2.人員觀察 3.電話、電子郵件等非正式溝通 4.品牌或品類區域會議 5.總公司年會 6.寶鹼 Intranet 7.透過主管的告知	1.人員輪調 2.電話與電子郵件等非正式溝通 3.全球消費者研究資料庫	1.0800 消費者專線 2.人員觀察：家庭拜訪等 3.電話、電子郵件等非正式溝通 4.品類區域會議 5.總公司制度：「廣告圖書館」	1.全球新產品發展資料庫 2.觀察競爭對手的行動 3.購買競爭對手的產品來加以研究分析

表 F3-1　寶鹼公司與聯合利華公司在知識獲取、流通與創造之比較 (續)

	寶鹼公司		聯合利華公司	
	行銷企劃部	產品市調	既有產品的銷售	新產品開發
內部知識的創造	1.品牌經理與各部門的個別互動 2.經營團隊會議	1.似乎尚未能為公司創造適用於台灣的市調技術 2.產品市調部門可基於其中立客觀的立場，為公司所進行的消費者調查，做出正確的判斷 3.把過去的研究報告更有效的利用	1.品牌經理與各部門的個別互動 2.品類會議	1.品牌經理與各部門的個別互動 2.新產品發展團隊 3.新產品發展會議

二、知識管理專案名稱與範圍

個人知識與組織知識轉換，就兩公司之差異性，說明如下：

表 F3-2　寶鹼公司與聯合利華公司在知識轉換上有下列之不同作法

	寶鹼公司	聯合利華公司
外部知識的取得	略	1.招募已有工作經驗的新進員工 2.向外挖角
外部知識流通的媒介	略	知識依附在人員身上，流入公司內部
內部知識的創造	基於過去既有知識基礎上，透過各部門間不斷地互動而激發出來	1.各部門因不斷地互動而激發新知識 2.由具有經驗的新進員工所帶來的知識，也與既有的組織知識產生互動
知識擴散	1.外顯知識：完整的訓練課程 2.內隱知識 　(1) 學習藉工作之體會與訓練 　(2) 工作及部門績效考核制度	1.外顯知識：透過訓練課程擴散至每位員工身上 2.內隱知識：類似「師徒制」的機制
知識蓄積	1.外顯知識：製成書面文件存檔 2.內隱知識：知識仍儲存員工身上	1.外顯知識：製成書面文件存檔 2.內隱知識：知識仍儲存在員工身上

三、導入知識管理的策略

表 F3-3　寶鹼公司與聯合利華公司導入知識管理之策略與作法比較

	寶鹼公司		聯合利華公司	
	行銷企劃部	產品市調	既有產品的銷售	新產品開發
知識離散	1.正式制度：經營團隊會議、區域網路 2.非正式溝通	1.正式制度：市調技術顧問 2.非正式溝通	1.正式制度：正式會議、每週的品類會議 2.非正式溝通	1.正式的制度：新產品發展團隊與新產品發展會議，以及各部門間固定的會議 2.非正式溝通
知識蓄積	1.書面文件的存檔 2.文件資料庫FACT BOOK 3.區域網路 4.寶鹼公司 Intranet	全球消費者行銷圖書館	1.書面文件存檔：如「Research Library」 2.「廣告圖書館」全球資料庫	全球新產品發展資料庫
適合組織知識管理的有利因素	1.樂於與人分享的組織氣候 2.完整的教育訓練制度 3.嚴謹的績效考核制度		1.給予員工高度的自主權 2.樂於與人分享的組織氣候 3.開放的用人政策	

四、知識管理專案發展歷程與變革管理工作

1. 變革並非侷限於知識層面，也應將作業流程納入變革範圍。員工在了解知識管理的概念後，就需要一個可以應用與實行知識管理的作業流程。許多的教育訓練課程雖提高了員工的知識，卻無聲顯現在作業效率上，原因即在於缺乏可實際應用的環境。

2. 公平地評量所有員工的績效，建立員工對知識管理的信賴感。

3. 設置知識經理或負責人（品牌經理），建構提供高加值知識的環境。不易使用的知識和過時的知識，對工作毫無幫助者，應加以排除。知識是發揮創造性的泉源，建構利於提供高加值知識的環境，是實踐知識管理不可或缺的要素。

F-3-3 知識管理執行方法、步驟與預期目標

一、執行方法（含編組）與步驟

如圖 F3-1 及 F3-2 所示，是以品牌經理為中心來進行知識管理之執行編組及步驟。

（一）寶鹼公司

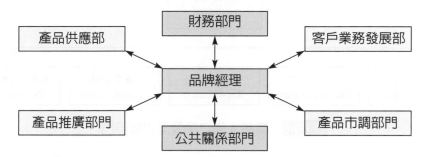

圖 F3-1 寶鹼公司品牌經理為中心之知識管理執行方法編組

（二）聯合利華公司

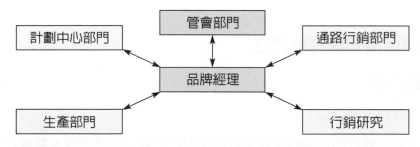

圖 F3-2 聯合利華公司品牌經理為中心之知識管理執行方法編組

二、預期目標

品牌經理是將所有產品的知識加以整合後，轉變為能夠創造利潤的競爭武器。

三、導入前的企業診斷

家用必需品得顧及消費者的習性和行為，以及行銷產品的知識。同時在消費者的偏好改變、銷售的技巧、廣告良窳的判斷，這些都需要有知識管理的推動來達到共享及解決問題的能力。

四、建立學習型組織

　　應用知識管理系統，鼓勵所有部門主動提供必要的知識，以品牌經理爲對象，實施變革促動調查並擬定溝通計畫，同時建立支援知識管理實踐的企業文化。寶鹼大學學習型組織如下圖所示，其包括大學本部（基礎課程）、專業學院、快速學習網、語言訓練及應用軟體訓練等。

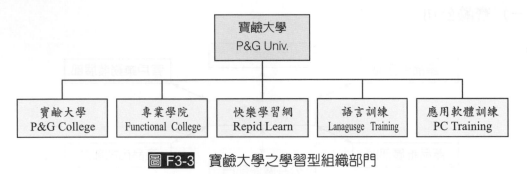

圖 F3-3　寶鹼大學之學習型組織部門

F-3-4　知識管理與競爭優勢

一、實體與虛擬知識社群建立

（一）寶鹼公司

　　由知識擴散的方面得知：

1. 正式制度：擔任顧問的市調經理就是擔任學習該技術的先遣部隊，然後再將該項技術的使用相關知識，傳授給其他的市調經理。對公司而言，這種作法會使知識擴散的速度更快，同時也使每位市調經理不用接受同樣的訓練。

2. 非正式溝通：員工彼此之間接觸的次數相當頻繁，所以常在聊天時提及工作的情況，並就個人遇到的問題，向同事請教；無形中促進了知識的擴散。

（二）聯合利華公司

1. 外顯知識：可透過公司的訓練擴散至每位員工身上。

2. 內隱知識：透過類似「師徒制」的機制，由上司帶領下屬共同完成工作的過程中，漸漸累積下屬在此一部分的能力。

二、企業智庫中心建立

（一） 寶鹼公司

利用總公司的全球消費者行銷圖書館是最重要的方式。透過這個跨國界的資料庫，各地的產品市調人員可以取得各國的研究報告，充份利用這些檔案的價值且能夠快速正確地取得所需的知識。

（二） 聯合利華公司

可文字化的知識均已製成書面文件存檔。但公司對檔案的格式及所需留存的檔案尚未有統一規定，不利於將來繼任者找尋所需的知識。

三、知識行銷與創造競爭優勢

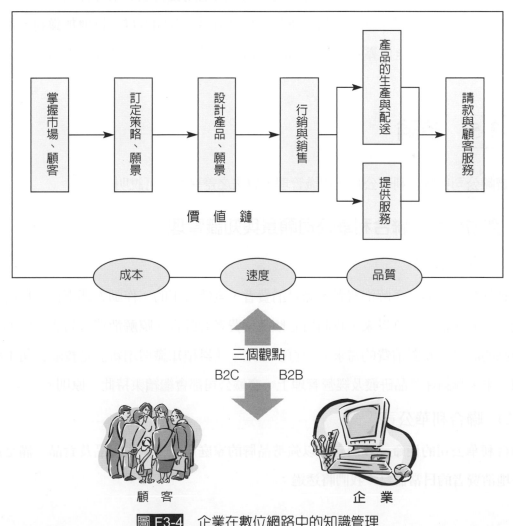

圖 F3-4　企業在數位網路中的知識管理

　　進行知識管理或 E-BUSINESS 意味著從根本地改變既存營運模式，而非僅止於將現有的營運模式或流程數位化、網路化而已。要成功的落實知識管理或 E-BUSINESS，需專注在本身的核心業務，並與外部的核心業務相結合以形成網路，儘早在新的價值鏈上建立競爭優勢。而且由此可知公司內外對知識的處理方式將會影響成本、速度、品質及與顧客間的良好關係。如圖 F3-4 所示，為企業在數位網路中的知識管理模式，唯有落實此管理模式，才能提升競爭力。

四、知識管理導入成效追蹤機制建立

　　透過知識管理，可以將職位的工作程序及員工工作經驗保存下來，讓後進員工在工作交接時，有效且快速的進入狀況，減少因為摸索而造成的空窗期。此外，無論是產品服務或管理制度，透過良好的知識管理更可以不斷地開發新產品來降低成本，及對知識的應用與有效使用行銷手法將產品重新包裝來吸引另一群顧客群，以增加獲利，雖然所有的成就不能說是完全依靠知識管理，但是知識管理卻是扮演了現代企業很重要的角色。

F-3-5　結論

　　寶鹼公司與聯合利華公司在知識管理上做法之差異性，可說明如下：

一、寶鹼公司與聯合利華公司願景與知識管理

（一）寶鹼公司

　　寶鹼公司致力於了解消費者，滿足消費者，全體員工的工作動力即來自於為消費者創造完美的生活。一直以來，我們用心傾聽消費者的聲音、瞭解消費者對生活的期望、對產品的評價以及對消費的需求。一百多年來，「累積知識與創新」是寶鹼公司不變的原則。未來無論在產品研發及經營管理上，寶鹼公司都會繼續秉持此一原則。

（二）聯合利華公司

1. 聯合利華公司的使命—我們立志以強勢品牌的家庭用品、個人用品及食品，滿足台灣各地消費者的日常需要，我們將透過：

(1) 運籌全球的資源在本土扎根及落實知識管理。

(2) 追求卓越績效。

(3) 以對消費者的透徹了解、創新的產品及吸引人的產品資訊，打動消費者，最終的目標是為消費者、顧客及股東創造卓越的效益。

2. 聯合利華公司的企業目標—扎根本土的跨國企業

(1) 聯合利華公司的目標在滿足世界各地人們的日常需求—洞察我們的消費者及顧客的期望。

(2) 以有創意且具競爭力的方式，提供優良的品牌產品及服務，提高人們的生活品質。

二、其他心得

　　強調顧客介面的知識管理部門，如：客戶服務中心等等。對消費品產業而言，掌握消費者知識就等於掌握利潤的來源，因此，來自顧客介面的知識，對消費品產業的回饋與創造的價值是最為直接。而且，在國內的消費者保護意識逐漸高漲，顧客介面的知識管理部門將有助於消費者對企業的信賴。

參考文獻

1. 許史金譯，知識管理推行實務，勤業管理顧問公司出版。

 問題討論

1. 試分析寶鹼公司與聯合利華公司導入知識管理策略的異同之處。

2. 分別說明寶鹼公司與聯合利華公司知識管理的執行方法。

3. 您認為寶鹼公司與聯合利華公司推動知識管理執行之優點為何？

其他服務產業

Chapter F-4

非營利組織典範機構

－財團法人伊甸社會福利基金會

　　二十年前，患有類風溼關節炎的已故輪椅作家－前任總統府國策顧問劉俠女士（杏林子），因著上帝的呼召及一顆愛身心障礙者的心，期望為他們創造一個屬於身心障礙朋友的「伊甸福利基金會」，於 1982 年 12 月 1 日時將這個夢想實現。

　　伊甸福利基金會的服務宗旨為服務弱勢，見證基督，推動雙福，領人歸主。而服務對象有：發展遲緩兒童、身心障礙青少年、成人、高齡長者、災民、原住民及國內外地雷受害者。

　　成功的非營利組織也要有良好的知識管理，才能長遠的經營及服務社會人群。基金會中的志工們是組織重要的主體，但因為其流動性大，無強力約束作用，因此非營利組織為迎合近代服務產業之提升，非常需要建立良好的知識管理架構，供熱心志工朋友們更能擁有具傳承性與完整活動的資料，讓基金會永續發展。

F-4-1 推動知識管理動機與目的

　　事實上，就非營利組織而言是比任何組織更需要管理，因為它們缺乏傳統的底線，即無所謂的工作標準，多半靠口述來交代工作及傳承使命，而口語傳承下，會因個人之理解力及聰穎力而有所誤差，將會使組織所要傳達的使命及作法標準不一致，而就長遠的眼光來看，並不是一個好現象，因為再好的熱忱與心意，若是方法不對或是標準不一致，將會使組織步向沒落一途。而隨著組織的日益擴大，組織的知識管理益愈形重要，為了要將使命及理念傳承下去，就必須做好知識管理，將所學所做的方法，以科學化的方式記錄下來。否則，縱然有再好的計畫及理想，到了後來若組織無法存續，當時創辦的豪情及幫助世人的理想也終將成幻影，也會失去原有的意義。

一、知識管理部門簡介

　　伊甸社會福利基金會和一般多數的非營利組織一樣，並無專職的部門在做知識管理，多半透過舉辦活動來教導社員知識。

　　民國 79 年 6 月，伊甸基金會有感於眾多的身心障礙者，雖然經過長期的電腦輸入職業訓練。但是因為環境的障礙，一時無法立即工作而閒置在家，日子一久，寶劍尚未出鞘，就生鏽了，為了要保持並增加實力，便創立了資訊事業部，且藉由此一部門的成立，除了開拓伊甸社會福利基金會的財源外，也群聚了一群具有電腦專業能力的殘障工作者，為伊甸福利基金會組織的知識管理，踏入第一步。

F-4-2　導入知識管理計畫與策略

一、導入知識管理計畫的過程

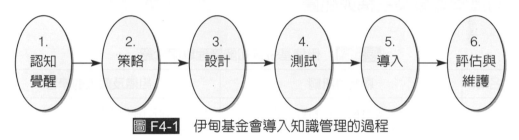

圖 F4-1　伊甸基金會導入知識管理的過程

1. 認知覺醒

　　首先要讓伊甸這個組織的成員都能了解知識管理的重要性及計畫實行的必要性，一旦了解有共識，實行起來也較為迅速。

2. 策略

　　先將預定目標及方向擬定出來，再考慮對組織有幫助的事項，經由過濾、分析、分類，以制定更容易活用的策略。

3. 設計

　　在設計之前，必須針對組織全體做完整的評估，進行設計時，首先要清楚地定義組織中需要獲得重要的知識有哪些？例如伊甸基金會要獲得的重要知識之一，就是可以利用資訊科技，以達到快速獲得內隱知識與外顯知識等資訊。再來就是透過既有的知識管理活動，以這些所獲得的成果為基礎，來規劃出應有的流程，並消除現在與未來之間的差異，擬定出設計的概要。

4. 原型開發與測試

設計之後，就可進行原型開發，在選定合適的流程、資訊科技、人和組織後，透過選定的試驗社群以測試知識管理的可行性。

5. 導入

在這一個步驟主要是使知識策略可以獲得實行。在實施策略時相信會遭遇到許多的困境，所以在策略與實際有相互不符時，要配合組織的實際情況來進行，持續改善其計畫。

6. 評估與維護

在導入知識管理後，必須進行檢討、改正及評估的動作，才可能不斷的進步。

二、知識管理專案名稱與範圍

表 F4-1　伊甸基金會知識管理專案介紹

專案名稱	聯合資訊網	組織及個人的學習
功　能	能將全省各個服務中心的資源進行整合	志工培訓及職訓就輔中心
範　圍	伊甸基金會內的資訊科技、建立通報系統、社會資源聯結及網站等	伊甸基金會的志工及需輔導的身心障礙者

三、導入知識管理的策略及執行方法

（一）　推動組織的學習

1. **建立伊甸基金會資料庫**：伊甸社會福利基金會是一個非營利的組織，而在組織中所使用的志工比例又很高，由於志工的流動率很大，所以可以建立伊甸基金會的資料庫，將組織中所獲得的資料、經驗皆存入於資料庫中，再進行分類編碼的工作，將資料完整地排序好，再透過電子檔將資料數位化，那就會更像是一座小型的圖書館了，組織成員在遇到困難或疑問時，就可以隨時查詢資料、分享資訊與新知，這樣就算人員不在組織中，所有的知識及經驗都還可以保留在組織中，以保障基金會在未來的營運。

2. **資訊科技**：資訊科技進步的速度，超過人類所能想像的空間，據估計，西元 2000 年以前，新知識每七年成長一倍，現有技能只能維持三到五年，就會遭到淘汰，如果想要

保持伊甸基金會本身的優勢及生存空間，就要推動終身學習性組織與運用現代資訊科技工具，所以必須建立起組織的知識管理系統與更完善的電子化作業。

3. 資料標準化：將伊甸基金會組織中的一些數據，像是捐款人姓名、募集資金款項、活動資訊及一些其他相關訊息等等，都加以儲存、標準化、建檔。或是製作工作職位說明書，先是將每個人所從事的工作、所需要負責的事項寫下來，都將它們列入文件檔案中，這一個動作對於未來的知識傳承，有很大的幫助，也就是如果有新人報到時，他們就能夠很快的了解這一項工作的性質，也可以很容易的投入服務的行列。

4. 施行教育訓練與多元化學習：

(1) 教育訓練：伊甸基金會的服務項目很多，從協助遲緩兒童的療育費用、為成年身心障礙者重建信心，到老人照顧服務等。由此可知，這個基金會主要是針對弱勢團體所提供多項服務。所以，必須針對基金會所提供的服務來增加本身的專業能力，例如：對延遲小孩、老人的照顧中，所應知道的一般知識與常識，而身心障礙者為了讓他們重建自信，必須常對他們進行心理輔導，所以一些口才、心理輔導的訓練並不可以少，另外也可以培養活動支援、教學輔佐的人才。活動支援人才可以協助照顧身心障礙者、活動內容的協助、海報製作等；教學輔佐人才則可以協助老師及社工員教學。也可以採取開班授課的方式，針對每一職務的不同，選擇所需開課的種類，進行專業性的培訓。

(2) 多元化學習：將伊甸基金會的直接服務單位社工員的部分工作規劃出來，經訓練後由社工員帶領義工從事直接服務。如：老人在宅、遲緩兒居家照顧等。或是舉辦觀摩學習活動，讓組織成員能夠在參觀其他基金會或其他的團體時，能夠吸取別人的優點，並加以學習，也可以藉由這樣的機會與其他團體相互交流，交換彼此的經驗。另外還有座談會、研討會、公聽會等，都是不錯的學習方式。

5. 知識分享：伊甸基金會的成員除了專業的團隊外，還有募集許多社會各階層的志工，對於這些志願的服務人員，基金會在募集時並沒有列出許多的限制條件，只要有服務熱忱及意願的人都可以參加。所以，進入基金會的成員年齡層分佈較廣，每位服務者的職業也涵蓋了各行各業，所以勿在這方面可以藉由極積舉辦活動的方式，例如舉辦茶會、旅遊活動，來交換成員間彼此的經驗，將彼此的意見相互交流等等，藉由這一種做法可以提昇個人的本身經驗，進而在服務他人時，能夠更加的進入狀況。

6. **建立學習型組織：**除了服務的熱忱外，願意加入非營利組織而成為志工者，大多存有希望能增加自己本身的社會歷練、增長自己的知識見聞、開擴視野及人際關係等，所以建立學習型組織，就可以讓組織擁有更多的吸引力，也可以提高組織的創造力。

（二） 推動個人的學習

1. **提倡閱讀風氣：**利用零碎的時間來吸收知識，在書中，我們可以挖掘出許多新的觀念及專業知識，不僅可以提昇本身的觀念及專業知識，而且還可以隨時把所學到的新技術，用在工作當中。

2. **工作職務的分配會影響學習能力：**如果每位志工或職工對於自己所分配的職務有所興趣時，他們的學習效果就會很高，所以必須針對每一位志工或職工的個人特性，分配適合的職務，這樣他們才能在工作中獲得學習。

3. **建立個人連繫網路：**可以藉由網路的連繫，能夠很快速地吸取新知，對於訊息的能夠快速傳遞及接收，以達到知識分享的目的。

4. **建立適合時宜的獎勵制度：**鼓勵人人不斷從事進修學習、創造知識、與人分享知識以及將知識運用於實務工作情境中。

四、知識管理專案發展歷程與變革管理工作

（一） 專案發展歷程

步驟一：分析目前的基礎架構
步驟二：結合知識管理與組織策略
→ 第一階段：**基礎架構評估**

步驟三：規劃知識管理基礎架構
步驟四：分析現有的知識資產的系統
步驟五：安排知識管理團隊
步驟六：繪製知識管理系統藍圖
→ 第二階段：**知識管理系統分析、規劃與發展**

步驟七：發展知識管理系統
步驟八：展開行動，運用以結果為導向的方法
步驟九：改變管理、文化與獎勵制度
→ 第三階段：**系統發展**

步驟十：績效評鑑及精進知識管理 ← 第四階段：**評鑑**

1. 在第一階段中，首先要分析伊甸基金會目前的基礎架構，並結合知識管理與組織策略，然後才能將知識管理策略、系統與組織及目標相連結。

2. 在第二階段中，步驟三：分析完已存在的基礎架構後，就可以進行規劃基礎架構，在伊甸基金會所規劃好的策略中，將資訊科技建立於架構中，步驟四：需在現有的知識資產與系統中尋找組織中知識資產有哪些不足的地方或是最為薄弱之處。步驟五：可以安排知識管理團隊加以規劃、建立、完成及部署組織的知識管理系統。這個團隊的成員安排，必須在技術與管理的人力需求之間取得均衡。步驟六：組織為永保競爭力，必須有效率的創造、儲存以及分享組織本身的知識，並且將知識創新的問題及機會緊密結合。知識管理系統藍圖的繪製，可提供完善計畫以有效建立並促進組織的知識管理系統。步驟七：將知識管理系統藍圖在組織中實踐。

3. 在第三階段中，步驟九：一個成功的知識管理除了建立在科技上外，還需涉及技術層面，改變組織文化、檢討獎勵制度等，這些都是會影響知識管理是否得以在組織中成功運作的最重要步驟。

4. 在第四階段中，步驟十：在此一步驟中，必須評估知識管理投資的成本效益及其對組織所發生的影響。評估與評鑑工作，可以明確掌握組織可供實施知識管理的資源究竟有多少以及如何改善知識管理的運作。

（二） 變革管理工作重點

1. **尋找專案的負責人**：從專案的評估、設計至執行，需要有專門的負責人員，負責督導。

2. **人員的配合度**：要讓組織內的人員，不論是職工、志工或是身心障礙工作者，對於在這樣的變革的過程中，了解自己所擔負的任務和權限所在。有些成員可能會對於變化或是變革會產生抗拒，如何明訂任務和權限，便能提高全體的配合意願。另外，還要透過溝通協調的方式，讓所有的人員都能充分了解專案的目標，並達成共識，以減少抗拒與衝突。

3. **資訊科技**：對於各個服務中心如果都設有伺服器來提供服務，則可以讓各中心的使用者可以容易地使用資料庫。當然，這需要專門的資訊人才，負責推動網路的建構、軟體版本管理。亦可以用招募的方式延攬人才或採取籌措資金的方式，向外購買軟硬體設備。

4. **提升能力**：可以藉由一系列的活動，來增加成員的能力，例如舉辦使用者教育訓練或研討會等。這樣可以提升對於使用知識管理系統的應用能力、製作系統手冊及工作手冊的能力，以方便人員在執行策略時，可以減少障礙。

5. **循序漸近的執行**：知識的累積需要長期性的耕耘，不可操之過急，循序漸近一步一腳印的加以落實，才會顯現出成效。所以對於知識管理需先挑選既定目標的一小塊區域先實行，進而推廣至全伊甸基金會的組織。

F-4-3 知識管理之預期目標與建立學習型組織

一、預期目標

1. **增加組織整體知識的存量與價值**：組織內的知識是由長時間累積而來，所以首先以伊甸基金會內的每一位成員開始做起，由個人的進修、閱讀來累積常識與新知，再透過知識的分享來吸取別人的經驗，慢慢地，每一位成員的知識存量與價值都能夠累積轉換成組織的整體知識，這是組織未來的方向。

2. **促進組織內部的知識流通，提升獲取知識的效率**：透過組織內部知識的快速流通，可以減少查詢的時間，這樣可以提升獲取知識的效率，以達到加速服務的目的。

3. **身心障礙者求才求職免煩惱**：伊甸基金會最主要的使命就是幫助弱勢團體，尤其是希望能夠協助身心障礙者都能在這個社會中自給自足，藉由自己的力量來生存，所以組織的預期目標就是希望能夠提供給他們釣魚的工具（專業知識或技能）而不是只有提供魚（金錢）。

4. **提升志工服務品質及使命感**：利用知識分享與教育訓練可以提升個人的經驗及知識，這樣不但可以強化志工的能力，進而提升志工服務的品質，也可以增加個人對於服務的使命感。

二、導入前的企業診斷

1. **人才招募及個人化知識傳承**：檢查在從事各項事務是否有作成記錄，基金會志工的流動性很大，所以必須將各項事務作成記錄以便讓下一個接手的人能有跡可循，才不會

產生服務斷層的現象。

2. **相互關係，成員配合意願：**「人」是組織的主要構成份子，在推行知識管理時，最多問題也都發生在「人」 的因素上，例如：知識往往代表某種權力和優勢，成員常不願意分享他所獲得的工作經驗。這時鼓勵、提供誘因將是一件非常重要的事。

3. **資料庫的建立的安全性：**蒐集資料、知識創作 / 整理 / 建檔……，動員所有成員上上下下整理出來的知識精華。若是安全把關不當，讓有心人士輕易竊走知識（尤其是身心障礙者的資料隨意流出，將造成莫大的傷害），那就得不償失了，但安全把關太緊，又喪失知識管理的好處。其中拿捏，要有得當分寸。

三、建立學習型組織

首先要改變組織文化，使得成員習慣於分享彼此的知識，這可以分為兩方面來談：

1. **激勵成員，使他們願意分享知識：**提供適當的制度、誘因，或是宣導知識管理可以帶來的好處。主要的目的在「誘之以利」。

2. **建立分享的環境，讓知識可以流通：**例如網路架構、發言的區域、清楚易懂的知識分類等，這常須要配合一些資訊技術的應用，市面上有各種各樣的知識管理工具可以選擇，它們並沒有所謂「最好的」工具，而只有「最適合組織」的工具。便利而適合員工分享的環境，有助於提升工作效率、降低陣痛期。

F-4-4 知識管理與競爭優勢

一、實體與虛擬知識社群的建立

組織提供一個適當的平台提供社群溝通及聯繫是很重要的，在這裡社群的成員們可直接利用與其他成員進行即時或非即時的人際互動。這是形成認同意識的主要功能。如果成員不能利用直接的互動功能也可利用這些功能與自身相關的社會線索給其他成員，這是強化社群的認同意識。還可以提供給其他非社員的瀏覽者使用。

虛擬社群為一群主要藉由電腦網路彼此溝通的人，不同地域的人在開放的環境中，進行網路訊息傳遞能力，彼此有某種程度的認識、分享某種程度的知識和資訊，使用者

透過網路連結形成一個社會網路。實體社群為一群有各種依不同理念彼此相互交流、分享的人們。依類型區分例如：地域社群－有共同地區性的、主題性社群－有共同興趣或嗜好、功能型社群－因功能需求不同而產生的社群等等。藉由社群的活動使人際關係在此達到互動、溝通及經驗的分享。實體上的接觸可以使成員間的關係更親切，團體的討論更活絡也更立即。

二、企業智庫中心建立

建立知識的文件管理中心，可使既有的資源或知識等可做有效率的編碼、儲存及分享，隨後建立公益資訊中心網站，進行資料的數位化，進一步將資訊擴散，最後目標則在於透過非營利組織發展中心的建置，將務實的經驗與知識加以累積、擴散與流通，形成資源網路而達成知識分享的目的。並且可以成立專業人員的小組，專門負責中心的管理及問題詢問的諮詢處；可使得書面的文件資料被完整妥善的儲存外還有專業的人員為你做解答形成一個互動式的專業部門。對於知識管理做到了儲存、管理、擷取與分享的最終目的。

三、知識行銷與創造競爭優勢

非營利組織行銷的概念雖然與企業無甚大差異，但非營利的行銷具有某些特性為企業行銷所無者，包括：

1. **多重群眾**：企業組織的消費者單一化，行銷努力僅須聚焦於組織的消費者；非營利組織卻同時擁有多重群眾；非營利組織有四種類型的群眾：一是提供資源的群眾，例如捐贈者與補助者；二是輸送貨物或服務的媒介群眾，例如其他機構與促進者；三是轉化資源成為有效貨物或服務的內在群眾，例如工作人員、志願工作者；四是經由貨物或服務的提供而得到滿意度的消費群眾。資源提供者供應組織營運所需的資源，而服務使用者則從機構所提供的服務中受益，這兩組群眾是機構達成使命與目標的關鍵因素。

2. **多重目標**：企業組織通常以追求利潤為單一目標，然非營利組織因面對多元群眾，所以具有多重目標。但彼此間有時是並非完全一致，常會引發衝突，故難以制訂一能完全滿足多重目標之策略。因此，非營利組織應藉由協商，以促進目標優先順序之共識，確認可被接受的組織共同目標。

3. **產品是無形服務**：非營利組織之產品為服務，非一般企業之實體產品。而服務具有無

形性、不可儲存性、可消滅性等特性，故品質難以控制。

4. **群眾監督**：非營利組織常提供社會服務給予社會大眾，以彌補政府功能之不足，因而可獲得政府的補助或給予免稅待遇，因此其舉辦之活動受到政府、新聞媒體及一般群眾的監督。同時，由於非營利組織其獨特的特性，使得其在進行行銷活動時較一般企業來得複雜與困難。另外非營利組織有二種特質，說明如下：

第一：掌握住非營利組織的特質，不僅可以在追求資源時不致迷失，同時，在面臨企業或其他團體的競爭壓力時，亦是賴以維持優勢的利器。一般的競爭優勢源自企業為客戶所創造的價值，對於非營利組織而言，主要的價值目標不是利潤，而應該是『提升生命價值』。

第二：目前非營利組織除了積極採取新的募款方式外，最多的考量是嘗試營利的活動，透過本身組織的特性，從事賺取利潤的商業交易行為，再將獲得的利潤回歸組織來運作，如此的作為在臺灣地區一般稱為非營利組織的產業化，也就是說，非營利組織可以發展自己的產業，做為賺錢的途徑。伊甸基金會目前積極發展由身心障礙者自製的工藝品對外銷售以增加資金，開拓財源。

四、知識導入成效追蹤機制建立

1. **運用資訊科技以提升服務的效率與效果**：此項目標在顧客的構面係指提升服務顧客價值、學習與成長構面是「資訊科技之運用」以及「透過教育訓練使員工增加生產力」、內部流程構面則是「簡化服務流程」以及「流程改造」等目標。

2. **服務經驗的延伸**：係指將服務經驗文件化，透過知識分享複製到其他地區，然而知識分享最佳管道即是透過網際網路、資料庫的方式加以分享，此一策略目標轉化為內部流程的知識管理。

　　要達到上述成效需要做幾項衡量指標：

　　(1)運用資料庫提供案主服務的比率。

　　(2)「知識分享」資料庫的使用程度。

　　(3)內部流程與政府評鑑指標的連結程度。

　　(4)從接案到提供服務的時間長短。

　　(5)提供給案主的服務流程標準化程度。

　　(6)將員工意見轉化為改善內部流程方案的次數。

F-4-5 結論

　　對於如何將所蒐集的資訊、知識或經驗保留於組織中，這是十分重要的課題，以及如何才能提升職工、志工或身心障礙者本身的能力，這些都是規劃策略的重點，所以有了策略目標，即可進行執行的動作，將計畫變成事實而加以落實。

　　非營利組織在台灣正逢轉型期，從單純的慈善施予演進到相互競爭與重視市場階段，組織的蓬勃發展至今已必須面對自謀生路的問題，因此必須更重視自身組織的健全，除了再一次的回歸檢視組織設立時的「使命」，同時更著重加強工作人員及經理人員的專業化，全力謀求本身事業的永續經營。台灣地區非營利組織部門的發展大從政府的法規與管理問題須再討論；而各個非營利組織亦必須先從組織的使命、定位著手再透過專業人才的培養，才能對服務的對象負責擔負起公益的使命。

參考文獻

1. 伊甸社會福利基金會網站資料。
2. 劉京偉譯，知識管理的第一本書，商周出版，2001 年 9 月。

 問題討論

1. 伊甸社會福利基金會之知識管理策略為何？

2. 您認為非營利組織—伊甸社會福利基金會知識管理之執行優點為何？

3. 伊甸社會福利基金會知識管理之作法對我的啟示為何？

Chapter G
參考文獻

參考文獻

一、中文部分

1. 文林譯（民 82）：建立團隊－－合作就是力量。台北：麥田。

2. 王秋錳（民 93）：臺北市高級職業學校教師資訊科技融入教學創新行為與影響因素之研究。國立台北科技大學技職教育所碩士論文。

3. 王勝宏（民 81）：企業技術管理活動之研究─組織學習觀點。輔仁大學管理學研究所碩士論文。

4. 朱有鈺（民 91）：台北縣國民中學教師團隊學習 SWOT 分析研究。台灣師範大學社會教育研究所碩士論文。

5. 何明勇（民 92）：知識創造，知識資產，與資訊科技的整合模式。國立高雄第一科技大學資訊管理所碩士論文。

6. 余朝權（民 80）：現代行銷管理。台北：五南。

7. 吳明崇（民 91）：教學創新的影響因素。中等教育，53(4)，32-35。

8. 吳明清（民 87）：教學活動設計的基本規準，於中華民國教材研究發展學會八十七年度獻禮之專題講座。台灣：台北市。

9. 吳秉恩（民 75）：組織行為學。台北：華泰書局。

10. 吳思華（民 90）：知識經濟、知識資本與知識管理。台灣產業研究，4。

11. 吳清山（民 91）：創意教學的重要理念與實施策略。臺灣教育，614，2-8。

12. 吳清山、林天佑（民 86）：教育名詞－學習型組織，教育資料與研究。

13. 呂瑞香（民 91）：變革之舞 / 團隊學習在 Klapay 國小的實踐與省思。新竹師範學院學校行政研究所碩士論文。

14. 巫茂熾（民 91）：區域創新系統觀點下中台灣精密機械產業創新之研究。東海大學工業工程學系碩士論文。

15. 沈淑蓉（民 88）：廣告設計科學生創造力及其相關因素之研究。臺灣師範大學工業教育研究所碩士論文。

16. 汪素如（民 91）：組織知識創造之整體性評估：資料資源管理、組織學習機制與組織情境。高雄第一科技大學資訊管理所碩士論文。

17. 阮至永（民 93）：資料資源管理與組織學習機制的整體性架構影響組織知識創造 SECI 模式之研究。高雄第一科技大學資訊管理所碩士論文。

18. 周惠卿（民 89）：創造力攸關之內外在環境特質與創造力投資策略之關係 - 學童與廠商跨領域之比較研究。中央大學企業管理研究所碩士論文。

19. 林文寶（民 90）：技術知識整合、知識能量與組織學習對核心競爭力及創新績效關聯性之研究。成功大學企業管理研究所博士論文。

20. 林生傳（民 79）：創新教學模式之介紹。教育部國教司主辦「國民中學常態編班下之有效教學研討會」，國立高雄師範大學。

21. 林奕民（民 91）：臺北市中小學教師兼行政人員專業倫理之研究。臺灣師範大學教育研究所碩士論文。

22. 林珈夙（民86）：校長領導風格、教師創意生活經驗、教學創新行為與學校效能之關係。政治大學教育研究所碩士論文。

23. 林財丁、林瑞發譯，Stephen P . Robbins 著（民91）：組織行為。台北：滄海書局。

24. 林偉文（民91）：國民中小學學校組織文化、教師創意教學潛能與創意教學之關係。政治大學教育研究所博士論文。

25. 林新發（民87）：班級行政管理的內涵。載於黃政傑、李隆盛主編：班級經營－理念與策略。台北：師大書苑。

26. 俞國良（民85）：創造力心理學。浙江人民出版社。

27. 施鴻志、解鴻年（民82）：科技產業環境規劃與區域發展。台北：胡氏圖書。

28. 胡夢鯨、張世平（民77）：行動研究。載於教育研究法的探討與應用，103-139。

29. 倪士峰（民90）：國民小學團隊學習之個案研究－以花師實小為例。花蓮師院國民教育研究所碩士論文。

30. 夏林清、中華民國基層教師協會譯（民86）。行動研究方法導論－教師動手做研究。台北：遠流，9-10。

31. 孫嘉琪（民93）：組織學習、組織創新與企業核心競爭優勢關係之研究－以台灣發光二極體產業為例。南華大學管理科學研究所碩士論文。

32. 張玉成（民77）：開發腦中金礦的教學策略。台北：心理。

33. 張吉成（民90）：科技產業知識創新模式建構之研究。臺灣師範大學工業教育研究所博士論文。

34. 張盈盈（2000），台灣中小企業技術取得模式之研究。傳大學國際企業研究所。

35. 許士軍（民90）：為你讀管理好書。台北：天下文化。

36. 許文光（民91）：創新教學的基本信念。中等教育，53(4)，28-31。

37. 陳弘（民92）：企業管理100重要觀念管理概論篇。鼎茂圖書。

38. 陳淑娟（民90）環境不確定下，經營策略、人力資源彈性策略之探討－以高科技公司為例。中山大學國際高階經營管理碩士論文。

39. 陳淑惠譯（民85）：她只是個孩子。台北：新苗文化。

40. 陳惠邦（民87）：教育行動研究。台北：師大書苑。

41. 陳龍安 (民84）：創造思考教學。台北市：心理。

42. 森谷正規（民74）：日本的技術，上海：翻譯出版公司。

43. 湯誌龍（民88）：高工機械科學生專業創造力及其相關因素之研究。臺灣師範大學工業教育研究所碩士論文。

44. 賀雲俠（民77）：組織管理心理學。江蘇省：江蘇人民出版社，380-382。

45. 黃仁祈（民92）：企業文化、組織學習、組織創新與企業核心能力間之關係研究。成功大學高階管理碩士在職專班論文。

46. 黃清海（民87）：國民小學建立學習型組織策略之研究。臺北師範學院國民教育研究所碩士論文。

47. 楊國安等合著、劉復苓譯（民90）：組織學習能力。聯經。

48. 葉玉珠、吳靜吉、鄭英耀（民 89）：影響創意發展的個人特質、家庭及學校因素量表之發展。政治大學《創新與創造力－技術創造力的涵意與開發研討會論文集》。

49. 葉連祺、林淑萍（民 92）：SWOT 分析在國內中小學行政決策應用之檢討及改進。輯於中華民國學校行政研究學會（編），學校行政論壇第十一次研討會論文集。臺北：中華民國學校行政研究學會。

50. 董奇（民 84）：兒童創造力發展心理。台北市：五南。

51. 賈馥茗（民 68）：教育概論。臺北：五南。

52. 甄曉蘭（民 84）：合作行動研究－進行教育研究的另一種方式。嘉義師範學院學報，1995（9），297-318。

53. 劉孟俊（民 90）：美國產學合作體系改革與影響。經濟前瞻，106-110。

54. 劉碧琴（民 87）：個人創越、企業文化對組織創新的影響。中央大學人力資源管理研究所碩士論文。

55. 歐陽教（民 75）：教學的觀念分析，載於中國教育學會主編：有效教學研究。臺北：臺灣書店。

56. 蔡明達（民 89）：市場資訊處理程序與組織記憶對行銷創新影響之研究。政治大學企業管理研究所博士論文。

57. 蔡啓通（民 86）：組織因素、組織成員整體創造性與組織創新之關係。台灣大學商學研究所博士論文。

58. 蔡進雄（民 86）：學校組織衝突管理之探討。中等教育，48（5），13-20。

59. 盧偉斯（民 85）：組織學習的理論性探究，國立政治大學公共行政學系博士學位論文。

60. 賴士葆（民 79）：「科策技略與新產品發展績效相關之研究」。科技管理論文集，大業文教基金會。

61. 賴士葆（民 85）：國際技術引進模式之探討。國科會專題計畫成果報告。

62. 鍾聖校（民 79）：認知心理學。台北：心理。

63. 韓志翔、陳瑞麟譯（民 91）：企業概論－企業的新境界。東華書局。

64. 蘇獻煌（民 92）：政府產業與科技政策對廠商從事研發創新之重要性分析。成功大學高階管理碩士在職專班論文。

65. 饒瑞霖（民 89）：個人內在動機、創造力競爭環境與創造力工作環境之關係－學童與廠商跨領域之比較。中央大學企研所碩士論文。

二、英文部分

1. Aberthy, W. J. and Kim B. Clark, 1985, "Innovation：Mapping the winds of creative destruction," Research Policy, Vol.14, pp. 40-47.

2. Afuah, A., 1998, Innovation Management：Strategies, Implementation, and Profits, NY: Oxford University Press.

3. Amabile, T. M., 1983. The social psychology of creativity. New York: Springer-Verlag.

4. Amabile, T. M. ,1998, 'Motivating creativity in organizations: On doing what you love and loving what you do', California Management Review, 40(1): 39-58.

5. Baird, J.R., Fensham, P.J., Gunston, R.F., & White, R.T.,1991. The importance of reflection in improving science teaching and learning. Journal of research in science teaching, 28(2), 163-182.

6. Baranson, J.1970,“Technology Transfer Through the International Firm”, American Economic Association, Vol.60, pp.435-440. 5.

7. Bennett, C.K.1993. Teacher-researchers: All dressed up and no place to go? Educational leadership, 51(2), 69-70.

8. Betz, F.1998,“Managing Technological Innovation”, New York: John Wiley and Sons Inc.

9. Blau, PM and Scott, WR 1962. Formal Organizations. San Francisco: Chandler.

10. Blau, JR, & McKinley, W. 1979. Ideas, complexity, and innovation.

11. AdministrativeScience Quarterly, 24: 200-219.

12. Burgess, GH 1989. Industrial organization. Englewood Cliffs, NJ: Prentice-Hall.

13. Burbules, N.C. 1993. Dialoguein Tgaching-Theory and Pracfice. N.Y. Teachers College, Columbia University.

14. Bryant, I. 1996. Action research and reflective practice. In D. Scott & R. Usher (Eds.), Understanding educational research (pp.106-119). London: Routledge.

15. Christensen, CM, 1997, The Innovator’s Dilemma, The President and Fellow of Harvard College.

16. Clark & Wheelwright, 1993, Managing new product and process development, New York.

17. Clark, J. & Guy, K. 1998. Innovation and competitiveness: A review.

18. Technology Analysis & Strategic Management, 10(3) :363-395.

19. Clayton,1997,“Material Technology Corporation”, Harvard Business School.

20. Damanpour, F.1991. Organizational innovation: A meta-analysis of effects of determinants and moderators. Academy of management journal, 34(3), 555-590.

21. Davenport, TH, De Long, DW, & Beers, MC (1998).“Successful Knowledge Management Projects”, Sloan Management Review, pp.43- 57.

22. Dewar, RD and JE Dutton,1986,“The Adoption of Radical and Incremental Innovations: An Empirical Analysis”, Management Science, Vol.32, pp.1422-1433.

23. Dodgeson, M.1993,“Organizational Learning: A Review of Some Literature”, Organization Studies, Vol.14, No.3, pp.375-394.

24. Drucker, Peter F, 1993,“Post-Capitalist Society”, NY: Harper Business.

25. Earl, M.J. & Scott, I.A., 1999,“What Is a Chief Knowledge Office?”, Sloan Management Review, Winter , pp.29-37.

26. Frankel, EG 1990. Management of Technological Change. New York: Kluwer.

27. Edmondson, K. M. 1999. Assessing Science understanding through Concept Maps, In J. D., Mintzes, J. H.

28. Elliot, J. 1991. Action research for educational change. Milton Keynes, UK: Open

29. Fulmer, R.M., 1994, A Model for Changing the Way Organizations

30. Fuller, Roger and Alison Petch, 1995. Practitioner Research. Buckingham, UK: Open University Press.

31. Gall, J. P., Gall, M. D., & Borg, W. R., 1999. Applying educational research: A practical guide (4th ed.). New York, NY: Longman.

32. Gattiker, UE ,1990. Technology management in organization. Sage: CA.

33. Greenfield, T.B., and Ribbins, Peter. 1993. Greenfield on Educational Administration. London: Routledge. PP.99.

34. Guilford, J. P. 1977. Way beyond the IQ. Buffalo, New York: Creative Education Foundation, Inc.

35. Garvin, D.A., 1993, Building a Learning Organization, Harvard Business Review, Jul-Aug, PP.78-91.

36. Henderson, R. M. & Clark, K. M. 1990. Architectural innovation: The reconfiguration of existing product technologies and the failure of established firms. Administrative Sciences Quarterly, 35, 9-30.

37. Holt, 1983. Singh, JP The Indian Woman: Myth and Reality.

38. Holt, Kunt, 1988.Product Innovation Management, London Butterworth.

39. Huber, G.P. 1991. Organizational Learing：the Contruibuting Processes and the Literatures, Organization Science, 2(1)：88-115.

40. Hurley, Robert F. and Hult,G. Tomas M.，"Innovation, Market Orientation, and Organizational Learing: An Integration and Empirical Examination"，Journal of Marketing,Vol.62, (1998), pp.42-54.

41. Kazanjian, RK and Drazin. 1990. "A Stage -Contingent Model of Design and.Growth For Technology Based New Ventures"，Journal of Business Venturing,. Vol.5, PP.137-150.

42. Kincheloe, J. 1995. Meet me behind thr curtain: The struggle for a critical postmodern action research. In P. L. McLaren & J. M. Giarelli (Eds.), Critical theory and educational research (pp.71-89). Albany, NY: State University of New York press.

43. Knight, KE, 1967, A Descriptive Model of the Intra-Firm Innovation Process, Journal of Business, Vol.4, pp.478-496.

44. Leonard, D., Sensiper, S., 1998, "The role of tacit knowledge in group innovation"，California Management Review, Vol. 40, No. 3, pp.112-132.

45. Levitt, Barbara and James G. March, 1988, "Organizational Learning"，Annual Review of Sociology, 14, pp.319-340.

46. Lumpkin, G.T.and Dess, Gregory,1996, "Clarifying the Entrepreneurial Orienationa Construct and Linking It to Performance"，Academy of Management Review, Vol. 21, Iss. 1, pp.135-172.

47. Marquardt, M. J. & Reynolds, A., 1994. The Global Learning Organization, IRWIN.

48. Mosrrow, RA & CA Torres, 1995. Social theory and education: A critique of theories of social and cultural reproduction. New York: SUNY.

49. Morgan, G. 1986. (1st Ed.). Images of Organization. Newbury Park, C. A.: Sage Publications Ltd..

50. Myers, S. and Marquis, DG, 1969, Successful industrial innovations.

51. Nonaka, I, and Takeuchi, H., 1995, The Knowledge-Creating Company, Oxford University, New York

52. OECD, 1992, Oslo Manual, Paris.

53. OECD, 1993, Frascati Manual, Paris.

54. Park, Peter, 1992. The discovery of participatory research as a new scientific paradigm: personal and intellectual accounts. The American Sociologist/Winter:29-42.

55. Peter F. Drucker, 1986. Innovation and Entreprenership - Practice and Principles, NY: Harper Business.

56. Purser, R. E., and Pasmore, W. A., 1992. "Organizing for learning". In Pasmore, William A., and Woodman, Richard W. (ed) Research in Organizational Change and Development, London: JAI Press Inc, pp.37-114.

57. Quick, TL ,1992. Successful Team Building. New York: American Management.

58. Robock, Stefan and Kenneth Simonds 1983, International business and Multinational Enterprises.

59. Robbins, S. P., 1996, Organizational behavior, Englewood cliffs, New Jersey Prentice-Hall International Inc.

60. Rothwell, R. and S. Zegveld 1981, Industrial Innovationand Public Policy, London: Frances Pinter.

61. Rogers, E. M., 1995. Diffusion of Innovations, 4th ed., New York.

62. Santikarn, M., 1981, Technology transfer - A Case Study: Singapore, Singapore University Press, 1981, PP.4-5

63. Schneider, B., Gunnarson, SK, & Niles-Jolly, K. 1994. Creating the climate and culture of success.

64. Schumpeter, JA, 1934, The Theory of Economic Development, Harvard, MA. 19.

65. Schumpeter, JA, 1950, Capitalism, Socialism and Democracy, 3d ed. Harper, NY.

66. Schumpeter, JA, 1954, Capitalism, Socialism and democracy, New York: Harpar and Row.

67. Schon, DA, 1967, Technology and change, New York: Delacorte Press.

68. Scott Lash and John Urry, 1994, Economies of Signs and Space.

69. Senge, P. 1990. The fifth discipline: The art and practice of learning organization. New York: Doubleaday Company.

70. Senge, P. 1994. The fifth discipline: the art and practice of the learning organization. New York: Doubleday.

71. Shrivastava, P., 1983. A Typology of Organizational Learning Systems.

72. The Journal of Management Science, 20(1): pp.7-28.

73. Sinkula, JM, 1994, "Market Information Processing and Organizational. Learning", Journal of Marketing, Vol.58(1), pp.35-45.

74. Stata, Ray, 1989. Organizational Learning–The Key to Management Innovation. Sloan Management Review, Spring: pp.63-74.

75. Stenhouse, L. 1993. Action research in Education. In M. Hammersley (Ed.), Controversies in classroom research (pp. 222-234). Buckingham: Open University press.

76. Sternberg, R. J., & Lubart, T. I. 1991. An investment theory of creativity and its development. Human Development, 34, 1-31.

77. Stringer, E. T. 1996. Action research: A Handbook for practitioners. Thousand Oaks, CA: Sage Publications, Inc.

78. Shonk, JH ,1982. Working in Teams: A Practical Manual For Improving Work Groups, New York: AMACOM.

79. Souder, W. E.1988, "Managing Relations Between R&D and Marketing in New Product Development Projects", Journal of Product Innovation Management, 5(1), pp.6-19.

80. Tayplor, P.C.S.1993. Collaborating to reconstruct teaching: The influence of research beliefs. In K. Tobin (Ed.), The practice of Constructivism in science education. Washinton, D.C.: AAAS.

81. Torrance, EP, 1974. Torrance tests of creative thinking: Directions manual and sorting guide (Figural test, Form B). Princeton, NJ: Personnel Press.

82. Thamhain, HJ, 1992. Developing the Skills You Need. Research Technology Management, 35(2), 42-49.

83. Tushman, ML & DANadler. 1986. Organizing for innovation, California ManagementReview, 28(3) :74-92.

84. Utterback, 1994, "Differences in Innovation for Assembled and Nonassembled Products", Mastering The Dynamics of Innovation, Harvard Business School Press, pp.123-145.

85. United Nations Industrial Development Organization (UNIDO), 1973, Guidelines for the Acquisition of Foreign Technology in Developing Countries, with Special Reference to Technology Licensing Agreement, United Nations Publication, ID/78.

86. Watkins, K. E. & Marsick, V. J.1993, Sculpting the learning organization: lessons in the art and science of systemic change<SU0>. San Francisco: Jossey Bass.

87. Whyte, Martin K. 1991 "The Study of Mainland China: Sociological Research and the Minimal Data Problem", Contemporary China,Vol.1,No.6 .

88. William M. Evan,1984, "Organizational Innovation and Performance：The Problem of 'Organizational Lag'", Administrative Science Quarterly, September,pp.392-409.

89. Wolfe, RA 1994. Organizational innovation: review, critique and suggested research directions. Journal of Management Studies, 31(3): 405-430.

90. Zaltman, G. & R. Duncan and J. Holbek 1973. Innovations and organizations, NY: John wiely & Sons.

（請由此線剪下）

歡迎加入 全華會員

● 會員獨享

會員享購書折扣、紅利積點、生日禮金、不定期優惠活動…等。

● 如何加入會員

掃 QRcode 或填妥讀者回函卡直接傳真 (02) 2262-0900 或寄回，將由專人協助登入會員資料，待收到 E-MAIL 通知後即可成為會員。

如何購買 全華書籍

1. 網路購書

全華網路書店「http://www.opentech.com.tw」，加入會員購書更便利，並享有紅利積點回饋等各式優惠。

2. 實體門市

歡迎至全華門市（新北市土城區忠義路21號）或各大書局選購。

3. 來電訂購

(1) 訂購專線：(02) 2262-5666 轉 321-324
(2) 傳真專線：(02) 6637-3696
(3) 郵局劃撥（帳號：0100836-1　戶名：全華圖書股份有限公司）
※ 購書未滿 990 元者，酌收運費 80 元。

OpenTech.com.tw 全華網路書店

全華網路書店 www.opentech.com.tw
E-mail: service@chwa.com.tw

※ 本會員制如有變更則以最新修訂制度為準，造成不便敬請見諒。

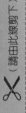

讀者回函卡

掃 QRcode 線上填寫 ▶▶▶

姓名：
電話：(　)　　　　　　手機：
生日：西元　　　　年　　　月　　　日　　性別：□男 □女
e-mail：(必填)
通訊處：□□□□□

註：數字零，請用 Ø 表示，數字 1 與英文 L 請另註明並書寫端正，謝謝。

學歷：□高中・職　□專科　□大學　□碩士　□博士
職業：□工程師　□教師　□學生　□軍・公　□其他
學校/公司：　　　　　　科系/部門：

・需求書類：
□A. 電子 □B. 電機 □C. 資訊 □D. 機械 □E. 汽車 □F. 工管 □G. 土木 □H. 化工 □I. 設計
□J. 商管 □K. 日文 □L. 美容 □M. 休閒 □N. 餐飲 □O. 其他

・本次購買圖書為：　　　　　　書號：

・您對本書的評價：
封面設計：□非常滿意　□滿意　□尚可　□需改善，請說明
內容表達：□非常滿意　□滿意　□尚可　□需改善，請說明
版面編排：□非常滿意　□滿意　□尚可　□需改善，請說明
印刷品質：□非常滿意　□滿意　□尚可　□需改善，請說明
書籍定價：□非常滿意　□滿意　□尚可　□需改善，請說明
整體評價：請說明

・您在何處購買本書？
□書局　□網路書店　□書展　□團購　□其他

・您購買本書的原因？(可複選)
□個人需要　□公司採購　□親友推薦　□老師指定用書　□其他

・您希望全華以何種方式提供出版訊息及特惠活動？
□電子報　□DM　□廣告 (媒體名稱　　　　　　)

・您是否上過全華網路書店？ (www.opentech.com.tw)
□是　□否　您的建議

・您希望全華出版哪方面書籍？

・您希望全華加強哪些服務？

感謝您提供寶貴意見，全華將秉持服務的熱忱，出版更多好書，以饗讀者。

填寫日期：　　/　　/

2020.09 修訂

親愛的讀者：

感謝您對全華圖書的支持與愛護，雖然我們很慎重的處理每一本書，但恐仍有疏漏之處，若您發現本書有任何錯誤，請填寫於勘誤表內寄回，我們將於再版時修正，您的批評與指教是我們進步的原動力，謝謝！

全華圖書 敬上

勘誤表

書號			書名	作者
頁數	行數	錯誤或不當之詞句		建議修改之詞句

我有話要說：　(其它之批評與建議，如封面、編排、內容、印刷品質等...)